# 环境与健康：
# 跨学科视角

*Environment and Health:*
*Cross-disciplinary Perspectives*

Jennifer Holdaway 王五一 叶敬忠 张世秋/主编

社会科学文献出版社
SOCIAL SCIENCES ACADEMIC PRESS (CHINA)

# 目　录

# 前　言

　　人类本身以及所居住的环境在社会、经济、科技等相互纠结的因素的综合作用下，正以一种越来越令人难以捉摸的趋向发生着变化。其中最引人关注的变化和问题就是环境污染和健康损害。近年来，借由从全球性的气候变化到区域性的食品安全等一系列发生范围广、发生频率高的事件，环境因素与人类健康之间的关系日益被认识、理解和重视。国际社会，包括研究者、政策制定者、公众等都对这一问题给予高度的关注，并在以自己的方式应对来自这一领域的挑战。

　　中国在迅猛发展的同时，也遭受了严重的环境污染；人民在享有现代社会成果的同时，也付出了健康损害的代价。据世界卫生组织初步估计，中国有22%的疾病负担应归咎于环境因素。中国政府也积极采取了一系列加强环境与健康工作的措施。2005年11月在北京召开了由卫生部、国家环保总局和世界卫生组织共同举办的国家环境与健康论坛，在2007年发布了国家环境与健康行动计划。加强跨学科领域的研究以及国际间的经验交流与行动合作是中国应对环境与健康风险的重要举措。

　　本书由14篇针对中国的环境与健康问题所形成的研究成果组成。论文集收录的部分论文首次发表于社会科学研究协会（Social Science Research Council）2008年4月在香港举行的环境与健康国际研讨会。其中6篇文章的英文版将刊发在《现代中国》杂志（*Journal of Contemporary China*）的特刊上。为了让更多的人分享这些研究成果，让更多的人关注中国的环境与健康问题，并借以推动这一领域的研究和思考，我们重新编印这6篇文章的中文版，并精选其他几篇会议论文和相关议题的文章结集出版，以飨读者。

　　环境与健康问题通常表现为多介质、多因素的综合作用结果，且几乎与所有的社会行动者都关系紧密。因此，从包括环境学、社会学、人类学、公共管理、法律等在内的多学科视角，审视环境与健康问题和开展相关研究工作是非常重要的。那么，各自的学科对于我们理解和应对环境与健康问题有什么重要贡献？相关领域的主要概念是什么以及怎样衡量？各自的重要研究方法及其优缺点是什么？等等。这一系列问题正是本书收集的论文所要探讨的。因此，试图进入这一新兴研究领域的社会科学工作者可从这些文章中得到有益的启示。当然，这些别具见解的研究成果毫无疑问也对政策制定有着参考价值，同时也是任何关注这一领域的人们获取相关知识的一个载体。

　　本论文集中的所有论文都经过了原作者的多次审阅及修订，各位作者对自己作品的审慎态度、对一些修订的包容令人感动，在此向他们表示敬意。我们还要感谢中央财经大学外国语学院赵淑洁博士和复旦大学张蕴辉博士出色的中文翻译工作。

　　本论文集的选文、翻译与审定事宜等都得益于健康、环境与发展论坛（FORHEAD）指导委员会成员的努力工作。在出版过程中，美国社会科学研究协会宋增明博士、中国农业大学人文与发展学院博士研究生陈世栋等付出了辛勤劳动，特向他们致以感谢。感谢美国洛克菲勒兄弟基金会（Rockefeller Brothers Fund）的长期支持，感谢现代中国杂志社同意我们发表 6 篇翻译的文章。

　　编写过程中的疏漏和不妥之处，敬请读者批评指正。

编　者

2009 年 11 月

# 中国的环境与健康：
# 一个新兴的跨学科研究领域[*]

Jennifer Holdaway[**]

## 前　言

在研究和政策制定、国内与国际发展计划以及非政府组织（NGOs[①]）的工作中，环境与健康问题通常被区别对待。但是，有充分的理由来关注环境和健康二者之间的关联，特别是在减少贫困和促进可持续与公平发展的大环境下更是如此。健康本身是一个值得追求的目标，如果没有健康，人们就享受不到经济增长所带来的受教育、就业和实现自我价值的机会。健康状况不佳会造成人力资本的破坏、生产力的降低以及私人和公共资源的流失[②]。

---

[*] 本文英文原文 "Environment and Health in China: An Introduction to an Emerging Research Field" 将发表于 *Journal of Contemporary China*, Special Issue, Vol. 19, No. 63, 2010（未出版）。感谢 David Norse 和方菁对原稿草本提出的意见。感谢叶敬忠教授和王五一教授编辑在此出版的中文版。还要感谢参加社会科学研究协会中国环境与健康国际研讨会的所有与会者以及筹备会议的组织者。

[**] Jennifer Holdaway（贺珍怡），美国社会科学研究协会环境与健康项目主任、驻中国代表。通信地址：中国科学院地理科学与资源研究所（100101）；电子邮箱：holdaway@ ssrc. org。

[①] 国际发展研究协会的生态健康项目是一个例外。如需更多信息，请参阅 Lebel, Jean, *Health: An Ecosystem Approach*. International Development Research Council。网址为 www. idrc. ca/in_ focus。

[②] The World Bank, *World Development Report 1993: Investing in Health*（Oxford: Oxford University Press, 1993）.

与衡量发展的纯粹经济指标不同，公共卫生状况还反映了一个社会提供社会产品的能力，例如安全的生活和工作条件以及保健服务。因此，它紧扣机构能力和政策有效性的关键方面。

在考虑如何改善公众健康这一问题时，应着重于疾病的环境诱因。据世界卫生组织估计，全球至少 1/4 的疾病负担可归咎于环境因素，初步估计中国有 22% 的疾病负担归因于环境因素①。由于健康状况不佳和医疗保健支出所造成的收入损失是贫困的主要因素，并且环境相关疾病的负担更多是由贫困人群承担，因此研究疾病的环境来源不仅能改善公共健康状况，还有助于缩减不平等、减少贫穷和社会冲突②。与此同时，人类健康是应对环境退化的一个刻不容缓并令人信服的理由；在许多国家对公众健康的关注是加强环境保护和提高公众意识的初始动力。

在中国，从计划经济过渡到市场经济占主导地位的经济模式，产生了可观的经济增长速度，并使数千万人摆脱了贫困。但是，与贫穷有关的环境健康问题仍持续存在，在预防性保健服务薄弱、气候变化和其他因素的影响下，这些问题日益恶化。与此同时，中国正面临着迅速城市化和工业化所带来的新的公共卫生挑战。从直接从事危险职业的工人工伤到通过空气、水和食物接触工业有毒副产品所带来的更广义的健康风险，这些挑战涉及的范围十分广泛。

显然，解决这些问题必须立足于对其所处的经济、政治和社会文化复杂背景的理解，然而，至今很少有社会科学研究者着眼于环境与健康间的联系。本书探讨目前中国如何对待环境健康风险，以及为应对这些难题而可能提供知识基础的各种社会科学研究③。其中部分论文首次发表于社会科学研究协会（Social Science Research Council）2008 年 4 月在香港举行的环境与健康国际研讨会。6 篇文章（英文版）将要刊发在《现

① 参见 http：//www. who. int/quantifying_ ehimpacts/national/countryprofile/china. pdf。
② David A. Taylor，"Is Environmental Health a Basic Human Right?" *Environmental Health Perspectives* 112 （2004）；Sarah Cook，"Putting Health back in China's Development"，*China Perspectives* 3 （2007）：100 – 108.
③ 前言是基于有关文献的综述，美国社会科学研究协会中国环境与健康行动在过去两年间举办的一系列会议以及 2006 ~ 2008 年间对研究人员、政府官员和非政府组织进行的采访。欲了解更多有关 CEHI 的信息，请浏览网站 http：//programs. ssrc. org/eastasia/china/。

代中国》杂志（*Journal of Contemporary China*）的特刊上①。我们重新出版了这 6 篇文章的中文版，以及其他几篇会议论文和相关议题的文章②。

# 一　中国与环境有关的健康威胁

由于中国人口规模大、区域的多样性和发展迅速但不平衡的特点，她正面临着非常广泛的环境健康风险，这在本书王五一等的文章中有详细描述③。中国的部分地区，特别是西部地区，仍在与贫穷相关的公共健康问题作斗争，这些问题包括在通风不良的房屋里燃烧固体燃料所造成的室内空气污染以及由于缺乏清洁用水和适当的卫生设施所引发的疾病等。在一些地方，地方病仍然是一个问题，而在另一些地方，由于气候的变化、快速的发展和预防性保健措施的缺乏，昆虫媒介病和动物传染病（如血吸虫病、疟疾、鼠疫）发病越来越频繁④。

除了与贫穷相关的健康风险，许多农村地区也正遭受着经济快速增长所带来的环境问题。1978～2004 年，化肥和农药的使用量增长了 5 倍，对水体、土壤和作物造成了严重的污染⑤。许多农村地区现在也暴露于工业排放的水和空气污染中，其中大部分来自于规模较小并难以管理的工厂。由于在较富裕的城市地区，政策执行更为严格，因此工业逐渐转移到较不富裕的城市或农村地区，给这些地区带来了环境污染。现在，许多村庄也面临着越来越多的没有安全处理措施的固体废弃物的污染。

---

① "Environment and Health in China: An Introduction to an Emerging Research Field", *Journal of Contemporary China*, Special Issue, Vol. 19, No. 63, 2010（未出版）。

② 四篇会议文章以前都未以中文公开发表过。Kirk Smith, "Comparative Environmental Health Assessments: A Brief Introduction and Application to China", *Annals of the N. Y. Academy of Sciences* 140（2008）: 130 – 139。Bryan Tilt, "Perceptions of Risk from Industrial Pollution in China: A Comparison of Occupational Groups", *Human Organization* 65（2006）: 115 – 127。

③ 作者还提到王五一、杨林生、Thomas Krafft 和 Mark Rosenberg 合著的《全球环境变化与健康》，气象出版社，2009。进一步的信息可以在中国环境与健康资源中心网站上查阅 http://ceh. resourcehub. ssrc. org。

④ 王五一等：《中国的环境变化健康风险管理对策》，见本书。

⑤ The World Bank, "China Water Quality Management: Policy and Institutional Considerations." Washington, D. C. The World Bank, September 2006.

城镇居民面临着另一些问题。一般情况下，与大多数农村居民相比，他们更有可能暴露于高水平的室外空气污染。主要的空气污染源包括煤炭燃烧，这普遍存在于北方和西部地区；工业源污染，特别是水泥和化工行业；以及越来越多的汽车尾气排放，目前机动车尾气排放已成为很多城市空气污染的主要来源①。迅速的城市化进程催生了许多污染问题，另一方面，污水处理和垃圾处理能力却跟不上城市发展的速度。目前，只有1/5的城市饮用水符合国家标准，42%的城市污水得到了无害化处理②。在中国北方城市，水资源的普遍短缺和地下水的严重污染等问题更为复杂。在迅速扩大的城市边缘，住房和基础设施往往不足，无管制的小型企业急剧扩张，尤为缺乏卫生条件和污染控制措施③。

某些与环境相关的健康风险在农村和城市地区同时存在。食品安全是其中之一，并已成为中国和其他国家越来越关心的问题。农药滥用造成了农作物的有毒物质残留；工业造成的重金属污染是另一个问题。城市和工业废料造成的湖泊、河流和海洋污染，导致了鱼虾体内的汞和其他重金属污染，而抗生素和密集的牲畜饲养和水产养殖业带来的污染会造成进一步的污染。其他问题包括出售患病动物或腐烂的蔬菜以及使用危害人类健康的非法添加剂（如最近的三聚氰胺）等。许多参与食品生产、运输、加工和销售的小型企业也往往缺乏卫生的储存设备和足够的制冷条件④。

除了农药给农民造成的危险，工作场所的安全一般不列入中国环境与健康问题的讨论中。然而，尽管有明确的监管标准，工作场所仍然是

---

① 为很好地概括室外空气污染，请参见 Ho, Mun S. and Chris Nielsen eds., *Clearing the Air: The Health and Economic Damages of Air Pollution in China* (Cambridge: MIT Press, 2007)；又见本书李煜绍等人的文章。

② 王五一等：《中国的环境变化健康风险管理对策》，见本书。

③ World Bank, "The Cost of Pollution in China"。又见 Wang Wuyi, Thomas Krafft and Frauke Kraas, *Global Change, Urbanization and Health* (Beijing: China Meteorological Press, 2006).

④ Yang Yang and Jennifer Turner, "Food Safety in China," China Environmental Health Project Research Brief, China Environment Forum; Linden J. Ellis and Jennifer Turner, "Surf and Turf: Environmental and Food Safety Concerns of China's Aquaculture and Animal Husbandry." *China Environment Series* 9, 2007, http://www.wilsoncenter.org/index.cfm? topic_id = 1421&fuseaction = topics.item&news_id = 249492.

环境污染物和危害的主要接触场所。引发中国经济增长的乡镇企业和小型私营企业对规范化管理而言是最具挑战性的。乡镇企业是大多数职业健康危害的来源，特别是采矿业、建筑业、化学工业和制造业。卫生部和农业部共同进行的研究发现，83%的受调查乡镇企业至少存在一种职业健康危害，估计至少有1/3的工人暴露于健康风险中①。

这些普遍存在的、累积的健康风险中还不时地夹杂着突发性重大事故，如使特定人群突然高水平暴露于化学品泄漏等工业事故的健康风险之中。例如，2005年11月，吉林省一国有石化厂发生爆炸，成吨的苯和硝基苯排入为哈尔滨市提供饮用水水源的松花江内，供水系统被迫关闭了4天。政府报告称，松花江事件后的4个月内发生了75起水污染事件；随后针对127个石油化工和化学工厂的调查发现，许多工厂都邻近重要水体，并且其中20个存在严重的环境安全问题②。国家环保总局报告说，2006年有超过150起严重的环境事故③。

除了与贫困和经济快速增长相关的健康威胁之外，中国也开始看到了随着富裕和社会环境变化所浮现的问题，包括缺乏体育活动、过量进食、饮酒过度和心理压力。正如迅速的社会变革所带来的心理健康问题一样，这些问题在未来有可能成为非常重要的问题。然而，尽管有足够的理由将"环境"的定义扩大，特别是在现实中不容易辨别物质环境和社会环境的因素④的情况下，但是由于篇幅的原因，在这里还是难以对社会环境所引起的健康问题做进一步的讨论。

## 二　风险的分布

环境健康风险的分布并不均匀，某些人群尤其容易受到伤害。正如

---

① Su Zhi, Wang Sheng, and Steven P. Levine, "National Occupational Health Service Policies and Programs for Workers in Small-Scale Industries in China", *American Industrial Hygiene Association Journal* 61 (2000): 842 – 849.

② 引自 World Bank, "The Cost of Pollution in China", 第39页, 2006。

③ Lei Zhang, Arthur P. Mol, and David A. Sonnenfeld, "The Interpretation of Ecological Modernisation in China", *Environmental Politics* 16 (2007): 659 – 668.

④ 参见本书 Kirk Smith,《环境健康的比较评估：中国应用状况概要》。

最近的三聚氰胺事件表明的情况那样，较低剂量暴露水平下，儿童、孕妇和老年人更具易感性。据世界卫生组织估计，5 岁以下儿童由于环境风险因素损失的健康寿命年是其他人群的 5 倍，该年龄组 1/4 的死亡归因于腹泻、疟疾和呼吸道疾病[①]。污染物的接触效应也是有性别差异的，例如，农村地区的妇女更容易受到室内空气污染。居住地——在采煤地区，邻近排放污染物的工厂或主要公路——会提高人群的健康风险。另一重要因素是职业，从事采矿、建筑、化工等行业的工人——其中很多是移民——的死亡和伤害率特别高[②]。

贫穷和环境健康风险暴露间存在着千丝万缕的联系。通常来讲，贫困人群的风险更大，他们更难获得清洁的饮用水和适当的卫生设施，或没能力改变他们的取暖和烹饪设备以降低室内污染的接触水平[③]。通常贫困人群谋生的选择不多，只能做那些有伤害或生病危险的工作[④]，他们也不容易搬离受污染地区，对风险的认知和意识也不一定高。除了物质上的绝对贫困，相对贫困所带来的心理和社会压力也影响到人们的健康状况，这是在中国日益扩大的贫富差距背景下值得考虑的问题[⑤]。

使中国的贫困人群特别脆弱的一个原因是他们普遍缺乏能负担得起的健康服务，尤其是在农村地区。1949 年以后建立的相当全面的基本医疗制度，随着集体农业的消亡而土崩瓦解，医疗保健的提供和财政投入基本上依靠市场运作和地方政府的财政支持。个人收入和地方政府财政收入的不平等，在医疗服务的价格不断提高的情况下，导致了医疗服务和医疗保险的获取十分不平衡。医疗费用的个人支付比例从 1980 年的 21% 上升到 2000 年的峰值 53%，尽管增加了政府投资，在 2006 年几乎

---

① A. Pruss-Ustun and C. Corvalan, *Preventing Disease through Healthy Environment：Towards and Estimate of the Environmental Burden of Disease*（Geneva：World Health Organization，2006）.

② 李真编著《工殇者：农民工职业安全与健康权益论集》，社会科学文献出版社，2005。

③ 中国农村 75% 的低收入家庭没有自来水供应，而高收入阶层的自来水供应率为 47%。World Bank, "The Cost of Pollution in China".

④ Tim Wright, "The Political Economy of Coal Mine Disasters：Your Rice Bowl or Your Life." *The China Quarterly* 179（2004）：629 - 646.

⑤ R. J. Wilkinson, *The Impact of Inequality：How to Make Sick Societies Healthier*（London：Routledge，2005）.

仍然保持在 50%①。这对农民和流动人口尤为不利。新型农村合作医疗体系、社区卫生服务中心和将流动人口纳入到城市保险计划的项目在一定程度上改善了局面，但这种变化是缓慢和局部的。虽然保险覆盖面已扩大到农村地区，但是它设置了诸多准入门槛。调查发现，贫困人群经常拒绝门诊和住院治疗，因为他们负担不起治疗费用。因此，健康状况不佳不仅是一种结果，也是导致贫困的首要原因②。

　　这些因素造成了中国人口健康水平的严重不平衡。的确，发展改善了许多人的健康状况——中国人群的预期寿命已接近 73 岁；自 20 世纪 70 年代以来，中国的婴儿和 5 岁以下儿童死亡率都下降了 60% 以上。但在 2005 年，发达的沿海城市和贫困的西部省份人口的预期寿命相差了 10 岁，而发达地区的儿童死亡率是西部地区的 1/8③。很明显，环境因素在这些差异中发挥了作用。例如，世界卫生组织估计，如果能把严重的水污染改成中度水污染就可以将霍乱、伤寒、腹泻等水源性传染病的发病率减少 50% 左右④。

## 三　环境对健康的影响测量：数据和方法的问题

　　除去这些一般性的关联，我们对于中国环境相关的健康影响的代价究竟有些什么了解？健康数据已经开始反映疾病负担的变化⑤。在城市和农村地区，癌症都是目前的主要死因，而且死亡人数每年在上升。呼吸系统疾病和其他首要死因也都和环境因素有一定的关系⑥。卫生部报告

---

① United Nations Development Programme, *Human Development Report 2007/2008* （New York：United Nations Development Programme，2007）.

② 卫生部，"第三次国家卫生服务调查"。

③ United Nations Development Programme, *Human Development Report 2007/2008* （New York：United Nations Development Programme，2007）.

④ World Bank, *Physical and Economic Burdens from Air and Water Pollution in China*（Washington：The World Bank，2006）.

⑤ World Bank，"The Cost of Pollution in China".

⑥ 卫生部：《2007 年我国卫生事业发展统计公报》。根据卫生部的调查，2007 年恶性肿瘤占城市报告死亡人数的 29%，占农村报告死亡人数的 25%；与环境因素密切相关的呼吸系病，分别占 13% 和 15%。

称，伤害和中毒也位列死亡谱的第五位，在城市和农村地区分别占死亡人数的6%和9%①。从经济成本来看，据世界银行的报告估计，空气污染所造成的过早死亡负担占国内生产总值（GDP）的1.6%～3.8%；加上水污染所带来的疾病负担，总成本约占GDP的5.8%②。

但是实际上我们还没有全面准确地掌握中国环境相关疾病状况的情况，有关部门也承认，政府报告和国际组织提供的数字很可能低估了实际的损失③。在世界的任何地方，中国在这方面也不例外，都很难将特定的污染物对健康的影响与许多潜在的混杂变量（如遗传因素、卫生措施、膳食和个人行为）分离开来。特别是对于慢性疾病和癌症来讲，很难追查到其具体起因，评估多种毒物的复合影响是极具挑战性的。同样，公众认为最敏感的污染难题可能并不是实际上对健康最具威胁性的④。

污染和健康影响数据是由不同的机构为不同的目的收集的，这也加剧了上述问题的复杂性。许多数据并不供公开查阅，而且当数据可公开发布的时候，往往很难将它们结合起来分析环境对健康的影响。例如，环保总局在约500个河段进行水质监测，水利部则在中国主要河流的2000多个截面进行水质监测。相关部门对主要湖泊和水库也都进行了水质监测，并根据30种污染物水平将水质分为5个类别。但是，这并不一定能为居民饮用水、牲畜用水或灌溉用水的水质状况提供良好的信息⑤。中国疾病预防与控制中心负责监测农村饮用水质量，但截至2007年，也只覆盖了25%的村县⑥。苏杨等的文章中对这些问题给予了更系统的分析⑦。

---

① 卫生部：《2007年我国卫生事业发展统计公报》，2007。
② 世界银行（2007年）。差异是由于采用不同的方法来计算成本。第一个百分比使用的人均国民生产总值超过一个人一生残差的现值。这是基于城市地区28万元的基数。第二个百分比使用的是100万元统计学上的生命价值，反映了人民为避免死亡危险的支付意愿。与以往研究不同的是，这些估计数是按单个城市和省份来计算的。
③ "As China Roars, Pollution Reaches Dangerous Extremes." *New York Times*, August 26.
④ Kirk Smith，《环境健康的比较评估：中国应用状况概要》，见本书。
⑤ World Bank, *China: Water Quality Management: Policy and Institutional Considerations* (Washington: The World Bank, 2006).
⑥ 卫生部：《2007年我国健康事业发展统计公报》。
⑦ 苏杨和段小丽：《中国环境与健康工作的现状、问题与对策》，见本书。

　　在综合数据缺乏的情况下，对污染物的健康影响评估一般会使用一些替代指标。例如，世界银行在对儿童腹泻的发病率分析中，就使用了自来水的可获得性作为获得清洁水的指示指标，但实际上在一些地方，自来水基本没有经过任何水处理措施。这种方法会导致一些令人困惑的报告。例如，2008 年联合国《人类发展报告》第 49 页写道，到 2007 年底，"9 亿人受益于改善的饮用水项目，92.8% 的农村人口使用了安全的饮用水。"然而，同一份报告的 77 页却指出，"在农村地区，饮用不安全的饮用水现象普遍存在，只有 34% 的居民使用自来水"[①]。

　　同样，对于空气污染来说，其对健康的影响取决于所测量的污染物类型和测量地点。中国在 341 个城市定期监测颗粒物（可吸入颗粒物）和二氧化硫（$SO_2$），其中的一些城市还监测氮氧化物，但李煜绍等的研究以广州为例说明了监测标准没能跟得上城市空气污染组成的变化[②]。特别是政府一般不报告细颗粒物，如 $PM_{2.5}$ 的水平，而细颗粒物对健康也是有害的。这导致了这样一种局面，即环保部门报告空气质量有所改善，而依据能见度监测数据的气象部门却经常警告市民空气质量很差，应该避免户外活动。

　　许多健康问题，特别是职业伤害和疾病，也没有全面的记录。许多部门——包括国家安全生产监督管理局、建设部、农业部和卫生部——收集了数据，但结果却像一幅残缺的拼图。职业伤害和职业病发病率的准确数字在小型乡镇企业和私营企业更难以收集。如果雇主不上报事故和职业病发病，工人也不去医疗机构寻求治疗，就不会有任何记录[③]。因为出现严重的健康问题后，外来的工人往往返回自己的村庄，而不是去诊所或医院进行诊治，所以这一人群的相关数据尤为粗略。但是有一项研究估计，采矿、建筑、化工等行业 80% 的因公死亡工人是流动工人[④]。

---

① UNDP, *Human Development Report 2007/2008*，第 49 和 77 页。
② 李煜绍、卢永鸿和李家贤：《政策的误导：广州市排放控制措施、机动车辆尾气排放与公众健康之间相互的薄弱联系》，见本书。
③ 李丽萍：《中国的职业健康和职业病：数据收集和管理的挑战》（社会科学研究协会中国环境与健康国际研讨会会议论文，香港，2008 年 4 月 17～20 日）。
④ 郑真真和连鹏灵：《工人移民的健康易感性》（第 25 届国际人口会议论文，法国，2005 年 7 月 18～23 日）。

据估计，每年因工业事故造成的损失超过 4000 亿元人民币①。对一些特定的疾病，如尘肺病，所造成的经济损失也已做过估算。但是，如果没有准确的数据，就不可能对职业伤害和疾病做出真正的成本估算。

## 四　政府的反应

中国政府日益关注环境变化对公众健康造成的严重威胁。许多因素促成了政府的这种紧迫感。非典流行使得加强公共卫生监测和应对系统建设的需求更为明确；松花江污染这一类的事件也让环境灾害的危险更为明显；随着死亡率和医疗费用的计算越来越精确，环境相关疾病的长期经济成本也越来越明显；公众舆论的压力也越来越大，环境对健康影响的媒体报道、示威游行、呼吁和诉讼越来越常见也影响到政府所关注的社会稳定。在中国出口的食品和药品中发现危险物质还使得国际社会关注政府监管的薄弱，经济合作与发展组织（OECD）和世界银行 2007 年对中国政府环境绩效的评价，也要求侧重于环境和健康②。

下文讨论了一些政府对环境健康问题的应对。鉴于涉及一些机构和政策，以下的讨论不力求全面，而是主要概述政府的应对措施和挑战的主要类型。

中国的环境管理开始于 20 世纪 70 年代后期，其范围和强度逐渐增大，特别是在 2000 年以后。现在有 100 多种法律涉及空气和水污染、机动车尾气排放、农药、食品安全和各个行业的职业健康和安全。许多法律参照了国际标准，越来越多的立法重点聚焦于清洁生产而不是终端的解决方案③。然而，正如美国自然资源保护委员会中国环境法项目主任 Alex Wang 在其文章中指出的那样，中国环境法"没有在多数情况下，把

---

① 如需详细资讯，请参阅李真编著的《工殇者：农民工职业安全与健康权益论集》，社会科学文献出版社，2005，第 11 页。

② 世界银行（2007）；经合组织（2007）。

③ 参见中国环境论坛相关立法的链接。对于环境立法发展的历史，参见 Elizabeth Economy, *The River Runs Black*。

环境污染和健康明确联系起来，或将保护公众健康作为其首要目标"①。环境健康保护的法律基础实际上是十分薄弱的。环境保护法在第一条以一个非常平淡的方式提到了健康；《民法通则》第 98 条规定："公民享有生命健康权。"但是，改善健康的目的不是环境保护立法的首要重点②。

　　同样，虽然保护环境和改善公众健康各自都是中国发展政策非常重要的组成部分，但它们仍然是分离开来的，而不是综合统一的目标。在政府工作报告、白皮书和其他政策文件中，通常它们是两个截然不同的主题，环境保护讨论的内容主要是资源保护和生态环境的保护，而公共健康方面讨论的主要是服务机制的改进和财政支持③。但是，正如张世秋的文章所指出的，健康影响和资源消耗与环境破坏一样，是一种成本，所有涉及发展的各部委在规划、制定政策和执行时都需要考虑到这一点。如果没有这种宏观层面的规划，发展政策会产生意想不到的健康风险，而这种健康风险必须以微观层面的措施处理——通常是不成功的④。

　　在缺乏一个总体政策的情况下，政府对于即刻的或不能接受的风险作出了各种应对⑤。整治的主要目标是一些污染最严重和危险的行业，包括煤炭开采、水泥和造纸业。整治的重点放在小型企业，而且往往是未经注册的企业。这些普遍使用旧的技术和具有危险的工作条件的企业一律被关闭。整治还重点关注曝光率高的问题，如食品安全。随着 2007 年的出口危机，政府关闭了 180 个食品厂，并确定了 3.3 万起违法行为⑥，受贿的高级官员被逐一起诉。

　　但是，尽管整治行动可能带来短期的改善，它的作用还是很有限，

---

① Alex Wang，《环境健康与法律：美国经验借鉴》，见本书。

② Alex Wang，《环境健康与法律：美国经验借鉴》，见本书。

③ 参见，例如，国务院总理温家宝的政府工作报告（2008 年 3 月 5 日的第十一届全国人民代表大会第一次会议上发布）。

④ 张世秋：《中国环境管理制度变革：应对环境退化对健康的影响》（社会科学研究协会中国环境与健康国际研讨会会议论文，香港，2008 年 4 月 17～20 日），见本书。

⑤ 讨论中国风险管理系统的发展，请参见本书张磊和钟丽锦的《在中国风险管理中突出环境风险管理的战略考量》。

⑥ "In Food Safety Scandal, China Closes 180 Plants." *New York Times*, June 27, 2007.

往往没有为长远和更一致的执行做出有效的安排。这样的管理方式可能会导致反弹，同时也破坏了环境管理的信誉①。与此同时，整治运动通常是"只注重结果不注重过程"或"一锤子买卖"的干预措施，不能从根源解决问题。例如最近的三聚氰胺危机处理中，购买昂贵的设备只为了测试一个特定的污染物，而掺假食品的问题远较样品检测更为广泛，需要在生产的各个环节进行追踪检查。

环保部和卫生部是负责环境和健康工作的主要政府部门。近年来，中国疾病预防控制中心和卫生部负责环境健康工作的各部门得到了更多的重视，也有更多的资金用于流行病学研究。然而，正如方菁等指出，他们在卫生部门仍然是边缘的声音，而卫生部门的工作重点依然在医疗保险体系的建立、孕产妇和儿童健康基础保健项目的垂直管理以及治疗，而不在预防性保健措施②。这是与中国早期的公共卫生体系背道而驰的。那时，改善卫生和工作条件是至关重要的政策目标，相关措施也更为综合，不仅纳入了卫生政策，而且还纳入了城市规划和农村发展政策③。现在，"农村卫生体制的改革和健康中国 2020 年计划"④ 可能会为卫生系统提供新的机会来考虑如何更有效地应对环境相关的健康风险，但到目前为止还没有具体强调环境相关的风险。

环保部门在构架环境和健康之间的桥梁方面表现得更为积极，但它的角色大部分限制在检测污染物以及管理和执法上。正如上文所讨论的，虽然健康风险评估正在环境立法和政策决策中开始发挥作用，但健康问题仍没有被明确地对待。中国政府已要求环保部基于健康影响制定一系列新的环境标准，但缺乏必要的数据，也缺乏资金和人员去做新的研究。

---

① 张世秋：《中国环境管理制度变革：应对环境退化对健康的影响》，见本书；Benjamin van Rooij, "Implementation of China's Environmental Law: Regular Enforcement or Political Campaigns", *China's Limits to Growth: Greening State and Society*, ed. Peter Ho and Eduard B. Vermeer (Hoboken: Wiley-Blackwell, 2006)。

② 方菁和 Gerry Bloom,《中国农村卫生体系与环境健康风险》，见本书。

③ Kerrie McPherson, "Public Health and the Environment in China: Everything Old is New Again" (presentation at the Social Science Research Council International Workshop on Environment and Health in China, Hong Kong, April 17 - 20, 2008)。

④ 该倡议旨在提供全民保健，使中国的公共健康指标在 2020 年达到中等收入国家的水平。

因此，趋势就是依靠国际标准，尽管这些国际标准可能不切合中国的实际情况，或导致过高的管理和费用支出①。

2006 年，卫生部和环保总局联合建立了环境和健康办公室。这些平行的办公室负责监测环境因素所造成的健康影响，交流信息，评估污染对健康的影响，并发布公众预警信息。它们也将在拓展调查研究、立法、标准的咨询方面进行合作。该计划目前还处于早期阶段，其工作迄今似乎主要集中于信息共享和灾害管理②。这两个部门还合作起草了《国家环境与健康行动计划（2007~2015）》。由 18 个部门签署的这项计划，要求加强机构间的合作，建立一个以环保总局和卫生部为首的"环境与健康的国家级组织结构"③。但像苏杨等的文章所描述的那样，这一管理体制还停留在形成阶段，还未能带动其他部门的工作④。

最终，这些国家层面的举措都必须落实到地方一级，这会遭遇大家都熟知的挑战，包括国家标准如何使用于纷繁复杂的当地条件⑤，如何在主要是根据经济业绩进行评估的现况下推动地方官员遵守环保法规。尽管自 1996 年以来，规定了业绩综合评估连续 3 年不符合环境标准的官员 5 年内没有资格晋升⑥，但在大多数情况下，经济增长仍继续超过其他的业绩指标，成为首要的评估指标。如果将环境相关健康指标的改善纳入绩效标准，能否促进官员将此纳入工作重点，尚有待观察。据苏杨等的分析，地方政府对新型的环境健康问题的理解和反应，普遍比中央弱得多，具体的工作在大部分的地区都还没有开展。⑦ 其实，我们在很大程度

---

① 张世秋：《中国环境管理制度变革：应对环境退化对健康的影响》，见本书。
② 参见卫监督发〔2007〕74 号，卫生部和国家环保总局共同颁布的文件《关于印发卫生部国家环保总局环境与健康工作协作机制的通知》（2007 年 2 月 15 日）。
③ 卫生部：《国家环境与健康行动计划（2007~2015）》，http：//www. moh. gov. cn/open/web_ edit_ file/20071108173502. doc。
④ 苏杨和段小丽的文章《中国环境与健康工作的现状、问题与对策》，也讨论了此问题，见本书。
⑤ Benjamin van Rooij, *Regulating Land and Pollution in China*, *Lawmaking*, *Compliance*, *and Enforcement*：*Theory and Cases* (Leiden：Leiden University Press, 2006).
⑥ Carlos Wing-hung Lo and Shui-yan Tang, "Institutional Reform, Economic Changes, and Local Environmental Management in China：the Case of Guangdong", *Environmental Governance in China*, ed. Neil T. Carter and Arthur P. J. Mol (London：Routledge 2007).
⑦ 苏杨和段小丽：《中国环境与健康工作的现状、问题与对策》，见本书。

上还不太了解环境相关健康风险如何与地方政策相适应。因为缺乏财政和人力资源，地方政府在执行政策时需要选择优先对待哪些问题，但对于地方环保局如何决定执行的目标和力度，如何考虑健康风险，并不十分清楚。有限的证据表明，即使当地政府为保护环境而千方百计地执行国家标准，他们往往可能仍然没有解决最重要的环境健康问题。例如，李煜绍等发现，尽管广州为满足环境示范城市的要求做出了协调一致的努力，使用的空气污染衡量指标使得政府着重解决以前最为严重的工业排放所引起的空气污染，但还是忽视了机动车排放的细颗粒物所造成的日益严重的威胁①。

因为在执行政策中遇到的困难，而且减少某些种类的污染必须得到公众的积极参与和努力，政府已经开始认识到，需要更大的透明度和公众的参与。2008 年 5 月 1 日开始施行一项环境信息公开的举措，原则上它需要政府和行业公开污染程度和环境影响研究结果的信息。虽然这些举措包含了很多例外，而且初步研究表明实际到位的信息量非常有限。但是，该法律规定为这些信息应该享有的透明度提供了前所未有的法律依据②。

尽管进行了这么多的努力，中国政府仍然面临着重大挑战，其中一些是与其他政策领域相同的，但是有些挑战是环境与健康这个新的政策领域特有的。这些问题大致可分为三类：能力和资源的限制、协调的缺乏以及利益冲突。

**能力**　中国面临的许多环境健康问题都与贫穷有关，原则上注入资金和适当的技术，这些问题就可以得到解决③。但实际上却不是这么简单。虽然自来水可以在许多农村地区改善饮用水的质量，但由于地方政府缺乏必要的资金用于改善基础设施，许多村庄往往仍旧依赖于浅层的、污染的水井或地表水④。而且，资金经常是不足的。许多清洁能源、卫生

① 李煜绍、卢永鸿和李家贤：《政策的误导：广州市排放控制措施、机动车辆尾气排放与公众健康之间相互的薄弱联系》，见本书。
② 张磊和钟丽锦：《在中国风险管理中突出环境风险管理的战略考量》，见本书。
③ 世界银行的环境健康一些基本措施费用估计一览，包括每人 40 美元或更少的水和卫生状况改善。详见 http://siteresources.worldbank.org/INTPHAAG/Resources/AAGEHEng.pdf。
④ Anna Lora Wainwright, "An Anthropology of 'Cancer Villages': Villagers' Perspectives and the Politics of Responsibility." *Journal of Contemporary China*, Vol.19, No.63, 2010（未发表）；《"癌症村"的人类学研究：村民对责任归属的认识与应对策略》，见本书。

和其他公共卫生项目不能完全成功，主要是因为它们只注重技术干预，而没有充分考虑到当地的情况和实际需要。例如，沼气能为农村地区提供许多健康收益，但尽管是政府投资，沼气化建设还是十分缓慢，许多沼气池甚至废弃，因为当地的条件不适宜建造沼气池，或者没有足够的劳动力维护和操作它们①。

和其他领域一样，中国正面临着缺乏熟练的和有经验的劳动力的现象。能为改善环境健康制定、执行法律和政策的专业人员显然不足。环保总局在其位于北京的办公室只有大约 300 名全职员工②。尽管研究已证明了检查能提高企业的法律依从性③，但全中国有 2000 多万个乡镇企业，且 2004 年有超过 50% 的工业总产值是由环保部门监测名单之外的企业产生的④。确保食品安全的挑战也是十分艰巨的：不包括食品服务机构，大约有 45 万家企业从事食品生产和加工。其中，75% 的企业只有不到 10 个员工，占有的市场份额不到 10%，这体现了食品安全的最大挑战⑤。

类似的问题也存在于卫生系统内。环境与健康的专家相对较少。医学院校每年只培养几百名这一专业的学生，其中只有很少一部分人留在专业岗位上。地方卫生站的工作人员往往甚至没有接受过处理最常见环境健康问题的训练。例如，农药中毒和/或地方病（如砷中毒和氟中毒）⑥。职业健康和安全法的实施面临着类似的问题。没有足够的受过培训的检查员来监察健康和工厂的安全条件：平均每 3.5 万名工人只有 1 名

---

① 郑宝华：《中国农村沼气：进步与挑战》（社会科学研究协会中国环境与健康国际研讨会会议论文，香港，2008 年 4 月 17～20 日）。

② Xue Lan, Udo E. Simonis, Daniel J. Dudek 等，《中国环境治理》，《中国环境与发展国际合作委员会（CCICED）环境治理的工作报告》，北京，2006。

③ Susmita Dasgupta, Benoit Laplante, Nlandu Mamingi 和 Hua Huang, "Industrial Environmental Performance in China: the Impact of Inspections". World Bank Policy Research Working Paper, No. 2285. February 2000, 见 http://papers.ssrn.com/sol3/papers.cfm? abstract _ id = 629142.

④ Han Shi and Lei Zhang, "China's Environmental Governance of Rapid Industrialisation", *Environmental Politics* 15：2 (2006)：271–292.

⑤ United Nations in China, "Advancing Food Safety in China." Occasional Paper, March 2008, http://www.un.org.cn/public/resource/2aebcd033e334d961fefb1588b70f2ab.pdf.

⑥ 王五一等：《中国的环境变化健康风险管理对策》，见本书。

受过培训的检查员监察他们的工作，是国际劳工组织（International Labor
Organization）规定标准的万分之一①。

　　立法系统对于环境退化引起的健康影响类案件的应对能力也十分有
限。个人可以起诉污染企业，也可以起诉没有执法的政府机构，但即使
受理了这些案件，法院也不一定按照法律处理他们。《环境保护法》、《水
污染防治法》和《民事诉讼法》的法律条款都将举证责任放在污染者一
方，让他们表明其所排放的污染物没有造成伤害，但张兢兢在其文章中
表明，不同地方的法院对举证责任的理解不同，法官在判决时，经常还
要求原告证明不仅存在着污染的行为，且污染对健康的影响还应是一种
"直接的"或"无可争议的"因果关系②。

　　能力问题映射出中国发展的参差不齐。只要有政治意愿，大城市就
有相对良好的研究能力、人员和资金以应对这些问题③。正如厦门事件证
明的一样，城市居民也越来越认识到环境问题，并且他们对环境的要求
更高。大城市之外的区域，各种能力就薄弱得多，其结果是情况最恶劣
的地方，通常也最不具备处理这些问题的各种资源和能力。省级和市级
科学院和大学研究环境健康问题的能力是非常有限的，政府官员、环境
保护和卫生工作者的知识则更加有限。由于技术人员的跳槽，"人才外
流"现象也十分常见。

　　**协调**　要从根本上解决中国环境健康风险的问题，需要环境和卫生
部门以外的机构参与，但是如果没有什么益处，多数机构不愿意承担额
外的工作和费用。中国不是唯一面临这一问题的国家。世界银行已将环

---

① O'Rourke, Brown G., "Experience in Transforming the Global Workplace: Incentives for and
Impediments to Improving Workplace Conditions in China." *International Journal of Occupational
and Environmental Health* 9 (4): 380, 2003; International Labor Organization, *Strategies and
Practice for Labor Inspection*. G. B. 297/ESP/3. Geneva, November 2006.

② 张兢兢：《中国环境侵权诉讼（健康损害类）实例分析》，社会科学研究协会中国环境与
健康国际研讨会论文，香港，2008 年 4 月 17～20 日；又见 Benjamin van Rooij, "The
People vs. Pollution: Understanding Citizen Action against Pollution in China." *Journal of
Contemporary China* Vol. 19, No. 63, 2010（未发表）。两篇文章均可见本书。

③ OECD, *Governance in China*（Paris, 2005）指出了这一区域城市的相对力度，像大连、上
海、厦门、南通。根据可持续性指数排名前 31 名的城镇和城市又可参见《中国现代化报
告 2007——生态现代化研究》，北京：北京大学出版社，2007。

境健康描述为"体制孤儿"；经合组织在欧洲进行的一项环境与健康政策一体化的研究发现，其成员国内也存在类似的缺乏政策协调的问题[①]。

在中国，环境和健康工作之间的协调主要局限于两个牵头部委和非常具体的部门，但有效的政策决策需要超出卫生部和环保部的多部委间的协调。目前，10 多个领域的超过 18 个机构都在某种程度上参与了环境质量和健康的管理，而大多数政府部门在环境保护和健康两个方面都有立项[②]。但是，由于缺乏一个跨部协调机构，不同地方制定不同的政策，造成了很多的重复和效率低下。例如，饮用水供应的管理和确保水质的职责二者间相互游离，环境、建筑、农村发展、水资源和卫生部门都各自为政，而又并不一定互补[③]。由于类似的问题阻碍了政府对工伤和职业疾病、食品安全以及其他问题的应对，许多人提出应该设立新的全责或跨部门机构以协调有关部委的工作[④]。正在筹建中的国务院食品安全委员会将是第一个尝试，评价其有效性目前还为时过早。

**利益冲突**　　利益冲突加重了上述的能力和协调问题。维持高经济增长率和遏制污染之间的紧张关系当然十分普遍，但不同的问题又有不同的利益分布和结合。有时情况非常严峻。例如，现在至少有 1/3 的城市空气污染来自汽车尾气排放，在一些大城市，这一比例更高。减少对人体健康有危害的颗粒物水平，最简单的方法，就是通过提高汽油税和加大对公共交通的投入以降低汽车保有量。但考虑到汽车产业的投资规模及其对 GDP 的贡献（估计多达 20%）[⑤]，这不是主要的措施。政府正逐步

---

① James A. Listorti and Fadi M. Doumani, "Environmental Health: Bridging the Gap", *World Bank Discussion Papers* 422 (1996): 11; OECD Working Group on National Environmental Policies, "Improving Coordination between National Environmental and Health Policies: Final Report" (October 2006).

② 王五一等：《中国的环境变化健康风险管理对策》，见本书；也见本书中苏杨和段小丽的文章。

③ World Bank, "China: Water Management"；王五一等：《中国的环境变化健康风险管理对策》，见本书。

④ 参见 United Nations in China, "Advancing Food Safety in China"。

⑤ Zhao Jimin, "Wither the Car? China's Automobile Industry and Cleaner Vehicle Technologies", *China's Limits to Growth: Greening State and Society*, ed. Peter Ho and Eduard Vermeer (Hoboken: Wiley-Blackwell, 2006).

实施更为严格的机动车尾气排放量的控制，并在替代燃料和车辆的研究和开发上加大投资，这是较为昂贵的方法之一，而且短期内看不到效果。同时，汽车保有量的迅速增加——2007 年新增 800 万辆机动车——意味着尾气排放量降低产生的收益被新增的汽车数量抵消了[①]。

　　除了以上讨论的部门关系问题，国家的工作重点和局部利益之间的冲突也是执法难的原因之一。腐败和地方保护主义当然也是问题，在政策执行的讨论中已经受到了足够的关注。但实际上，自然和人力资源稀缺地区的官员面临着真正的挑战，他们需要保证制定的发展战略能够维持当地居民生计并有足够的税收来支撑公共服务。在此背景下，很多地方官员对能提供就业和纳税的污染行业没有严格执行环保法规，就不足为奇了[②]。除非政府可以帮助克服这些地方的利益冲突，确定替代生计以及在必要的时候提供补贴以过渡，否则在这些地区执行环保法规将非常艰难。

## 五　民间社会的反应

　　**媒体**　媒体常常被看做是一位环境治理方面的出色演员，但关于这一议题的大量研究至今未包括对环境健康风险的报道的分析。杨国斌发现，虽然过去 20 年，环境相关的健康风险的总体报道增加了，但媒体在主题选择上似乎有一定的偏好，其对城镇居民和那些不太敏感的问题的关注度超过了对那些影响农村居民或更可能对特定商业或施政者至关重要事件的关注[③]。例如，他认为，对于全球变暖和动物保护的报道比癌症村或农村污染引起的社会冲突的报道更为广泛。

　　杨国斌认为，这种偏倚部分来源于中国的政治制度为政治参与提供

① Peter Ho, "China's Limits to Growth：The Difference between Absolute, Relative, and Precautionary Limits", *China's Limits to Growth：Greening State and Society*, ed. Ho and Vermeer (Hoboken：Wiley-Blackwell, 2006).

② Benjamin van Rooij, "Implementation of China's Environmental Law：Regular Enforcement or Political Campaigns", *China's Limits to Growth：Greening State and Society*, ed. Ho and Vermeer (Hoboken：Wiley-Blackwell, 2006).

③ 杨国斌：《建立中国环境与健康的纽带：公共领域内的事件经营者》，见本书。

的结构。在这种环境下，媒体更可能会反映公众关注的但是没有责任归属的问题或事件。另外，正如 Benjamin van Rooij 所强调的那样，在应对环境相关健康威胁方面，贫困农民和城市的中产阶级居民有着截然不同的资源。由于缺乏良好的信息来源和其他能表达他们利益和需求的途径，农村贫民首先想到的是向地方当局投诉和请愿。只有当这些办法没有效果时，他们才呼吁媒体，有时诉诸公众，有时甚至暴力抗议①。

　　媒体报道的影响是很难估计的。杨国斌认为，虽然污染事件的个别报道不会给特殊案例的结果带来多大的改变，对政策的影响更微乎其微，但媒体报道确实引起广泛的认识，在某些情况下可以帮助推进政府对这一事件的应对措施。这似乎只有在政府表示支持特定主题或事件的报道的情况下才能发生，只有在有影响的非政府组织采取行动并促进这一问题时，或需要对一个紧急情况迅速作出反应时，媒体才会有更大的信息自由。互联网在这一过程中也发挥了至关重要的作用，越来越多的自由报道和在线辩论使得大众传媒很难保持沉默。

　　**非政府组织（NGOs）**　　虽然在过去 20 年间，环境保护和健康方面的 NGOs 如雨后春笋般建立起来，但直到最近几年，少数几家 NGOs 才将环境保护和健康二者明确地联系起来。现在，一些 NGOs 正在这样做。大部分组织将主要工作任务集中在提高认识和教育方面。例如，由原环境记者马军领导的公众与环境研究中心已成立了一个网站，公民可以在线查阅其区域的水质状况，并可浏览附近污染行业的具体位置。该网站还包括一些最常见的污染物的健康影响信息②。昆明的思力生态替代技术中心研究农村地区的农药和化肥使用状况以及安全的废物处理技术。北京的污染受害者法律援助中心，曾就作物、鱼类和牲畜有关的经济损失提起公众利益的法律诉讼，现在则开始受理有健康损害赔偿要求的案件。其他曾主要研究健康相关问题的群体，如云南健康与发展研究会，都将环境健康纳入了他们的工作议程。在职业健康和安全领域，非政府组织也表现得较为积极。大多数组织着重于提供职业健康风险教育，但少数

----

① Benjamin van Rooij，《人民对抗污染之战：认识中国公民的反污染行动》，见本书。

② 参见 http：//www. ipe. org. cn/。

组织也参与了诉讼、受理案件或代表受伤工人追讨赔偿①。

　　中国的非政府组织面临着一个复杂的、不断变化的体制和政治上的限制和机遇，Peter Ho 对非政府环境组织的"嵌入式行动"权衡的论点也同样能适用于那些希望把工作重点放在环境对人类健康的影响上的组织②。那些将工作内容限定在公共教育和提高认识并通过主流的渠道进行政策倡导的组织，已经获得国家的承认，有时甚至被政府筛选为合作伙伴。但是，正如本书中，杨国斌和 Benjamin van Rooij 在他们的文章中更详细地讨论的那样，非政府组织在处理更加敏感的问题（如工业污染）时遇到了强有力的利益冲突，这使得他们的工作举步维艰③。

　　想应对这些问题的非政府组织也面临严重的能力问题。其中有些是在其他政策领域工作的非政府组织共同面临的问题：缺少训练有素的人员和有效的管理系统，依赖外国和短期的资金来源，项目设计和执行的经验有限。作为创始人的领导人物退休后，由没有相同地位或关系的年轻人员接替，因而许多 NGOs 还面临着接班的困难④。NGOs 还未被认为能提供正常的职业道路，职员的流动性高，难以吸引和留住能干的工作人员。寻求环境与健康领域结合的非政府组织，在获取新领域知识方面面临着更多的挑战，他们获取信息的渠道和传播其结果的渠道往往被局限在单一的政策领域。

　　**公民**　大量的文献涉及环境意识和行动之间的关系。许多研究人员、国际组织、非政府组织和政府机构现在都基本上接受了一种假设，即认为提高公众对风险的认识就会提升公民参与度，从而对政策执行和遵守法律产生积极的影响⑤。但究竟如何将认识转化为行动，我们还没有充分

---

① 在这一领域工作的组织包括深圳当代社会观察研究所，广州珠江工友服务中心。企业社会责任组织则从其他方面触及该问题，例如改善劳动标准，包括职业卫生和安全等方面的内容。

② Peter Ho, "Self-Imposed Censorship and De-Politicized Politics in China: Green Politics or a Color Revolution", *China's Embedded Activism: Opportunities and Constraints of a Social Movement*, ed. Peter Ho and David Edmonds (London: Routledge, 2008).

③ 杨国斌：《建立中国环境与健康的纽带：公共领域内的事件经营者》；Benjamin van Rooij,《人民对抗污染之战：认识中国公民的反污染行动》，均可见本书。

④ Yang Guobin, "Environmental NGOs and Institutional Dynamics in China." *The China Quarterly* 181 (2005): 46 – 66.

⑤ Benjamin van Rooij,《人民对抗污染之战：认识中国公民的反污染行动》，见本书。

的理解，而且涉及健康风险的认识水平或健康影响和行动之间的关系的研究很少。要了解对风险的认识如何影响消费决定或生计决定，我们的知识同样也是有限的。

虽然不是集中在健康风险本身，Benjamin van Rooij 的文章系统地审视了我们所知道的对污染的认识，它是如何转化为公民的参与，以及它对健康后果的影响。他将公民的反应分为法律性的（包括对污染者和政府机构执法失败的控告）和政治性的（包括申诉、上访和示威）两类。借助于社会法律研究文献，他将"苦情"（grievance）的发展进程划分为三个阶段，从查明问题（确认），到责任归属（归咎责任），再到寻求补救（提出要求）。他指出，大多数人会首先采用其他方式，如寻求与污染者进行谈判或要求第三方出面调停。这部分反映了采取法律途径获得成功的许多障碍，包括资金、资源和法律进程经验的缺乏[1]。

Benjamin van Rooij, Lora Wainwright，景军和其他人研究了信息和认知在影响行为方面的作用。他们的研究以不同的方式强调了这样一个事实：问题不在于人们是否知道污染对健康有害，而是在于他们了解的详细程度，以及在影响他们对于本身情况的认知和决定如何作出回应的其他经济、社会和文化因素背景下他们如何理解这些信息。例如，Lora Wainwright 在四川农村的研究点，那里的癌症高发，村民们在一定程度上了解农药是危险的，在可能的情况下，首选男人喷洒农药，因为他们认为男性对于农药的毒性更耐受。但是，他们在喷洒农药时仍然不穿防护服，清洗空的农药喷洒箱用的水源也用于清洗蔬菜。根据其他对照问题的回答情况，这部分可能是因为他们对健康影响的知识太含糊，对于农药所带来的健康问题太不清楚[2]。这也可能是因为症状是缓慢地表现出来的。景军针对甘肃市民对污染反应的发展进行了分析，结果显示，认识的发展存在一个"认知革命"，只有当污染与死胎和其他生育问题有联系时，居民才付诸行动[3]。

---

[1]　Benjamin van Rooij,《人民对抗污染之战：认识中国公民的反污染行动》，见本书。

[2]　Lora Wainwright,《"癌症村"的人类学研究：村民对责任归属的认识与应对策略》，见本书。

[3]　Jun Jing, "Environmental Protests in Rural China", *Chinese Society: Change, Conflict, and Resistance*, ed. Elizabeth J. Perry and Mark Selden (London: Routledge, 2000), 143–160.

个人对污染的健康影响的知识与影响到他们对于因果关联的判断的其他因素是纠缠在一起的。这些因素包括可能会让人轻视或无视健康风险的经济激励。正如 Wright 在矿工案例中发现的那样，一些人不得不从事存在着生命危险的工作①。其他人有一些选择的余地，但为了赚取更高的收入可能会低估自己所面临的健康风险。在 Bryan Tilt 介绍的在四川的研究中，他发现，产业工人、商业服务人员和农民对当地工厂排放污染物的健康风险有不同的看法，他们的观念与其对工厂的经济依赖程度有关。② 这一点也出现在 Benjamin van Rooij 的研究中，村民对污染物的反应也受到其对工厂的经济依赖程度的影响。Lora Wainwright 的研究表明，这些决定也受到文化因素的影响，包括对疾病感染和蔓延方式的看法、现代与传统的观念、不同年龄和性别生产和消费的模式以及其他因素③。

## 六　中国环境与健康的社会科学研究

公共卫生专家不断呼吁对"健康问题的社会起因"进行分析④，这显然是一个社会科学家有可能作出贡献的领域。然而，尽管过去 15 年来已经有了相当多的对中国的环境问题和环境治理方面的社会科学研究⑤，但对健康的影响常常是隐含而非明确的。当涉及健康时，研究主要致力于污染的经济损失估计，或减少疾病和死亡率的支付意愿评估。与此同时，

① Tim Wright, "The Political Economy of Coal Mine Disasters: Your Rice Bowl or Your Life." *The China Quarterly* (2004), 179: 629–646.
② Bryan Tilt,《中国工业污染的风险感知：职业组间比较》，见本书。
③ Lora Wainwright,《"癌症村"的人类学研究：村民对责任归属的认识与应对策略》，见本书。
④ 例如，Richard Wilkinson and Michael Marmot, *The Social Determinants of Health: the Solid Facts*, Second Edition (Geneva: World Health Organization, 2003)。
⑤ 注意几本重要的书籍：Vaclav Smil, *China's Environmental Crisis: An Inquiry into the Limits of Growth* (Armonk: M. E. Sharpe, 1993); Richard Louis Edmonds, *Managing the Chinese Environment* (Oxford: Oxford University Press, 1998); Elizabeth Economy, *The River Runs Black* (Ithaca: Cornell University Press, 2004); Peter Ho and Eduard B. Vermeer eds., *China's Limits to Growth: Greening State and Society* (Hoboken: Wiley-Blackwell, 2007); Neil T. Carter and Arthur P. J. Mol eds., *Environmental Governance in China* (London: Routledge, 2007)。

对健康的社会科学研究往往集中于卫生系统和财政改革，集中在 SARS 和艾滋病等传染病的应对，或集中在特殊人群所面临的问题，如妇女和流动人口。在大多数情况下，环境和健康之间的关系问题很少受到社会科学家的关注。

那么，把环境与健康这两个问题联系起来会如何改变我们的分析模式？社会科学家能作出什么样的贡献？如果我们认真地考虑将健康作为发展水平的一个重要指标，再考虑到疾病负担动因中大约 1/4 可归咎于环境因素这一事实，这对研究者、决策者和实践者的工作会有什么意义、会产生什么影响？

有必要首先对环境问题、贫穷和健康状况不佳之间的联系进行更为详细的研究。虽然这两个问题往往共生并存，贫困地区遭受严重的环境恶化和相关的健康问题，但其他一些地区则没有这种现象。较高的收入一般是与更好的健康状况相联系的，但生活在某些表面上富裕的地区的居民很可能会暴露于污染物中，长期如此将会影响到他们的健康。即使在同一社区和家庭，环境健康影响的负担也并不均匀。总之，我们需要知道更多的中国环境健康风险的地理分布和人口分布，以及由于贫困、居住地、职业和其他因素的影响，哪些人群风险最高。

了解政府对这些问题的反应，并确定应对机制，需要跨出目前的研究对环保系统和环境 NGOs 的关注。需要更仔细地审视卫生系统的作用，研究环境和健康之间存在（或不存在）的关联，分析不同的部门如何收集数据，列出问题框架并确定优先事项，并制定和推行政策。如何能加强两者之间的连接？如何能让环境相关的健康风险列入基层医疗体系改革考虑的问题？哪里有机会利用现有的机构，作为收集和传播环境和健康信息的渠道？中国对非典等传染病的应对措施包括如何沟通和将环境健康风险管理得更有效等事项，我们可以从中学到什么？

由于许多经济部门与环境健康风险的产生都有关联，并且这些部门将是制定成功的解决办法的关键，因此需要更广泛的分析以了解环境与健康间的联系是如何被（或可能被）综合纳入发展政策的制定，以及如何在国家、省和地方各级实施的。相对于其他目标——不仅包括经济增长和就业，而且包括资源节约、教育和其他公益目标——健康到底具有何等重要性？决策者的信息来源是什么？在政策决策中，研究的作用是什么？体制安排和规范是如何影响知识的产生、传播和利用的？

除了政府之外，我们还有必要更好地理解各种社会群体的作用，包括非政府组织和媒体对于问题的认识以及对公众舆论和消费习惯的影响。社区、家庭和个人如何看待和应对环境相关的健康风险？他们从什么渠道获取信息，以及如何利用这些信息？家庭和个人如何衡量健康和其他利益之间的冲突，如增加收入？什么因素可以塑造他们作为生产者和消费者的行为？不同的社区有哪些资源和经验可以用于发展环境健康风险的监测和应对能力？

本书的论文开始探讨上述这些问题，并介绍在探索环境与健康之间的联系时必须考虑到的多种因素和分析尺度。它们也表明了不同学科方法的贡献——包括医学地理学、经济学、人类学、法律研究、公众健康、公共政策和社会学等——可以使我们加深对这些问题的理解。试图进入这一新兴研究领域的社会科学家们也可从这些文章中得到有益的启示。

# 中国的环境变化健康风险管理对策

王五一[*]　杨林生　李海蓉　李永华

当今人类活动所导致的中国地理环境变化的幅度和速率显著超过历史上的任何时期，由此引发的环境问题已经显现，有些环境变化是不可逆转的。在未来全球变暖的背景下，中国将面临快速城市化、能源和矿产资源短缺、水危机、耕地与粮食保障等诸多挑战，环境质量恶化与健康风险将会加剧，有些尚未被认识的潜在威胁可能更为严重，社会和谐发展将承受更大的压力。

## 一　农村环境质量退化的健康威胁加大

### 1. 农村室内空气污染严重

农村室内空气污染对健康的影响一直是国内外关注的热点。燃烧劣质煤和生物燃料（秸秆、薪柴、柴草、风干牛羊粪等）是多数农村室内空气污染的主要原因[①]。煤燃烧时会产生大量 $CO_2$、$SO_2$、$NO_X$、$CO$、可吸入颗粒物、烟尘、有害元素 F、Cd、Cr、As、Pb、Hg、Ni、Cu、Mn、

---

[*]　王五一，中国科学院地理科学与资源研究所研究员、博士生导师。

通信地址：中国科学院地理科学与资源研究所（100101）；电子邮箱：wangwy@ igsnrr. ac. cn。

[①]　Martens P. , McMichael A. J. , Patz J. , "Globalization, Environmental Change and Health. " *Global Change and Human Health*, 2000, 1: 4 - 8.

多环芳烃等。生物燃料使用过程中会产生大量 CO 及烟尘、可吸入颗粒物等。这些会引起慢性支气管炎、慢性阻塞性肺部疾病（COPD）。世界卫生组织和联合国开发计划署警告，室内空气污染每年导致发展中国家 160 万人死亡[①]。

中国农村呼吸系统疾病的死亡率高，仅次于癌症、脑血管病的死亡率。农村室内空气污染健康风险的总体分布形式是北高南低。此外，还有部分地区的煤中含有较高的氟和砷，燃煤过程中除了产生二氧化硫和颗粒物等污染物外，还释放出大量的氟和砷，导致人发生燃煤型氟中毒和砷中毒。

燃煤型地方性氟中毒在全国 14 个省市有不同程度的流行，有氟斑牙患者 165 万人、氟骨症患者 108 万人。燃煤型砷中毒流行于陕西、贵州 2 省的 8 县市，其中室内生活用煤砷 > 100mg/kg，导致室内空气砷污染和粮食砷污染的受影响人口 33.49 万，高砷暴露人口 4.84 万[②]。

近年来，随着特种养殖业、种植业的快速发展，许多农民患上了由生产环境空气污染造成的肺类病，包括蘑菇肺、大棚病和北禽螨等。

**2. 农业生态系统污染凸现，严重威胁食品安全**

农药、化肥大量施用及污水灌溉造成的面源污染严重影响土壤和农业生态系统，食品质量安全堪忧。

近 10 年来全国耕地化肥施用强度不断增大，2005 年全国农田化肥施用量为 $367kg/hm^2$，超过发达国家安全施用量 $225kg/hm^2$ 上限的 60% 以上。这些过量施用的化肥无法被农作物利用，也无法被土壤吸持，而随农田地表径流流失。

中国是农药生产和使用大国，20 世纪 90 年代以来，农药施用总量和施用强度呈不断上升的趋势，2005 年平均每公顷农药施用量为 11.23 千克，是发达国家农药平均施用强度 $7kg/hm^2$ 的 1.6 倍[③]。其中，高毒农药

---

① 《中国农村室内空气污染干预措施研讨会研讨论文集》（未出版），2005。
② 梁超轲：《中国地方性氟砷中毒分布与研究展望》，《中国农村室内空气污染干预措施研讨会研讨论文集》（未出版），2005，第 8 ~ 10 页。
③ 国家统计局农村社会经济调查司编《中国农村统计年鉴 2006》，中国统计出版社，2006。

占农药施用总量的 70%，国家明令禁止的一些高毒高残留农药仍在部分地区生产和使用。长期喷洒和接触农药会引起白血病，在农村，40% ~ 45% 的白血病患者都与使用农药有关。

中国受重金属污染的耕地多达 2000 万公顷以上，约有 65% 的污灌耕地遭到不同程度的重金属和有机物污染。华南地区有的城市有 50% 的耕地遭受镉、砷、汞等有毒重金属和石油类有机物的污染；长江三角洲地区有的城市的连片农田受多种重金属污染，致使 10% 的土地基本丧失生产力。全国每年出产重金属污染的粮食多达 1200 万吨，主要农产品中，农药残留超标率高达 16% ~ 20%。

**3. 农村饮用水安全令人担忧**

目前中国城市自来水普及率已达到 96%，而农村自来水普及率仅为 34%。全国约 6300 多万人饮用高氟水；饮用高砷水人口 200 多万；此外还有 3800 多万人饮用苦咸水，1100 多万人饮用水受到血吸虫病威胁。更严重的是，由于农村生活和农牧渔业生产的面源污染和工业污水排放，广泛分布在农村的河流、湖沼、水库、沟渠、池塘的地表水体和地下水污染严重，污染事故时有发生，不仅造成粮食和水产品减产，还直接威胁着广大农民群众的身体健康。目前，农村有 1.9 亿人饮用水有害物质含量超标，华北地区有 50% 地下水硝酸盐含量超标。而南方许多地方和东部地区多以江河湖泊等地表水为饮用水源，由于工业污染和农业化学品的广泛使用，多数地表水已经丧失饮用水功能，在部分污染严重地区，已经出现癌症、新生儿缺陷等严重健康问题[①]。

**4. 农村环境污染日益严重**

不少地区工业的发展很大程度上是以牺牲环境和资源为代价的，特别是小纸厂对农村水环境的污染，小水泥厂对农村大气环境的污染，小矿山对农村耕地和自然资源的污染已十分突出。目前乡镇企业污染物排放量占工业总排放量比重不断上升。COD、二氧化硫、氰化物占 20%，重金属占 14%，烟尘占 28%，挥发酚占 43%。大多数乡镇企业治污设施

---

① 胡四一主编，中华人民共和国水利部编《中国水资源公报 2005》，中国水利水电出版社，2006。

十分落后，甚至缺失，污染物的处理率极低，全国因此遭受不同程度污染农田已达 $1000 \times 10^4 hm^2$，每年损失粮食 $120 \times 10^8 kg$[①]。

乡镇工矿业的"三废"排放，直接危害当地人民群众的生活与健康，造成的污染事故呈上升趋势，乡镇工业废水造成居民饮用水污染、水塘死鱼死虾事件，烧石灰危害树木果林，机械噪音扰民等常见的污染纠纷案件每年以 20% 的速度在递增[②]。另外，由于生产条件简陋，生产环境污染严重，缺乏劳动防护，很多农民不明不白得了职业病。

**5. 与原生环境密切相关的地方病和传染病依然广泛存在**

与原生环境密切相关的地方病仍然流行。碘缺乏病至今仍有 80 多万病人；克山病和大骨节病虽然从总体上得到有效控制，但在局部地区，特别是在西部地区依然严重，例如，自 1980 年代以来，西藏大骨节病的发病范围由 13 个县，扩展到目前的 35 个县，一些地方的发病率达到 50% 以上，甚至 80% 以上；饮水型地方性氟中毒和地方性砷中毒仍然威胁我国上亿人口的健康，广泛分布在全国 28 个省（区、市）1063 个县，病人仍有 2000 多万人，控制病情任务艰巨。

一些传统传染病，如鼠疫、疟疾、血吸虫病、布鲁氏菌病、黑热病、丝虫病，流行性乙脑、流行性出血热，霍乱等，其危害人群主要是农民。另外，我国有活动性肺结核患者 500 万人，其中约 80% 患者来自农村，且中西部经济欠发达的地区比经济发达的东部沿海地区高 2 倍。

**6. 农村居民营养状况不容乐观**

中国已经基本解决了农民的饥饿和温饱问题，2002 年全国营养调查结果与 1992 年相比，农村居民膳食结构趋向合理，但营养缺乏性疾病（主要是微量营养元素铁、锌、钙、维生素 A 等失衡导致的贫血、骨质疏松、生长发育不良和认知损伤等）仍是危害健康的主要疾病，特别是在农村地区、贫困地区和边远少数民族地区，成为突出的"隐性饥饿"。农

---

① 刘锋章、常建伟：《乡镇企业发展对农村生态环境的污染及其防治对策》，《山东环境》1998 年第 2 期，第 32～33 页。

② 庞少静：《西部地区乡镇企业环境污染与控制对策》，《农业环境与发展》2003 年第 4 期，第 39～40 页。

村 5 岁以下儿童生长迟缓率和低体重率分别为 17.3% 和 9.3%，贫困农村分别高达 29.3% 和 14.4%。生长迟缓率以 1 岁组最高，农村平均为 20.9%，贫困农村则高达 34.6%。农村 3 ~ 12 岁儿童维生素 A 缺乏率为 11.2%，约为城市的 3.7 倍；维生素 A 边缘缺乏率达到 49.6%。由于 3 岁以下儿童的维生素 A 缺乏与腹泻、急性呼吸道感染的易感性有密切关系，因此，农村儿童的免疫能力受到严重威胁。此外，膳食结构与癌症、心脑血管疾病和糖尿病等慢性疾病关系密切，农村膳食结构的改变，导致农村慢性病发病率明显上升，最近的营养调查结果显示，农村高血压患病率上升迅速，城乡差距已不明显；而人群高血压知晓率、治疗率和控制率仅分别为 30.2%、24.7% 和 6.1%，处于较低水平①。

## 二 快速城市化导致新的健康风险

### 1. 城市空气质量恶化

城市大气污染类型总体上可分为两大类：第一代煤烟型污染和第二代光化学烟雾型污染。煤烟型污染的首要污染物为烟尘与 $SO_2$。光化学烟雾型污染首要污染物主要有 $NO_x$、CO、$O_3$、VOC、苯类等，另外还包括一些 HAP 类污染物。这些污染物对人体健康具有严重的潜在负面影响，其中许多是致癌物质。与煤烟型污染相比，光化学污染物类型更多，对人体健康的影响更为复杂。

中国的城市空气质量仍然比较差。世界卫生组织与联合国环境规划署的全球环境监测系统曾把沈阳、西安和北京列入世界上总悬浮颗粒物（TSP）浓度最高的 10 个城市之列②。就全国城市的现状来看，大气污染总体上属于第一代煤烟型污染，经济不发达的中、小城市和以煤炭为主要能源的工业城市中，第一代煤烟型污染尤为明显。而特大城市和经济发达的大、中城市已开始向第二代大气污染转变，但两者兼而有之。

城市空气污染造成的损失主要包括室外与室内空气污染造成的健康

---

① 国务院新闻办公室：《中国居民营养与健康现状》，2004。
② WHO/UNEP, *Urban Air Pollution in Megacities of the World*, London, 1996.

损失（尤其是慢性支气管炎），酸沉降引起的作物与森林的损失、建筑物和材料腐蚀，颗粒物中高含量铅导致儿童的神经系统损伤与智力下降。世界银行1997年发表的结果指出，中国空气污染导致较高的日死亡率。据估计，中国每年因此约有超额死亡11.1万人，住院22万人，急诊430万人次，"活动受限"300万日。2007年世界银行、国家环保总局的"中国环境污染损失研究报告"估计，中国2003年由于空气污染引发的过早死亡和疾病的经济损失为1573亿元人民币，占国内生产总值的1.16%。城市地区室外空气污染产生的健康损失居总损失的第一位，占城市国内生产总值的1.6%。

## 2. 城市饮水安全受到威胁

中国正面临水资源紧缺和水质恶化的双重影响。一方面缺水范围不断扩大，另一方面，水污染日趋严重。全国70%以上的河流湖泊遭受不同程度的污染，COD排放总量水平高于环境承受能力的40%左右；因污染而不能饮用的地表水占全部监测水体的40%，流经城市的河段中有78%不适合作为饮用水源；近50%的地下水受到污染，全国有3亿多人饮用不安全水[①]。目前虽然经过治理，局部地区水环境质量有所改善，但总体看，水环境恶化趋势尚未得到根本扭转，水污染形势仍然严峻。江河、湖泊水污染负荷早已超过其水环境容量。污水排放量仍在增长，七大江河水质继续在恶化，Ⅴ类和劣于Ⅴ类水所占比例仍很高。

淡水资源的缺乏与水质恶化，严重威胁着健康安全，且这种趋势不断加剧。

除了污染的问题，全国164个地区地下水资源同时面临被过度抽取的问题。600个大城市中的400个存在水资源短缺的问题。自1980年以来，随着经济快速发展，全国工业和城市生活用水量由1980年的$872 \times 10^8 m^3$增加到2004年的$1964 \times 10^8 m^3$。20多年增加$1092 \times 10^8 m^3$。

全国90%城市的地下水已经被有机物和无机物所污染，并且正在扩散，形势十分严峻。北方城市地下水污染的情况最为严重，北方地表河

---

① 胡四一主编，中华人民共和国水利部编《中国水资源公报2005》，中国水利水电出版社，2006。

流"有河皆污",不少河流"有河皆干"。南方珠江三角洲、长江三角洲和沿江河网圩区,内河水污染严重,不少地方形成水质型缺水,守着河边水不能饮用。水环境、水生态不断恶化,造成了上百亿元人民币的损失,而间接的损失更是无法计算。近年发生的松花江水污染事故、广东北江水污染事故和太湖饮水危机,造成了数百万民众饮用水的供应困难。

全国工业废水和城市生活污水排放量由 1980 年的 $310 \times 10^8 \mathrm{m}^3$ 增加到 2004 年的 $680 \times 10^8 \mathrm{m}^3$,其中入河污水约 $533 \times 10^8 \mathrm{m}^3$。有 61.5% 的城市未建污水处理厂,相当多的城市没有建立污水处理收费制度,污水收采管网建设滞后,已建成的城市污水处理厂中,能正常运行的只占 1/3,还有 1/3 根本不运行。除大城市外,许多城镇污水没有得到有效的处理。

日益恶化的饮用水卫生问题已成为"目前世界上最为紧迫的生存危机之一"。为了去除水中病毒、细菌等一些有毒物质,饮用水中添加氯是最常用的处理方法。但是由于加入的氯等消毒剂与水中天然有机物反应产生包括三卤甲烷、卤乙酸在内的各种氯化消毒副产物[1],会引起各种癌症的发生[2]。我国 24 个大中城市自来水中均检出三卤甲烷,近来一些城市的饮用水中也检出了卤乙酸。分析我国典型城市饮用水中三卤甲烷和卤乙酸的含量水平,天津和郑州饮用水中的三卤甲烷已经超过国家规定标准,天津和长沙、深圳饮用水中卤乙酸含量偏高,构成了健康风险。

对饮用水氯化消毒副产物的致癌风险性的评估表明,饮用水中卤乙酸的致癌风险约占消毒副产物的总致癌风险的 91.9% 以上,三卤甲烷的致癌风险低于 8.1%。北京市饮用水中卤乙酸致癌风险所占百分比高达 97.1%,三卤甲烷的致癌风险仅占 2.9%。消毒副产物的总致癌风险主要由卤乙酸构成[3]。

---

[1]　Shin D., Chung Y., Choi Y., Kim J., Park Y., Kum H., "Assessment of Disinfection By-products in Drinking Water in Korea", *Journal of Exposure and Environmental Epidemiology* 1999, 9: 192 - 199.

[2]　Cantor K. P., Lynch C. F., Hildesheim M. E., Dosemeci M., Lubin J., Alavanja M., Craun G. F., "Drinking Water Source and Chlorination Byproducts in Lowa é: Risk of Bladder Cancer", *Epidemiology* 1998, 9: 21 - 28.

[3]　张晓健、李爽:《消毒副产物总致癌风险的首要指标参数——卤乙酸》,《城市给排水》2000 年第 8 期,第 1 ~ 7 页。

人的疾病80%与水有关。垃圾、污水、农药、石油类等废弃物中的有毒物质，很容易通过地下水或地表水进入食物链系统。被污染的动植物食品和饮水可使人罹患癌症或其他疾病。环境中的有毒污染物增多是近年来各类疾病发病率增加的重要原因。

**3. 城市垃圾问题突出**

快速的城市化进程，带来垃圾的大量增加。全世界垃圾年均增长率为8.42%，而中国垃圾增长率达到10%以上。我国每年产生近1.5亿吨城市垃圾，约占世界总量的1/4。目前全国城市生活垃圾累积堆存量已达70亿吨。全国668个城市中有2/3的城市处于垃圾的"包围"之中，被称为"垃圾围城"。

垃圾填埋渗漏污染的后患不可低估。目前的垃圾填埋，往往把大量有毒物质与生活垃圾一起混合填埋，集中了多种有害成分，污染土壤和地下水。它使土壤中的微生物死亡，变得无分解能力，使土壤盐碱化、毒化，导致土壤破坏和废毁，无法耕种，被污染土壤中的寄生虫、致病菌等病原体能使人体致病。

目前中国城市垃圾用填埋法处理的占70%，堆肥占20%，焚烧占5%，其他（包括露天堆放、回收利用）占5%，全国城市生活垃圾无害化处理率为52%。

**4. 生活方式变化加重慢性疾病**

在经济迅速发展，食物供应不断丰富的20年中，人们偏离"平衡膳食"的食物消费行为亦日益突出。主要表现为：肉类和油脂消费的增加导致膳食脂肪供能比的快速上升，以及谷类食物消费的明显下降，食盐摄入量居高不下。

由于膳食结构、饮食习惯等生活方式的改变，人群慢性病死亡持续上升，相关危险因素流行日益严重[①]。这不仅将严重影响劳动力人口的健康，使生活质量恶化，还会造成巨大的社会经济负担。2005年全球总死亡人数为5800万，其中近3500万人死于慢性病，而中国慢性病死亡人数占了750万。未来10年，全世界慢性病死亡人数还将增长17%。如果没

---

① 国务院新闻办公室：《中国居民营养与健康现状》，2004。

有强有力的干预措施，中国慢性病死亡人数将增长 19%。

人群慢性病死亡占总死亡的比例呈持续上升趋势。目前全国 18 岁及以上成人高血压患病率为 18.8%，有高血压患者 1.6 亿人，其中 18～59 岁劳动力患者 1.1 亿人。1991～2002 年的 11 年间，高血压患病率比 1959～1979 年的 20 年间增加 31%，患病人数增加了 7000 多万。

血脂异常是心脑血管疾病的重要危险因素，2002 年成人血脂异常患病人数 1.6 亿，总患病率为 18.6%，其中高胆固醇血症、高甘油三酯血症及低高密度脂蛋白胆固醇血症的患病率分别为 2.9%、11.9% 和 7.4%。

2002 年，全国大城市、中小城市和农村 18 岁及以上成人糖尿病患病率分别为 6.1%、3.7% 和 1.8%，与 1996 年比，6 年时间我国大城市人群糖尿病患病率上升了 40%。

人群超重和肥胖患病率快速上升。2002 年，全国有近 3 亿人超重和肥胖，其中 18 岁以上成年人超重率为 22.8%、肥胖率为 7.1%。1992～2002 年 10 年间，居民超重和肥胖患病人数增加了 1 亿，其中 18 岁以上成年人超重率和肥胖率分别上升 40.7% 和 97.2%。

中国的烟草生产和消费均占全球 1/3 以上。2002 年男性吸烟率为 66.0%，女性吸烟率为 3.08%，目前全国约有 3.5 亿吸烟者。青少年吸烟率上升，高达 5000 万人。55% 的 15 岁以上女性每天都遭受被动吸烟的危害。2000 年由吸烟导致的死亡人数近 100 万，超过艾滋病、结核病、交通事故以及自杀死亡人数的总和，占全部死亡人数的 12%。如不采取控制措施，预计到 2020 年时这个比例将上升至 33%，死亡人数将达到 200 万，其中有一半人将在 35～64 岁之间死亡。

## 三 气候变化、生态破坏改变疾病流行格局

当今，各种新疾病频繁出现，一些已经消灭或者减弱的疾病又重新流行，并快速地在全球范围流行，构成了世界疾病流行的新特点。中国是多种传染病，特别是自然疫源性疾病和人畜共患疾病的高发区，随着全球气候变暖和人类活动对生态系统的破坏加剧，一些老的传染病在我

国呈死灰复燃的趋势。

鼠疫是典型的自然疫源性疾病，虽然长期以来鼠疫得到了有效控制，但进入 1990 年代以来鼠疫病情却呈明显上升趋势，鼠疫有蔓延的风险[①]。

中国鼠疫的病情与气温、降水的变化关系密切，我们预测在 $CO_2$ 倍增条件下，全国将新增加鼠疫疫源县 62 个，面积为 99.8 万公顷，比现有 252 个疫源县总面积 240 万公顷扩大 40% 左右，主要分布在西藏、新疆、山西和河北北部。全国受鼠疫威胁的人口将由 5984 万增加到近 6600 万。从区域分布变化看，新增加的鼠疫疫源地将对我国西部和华北地区特别是北京形成威胁。

疟疾也有蔓延的风险。疟疾的传播更是受气候和天气的影响。反常的天气，例如暴雨会使蚊子大量繁殖，引起疫情暴发。北纬 25°以南是疟疾的高流行区。气象学家预测，全球平均气温上升 2℃，受疟疾影响的人口比例可能由现在的 45% 增至 60%，每年将新增病例 500 万 ~ 800 万人。预测云贵等地到 2050 年将升温 1.7℃，疫区将向北和向高处扩展。另外，由于人口流动频繁，会导致境外输入性疟疾的暴发流行。如广西输入性疟疾逐年增加，云南省 1989 ~ 1996 年边境地区出现 103 个疟疾暴发流行点[②]，此种趋势今后将会更强。

血吸虫病流行于长江流域及其以南的 12 个省、区、市，434 个县，病区人口 6600 多万，病人约 84 万，呈蔓延趋势，病区范围不断扩大，部分大中城市已受到血吸虫病的威胁。退耕还湖、平垸行洪等生态环境改变是影响其扩散的重要因素之一。气候变暖导致的洪涝灾害增加与血吸虫病流行的关系非常密切。近 10 年来长江流域水患频发，增加了钉螺的扩散[③]，造成长江中下游血吸虫病的危害性持续存在[④]。

---

① 王五一、李海蓉、杨林生等：《自然疫源性疾病的风险评价——以黄鼠鼠疫为例》，《地理科学》2002 年第 6 期，第 736 ~ 740 页。

② 李凤文：《我国流动人口对疟疾的影响》，《广西医学》2000 年第 22（6）期，第 1248 ~ 1251 页。

③ 黄轶昕、洪青标、高原等：《洪涝灾害对长江下游血吸虫病传播的影响》，《中国血吸虫病防治杂志》2006 年第 6 期，第 401 ~ 405 页。

④ 张世清、姜庆五、葛继华：《洪涝灾害对血吸虫病流行的影响》，《中国血吸虫病防治杂志》2002 年第 4 期，第 315 ~ 317 页。

最近几年在我国许多地方发生的 SARS、禽流感，均与生态变化有密切关系。

# 四　对策建议

中国的环境变化与健康问题复杂，其主要特征是：第一，中国环境健康问题是在全球环境变化和中国社会经济迅速发展的背景下产生的。第二，健康危害通常表现为环境多介质、多因素的综合作用。第三，环境健康问题的区域性明显。第四，环境变化对健康的影响较难评价和预测。第五，目前还缺乏多部门综合协调管理。

为了应对环境变化与健康风险，提出如下对策建议。

**1. 建立多部门高端综合协调管理机制，应对环境变化与健康风险挑战**

环境变化会对人类健康产生重要影响，不仅会加剧公共卫生各方面的问题，还会对社会可持续发展带来新的、无法预料的问题。因此，只有将环境变化对人民健康的影响作为政府管理的重要组成部分，制定多部门综合、协调、决策的制度与机制，从政策、教育、公众、宣传、技术、研究等多个层面着眼，设定共同的目标，才能形成有效的管理。

环境变化与健康的管理涉及多个部门，实现有效管理实属不易。就目前我国的状况来看，环保、卫生、资源、建设、农业、质检、工商、药监、贸易、科技等 10 多个领域的几十个部门都参与环境质量与健康的管理，政府的每个行政部门都有"自己的"关于环境保护与健康方面的各种"重大计划"、"重点项目"、"国家工程"，常冠以时髦的标题、好记的数字和上口的名称，但缺乏跨部门的协调，存在着严重的"政出多门"和"部门利益"的问题，无法实施有效的管理。

"政出多门"，是指由于涉及部门多，管理对象与管理事务重叠，加之机构重叠、职能交叉、多头管理、协调困难，大大减低了行政效率和行政效果。表面看，某一事件涉及多个部门，管理的部门不少，显示出政府的重视程度，但恰好成为一些部门逃避责任的借口。如水环境与健康方面，对于河湖水质监测，环保部门、水利部门、农业部门、国土资源部门等都参与，但各有各的标准和检测数据，互不相让；另一方面，水源地水质监管和供水水质保障又互相脱节，环保部门、城市建设部门、农村发展部门、水利部门、卫生部门都管，但都仅限于各自负责的部分；从全国看，在水环境治理与健康安全方面国家投入了大量资金，但并未能从根本上解决水环境保护和水质安全与健康问题。这种政出多门的现象削弱了监管，增加了内耗，再加上众多非必需人员和不必要的行政审批，大大增加了行政成本，造成巨大财政支出。

"部门利益"，是指以狭隘的部门利益为目标，维护和扩大有利于本部门的权力。目前在我国的社会实践中，由于还没有全面的实现不同管理职能的法定原则，各部门往往把由计划经济体制沿袭下来的权力固定化，认为是本部门的专有权力。同时，在我国快速变化的社会条件下，各部门的权力处于激烈的调整之中，不少行政管理部门的职责与权力，往往靠"主动争取"，而且部门领导人又往往以"干事情、有魄力"来标榜去"争权夺利"，对于审批权、拨款权、处罚权、收费权等有利的事情，各部门互不相让；对待利益不大或者费事费力的事情，"多一事不如少一事"，生怕由本部门来承担。比如，审批、监督某种食品或化妆品，往往会有来自不同部门的完全不同的意见，且都具有权威性，让老百姓无所适从；再如，为了农村饮水安全，国家的大量资金都用于打井改水，由水利部门承担，可改水效果和健康安全性评估与监督，卫生部门却介入不多，效果无法保障。这种将公共行政权力变成部门私有的倾向是非常危险的，明明是在违背公共利益，却理直气壮，而且本部门往往"一致对外"。

目前我国行政管理体制还是高度传统、自上而下的体系，又具有明显的"块块分割、条块分割"特征。针对管理体制上这种"既集权又分散"的弊端，国家即将实施新一轮的行政管理体制改革。我们需要建立环境变化与健康管理的新体制与决策机制，要加强环境、卫生、社会各方面跨部门的密切协作，加强政府（国家和地方各级决策部门）、区域、行业、非政府组织、民众利益相关者之间的沟通与对话，将环境变化与健康管理的政策、措施、行动有机地联系起来。

面对全球环境变化与健康风险的新问题，还需要新的视角、新的准备，来管理已经出现的和不可预见的环境与健康问题。为了减少因环境变化所带来的可能健康影响，需要对疾病进行监测，并尽早掌握疾病地理分布的变化；加强对环境的管理；作好对付灾害的准备；改善早期预警系统和准备应对疾病流行；改善水和空气污染控制；加强个人行为的公众教育；培训研究人员和卫生专职人员。但当前迫切需要的是建立高端综合协调管理制度与机制，提高国家应对环境变化的能力，直接促进全民健康水平的提高。

**2. 提高全民意识，实施环境变化与健康保护行动计划**

随着社会的进步，人们越来越关注自身的健康。但把环境变化与健康的影响联系起来，规范自己的行为，把个体的健康与环境变化联系起来的意识却极为淡薄。应对全球环境变化的挑战，需要全民参与，特别是要用新的思想体系去规范全民的行为，从自身做起，自觉用自己的行动减少全球环境变化与健康风险。为此，树立可持续发展的环境伦理观，提高全民应对全球环境变化与健康风险挑战的意识，尤其具有重要意义。

可持续发展的环境伦理观的核心是建立真正平等、公正的人与人、人与自然的关系，倡导和谐发展与共存共荣。环境伦理要求的人类平等原则，包括体现全球共同利益的代内平等和体现未来利益的代际平等。人与自然和谐的原则是可持续发展的根本原则，代际公平的目标必须通过这一原则来实现。要实现人与自然平等，必须承认自然界的价值和利益，转变以人为中心的价值取向，承认自然界的价值和权利。人类应当培养尊重自然、爱护生命、保育环境的伦理情操，承担起呵护地球家园的义务。

不同的社会群体都担负着各自的责任。决策者是区域发展中最重要的群体，区域的未来很大程度上取决于决策者的认识水平。在制定区域发展的战略规划中，决策者需要全面分析社会经济发展与资源环境的关系及其相互作用；应当站在整体利益、长远利益和根本利益协调的高度考虑环境与发展问题，必须克服以牺牲环境为代价，片面追求经济增长的功利主义。企业家是代表企业参与市场和经济行为的重要载体，在其参与经济活动的过程中，往往导致极大的社会代价和环境代价，比如污染空气、污染水源、污染土壤等。但这些后果却往往由很多与企业活动完全没有关系的人来负担，这就是企业行为的外部性。因此，从人本角度说，企业家的行为应注意社会代价，将社会利益置于企业利益之上，应十分注意节约资源，勿滥用不可再生资源；应该清醒认识到只有全社会是可持续的，企业才能是可持续的，应重视应用生态系统的手段，慎对脆弱环境，遵循自然规律。传媒的社会导向往往起重大的作用。在导向上应该坚持客观、真实的原则，遵守传媒行业的职业道德，积极宣传有利于区域可持续发展的环境伦理理念，起到普及科学知识，提高社会各界环境意识的作用，避免误导公众、混淆视听的报道。

科学家的工作性质决定了其更为关注自然的规律和机理，更为清楚违背自然规律将会产生的严重后果，对避免和消除区域发展中的问题应该有专门的研究，并具备解决问题的能力。因此科学家群体的首要责任是：发现问题，提出建议，寻找解决办法。同时，科学家群体还有责任做好宣传、普及和教育工作，让决策者、企业家和公众认识地球、尊重自然、保护环境。广大公众作为社会的主体，一方面要提高环境伦理意识，注意以节约资源、保护环境、文明消费等规范指导个人的行为活动，另一方面则要起到监督作用，关注区域发展中人口、资源、环境和发展的协调（郑度，2005）。

实施环境变化与健康保护行动计划，是提高全民应对环境变化、保护健康的意识，并自觉付诸行动的重要措施。应积极促进全民参与，从公民自身做起，保护全民的健康。

**3. 积极开展环境变化与健康风险研究**

结合全球环境变化的趋势，在环境变化与健康研究方面，亟待解决的问题主要有：（1）深化环境变化与健康关系的复杂性和不确定性研究；（2）揭示环境中多介质、多因素、多剂量的关联性与综合健康效应及其机理；（3）建立环境变化与健康安全的综合风险评估体系，揭示环境变化与健康重点风险区的特征；（4）基于数据共享机制，建立综合环境变化—健康风险—社会经济关系的，具有预报功能和辅助决策的模型系统。

全球环境变化与健康研究是一项跨学科的综合研究，需要跨学科的研究方法和科学数据共享计划（国家间和国家内部），这是开展研究的重点和难点。在国内要加强与全球环境变化和健康研究相关的各领域（如环境、卫生、社会等）的密切协作。

**4. 建立科学数据共享机制与新的研究方法**

目前，环境质量与人类健康的研究往往受制于缺少适合的数据、充

分的资料以及深入的数据挖掘。国家有死亡率、发病率、人口和环境各
方面的数据资料，但是，政府各部门之间各自独立，只负责本领域的数
据，比如，卫生部门只收集死亡率和发病率等数据，民政部门只收集人
口资料，而环保部门只收集与环境相关的数据，相互之间缺乏数据共享
和汇交。因此，需要共同制定数据协议，促进各部门之间的数据交流，
建立环境变化与人类健康数据共享机制。

确立环境变化与健康的关系除了延续使用现有的各种数据外，还需
要各种新类型的数据集。要建立环境—健康数据汇编的标准方法，并通
过数据采集者和数据使用者经常性的交流，来确保收集的数据拥有最有
用的信息和时空分辨率。为了评估全球环境变化的健康效应，疾病监测
体系要与有明确地理位置相关联的环境监测联系起来。

要进行环境变化、健康效应及社会驱动力联合监测，在进行生态与
环境长期监测计划时，把人类健康作为监测内容，而健康监测站也同时
收集生物和气象数据。主要的科学数据需求包括：遥感数据，长时间序
列的健康数据，疾病传播数据，与健康数据相匹配的环境、社会经济和
人口统计数据，环境变化和生物种群监测数据，发展能反映全球环境变
化的生物效应指数等。

环境变化与健康的联系，往往体现为相关关系，而不是因果关系。确
定其因果关系取决于方法学的突破和长期的、大样本的观测，既需要时间
又需要经费。现实又往往要求我们迅速解决社会关注的环境与健康问题。
而确定环境与健康的相关联系，要相对节省时间和经济，一般可以满足
社会需要。因此，要建立各种数据关联的模型方法，在全球和区域尺度
开展环境变化与健康的情景分析（Ulisses Confalonieri et al.，2006）[1]。

开展环境变化与健康研究需要融合多种研究方法。除了传统流行病
学和卫生学的研究方法外，更需要新的研究理念和方法，这需要通过经
常举办多学科参与的研讨会和培训班，促进新的思想观念的交流和综合
研究方法的建立。

---

[1]  Ulisses Confalonieri, Anthony McMichael, *Global environmental change and human health*,
ESSP Report No. 4，2006.

# 环境健康的比较评估：
# 中国应用状况概要

Kirk R. Smith[*]

## 前　言

　　环境危险因子是人类健康的重要决定因素，有时也和遗传/生物学因素与行为/社会学因素并列为影响人类健康的三个主要因素，就这一点，大家已经达成了共识。尽管这三类因素基本囊括了所有已知世界的内容，但从细节上来讲，有时很难将这三者区分开来，三者间千丝万缕的关联一时间还不是很清楚。这部分归因于现在对于"环境"危险因子的定义和界限是极度模糊不清的。先前的"遗传与环境"的争辩可能会引导某些人认为，事物不是分为遗传的（自然的），就是分为环境的（人工培育的）。但是，即使是基因，也是环境进程（突变和自然选择）的结果，因而也可认为，遗传因素也是环境因素的一部分，也就是说，一切因素都可被视为环境因素。虽然理论上行得通，但事实却并非如此。因此，为了更清楚地阐释这一问题，本文中我采用了环境危险因素的狭义定义：那些通过环境途径介导的可识别的物理/生物学因素，例如，被动吸烟是

　　[*]　加州大学伯克利分校公共卫生学院教授。

　　通信地址：School of Public Health, University of California, 747 University Hall, Berkeley, CA 94720-7360；电子邮箱：krksmith@berkeley.edu。

环境危险因素，主动吸烟则不是，食品污染是环境危险因素，而营养却不是，等等。然而，狭义的环境危险因素也包括非人为源起的一些因素，例如，不良气候、天然污染（如砷污染）和其他许多不是人为活动本身引起的影响，但很多却是因为人类在变化无常的、有时甚至是敌对的自然界中试图保持健康的一些尝试[1]。

另外，重要的是，在此我将优先探讨"环境健康"这个短语的后半部分，即考察理解环境因素如何影响关于增进总体健康所做的努力，而不是相反——理解环境健康风险如何影响改善环境质量的各种努力。我要考察的这种影响从总体上看似乎微不足道，但是实际上却能深刻地改变我们的理解，甚至潜在地改变优先权。

保护并改善环境质量是社会的一个重要目标，但这种行动并不等同于保护并改善环境介导的疾病结局，有时甚至起了反作用，它们之间的差别取决于以下几个因素：

1. 标志环境质量和环境健康改善状况的标志物是不同的，有时也并不高度相关。环境质量依赖广泛的周围环境的测量，例如室外空气质量、森林破坏和河流污染；但环境健康则依靠人群暴露状况的测定，如人们离污染源的距离。局部因素常严重影响这些人群暴露状况的测定，而对于环境质量则没有明显的影响。例如，相同量的空气污染物释放进入室内环境，所产生的室内暴露量是室外暴露量的上千倍。因此，尽管环境香烟烟雾是世界许多地方空气污染的主要来源，但基本不影响到环境质量。环境质量和环境健康之间的关联也可以是负相关，例如，由于世界大部分地区的人都不直接饮用河水，因此，即使河流的严重污染也不会造成比较多的人群暴露。原始森林的破坏虽然不会直接威胁到人类健康，但对环境质量的影响是灾难性的。其对人群健康的间接影响肯定是存在的，但所造成的效应相对较弱，也更不确定。

2. 环境污染问题（如工厂废水排入河流）已让我们越来越愤怒，但我们常常忘记，令人愤怒的事物并不意味着一定是不健康的，二者根本

---

① Smith, K. R., C. F. Corvalan & T. Kjellstrom, "How Much Global Ill Health Is Attributable to Environmental Factors?" *Epidemiology* 10 (1999): 573 – 584.

不在同一个层面上。从支出来看，美国用于清理废弃有毒物的投入明显改善了环境质量，但对人体健康状况的改善却收效甚微。尽管通过清理这些污染物，数以十万计的人得以安心，他们的财产也得到了保护，但其实即使居住在污染源附近，除了极个别人外，人群暴露于有毒物质的量并不多。

3. 近几十年来，对微量污染物检测能力的发展日新月异。由此，一种毒物，以前的检测限在百万分之一（ppm）的水平，现在则可以达到万亿分之一（ppt）级了。很容易得出结论说，科学的发展正朝向这个方向：若有充足的经费和时间，任何地方的所有持久性污染物都可以检测得到。那环境质量或环境健康的意义何在？当然不是仅仅指污染物的存在。大约500年前，剂量（暴露）决定毒性这一环境健康的基本准则建立伊始，就存在此类疑问了。然而，现代检测科学的发展促使我们能更周详地考虑这一准则的应用。

4. 近几十年来，由于毒理学和流行病学（环境健康风险的基础学科）的快速发展，相对危险（每增加一个单位暴露水平所增加的不良健康结局的风险）测定的发展也十分迅速。流行病学如今可以凭借某些体现为不良健康的指示物（即使不是临床上的疾病）来估测其相对风险，而过去通常认为这些指示物的暴露水平很低。对某些病例的耐受终点来讲，特别是肿瘤，高暴露的动物实验结果可外延至低剂量的人群暴露，从而在没有人群数据的情况下，可以估计健康风险，这一点大家已达成共识。

5. 监测和风险评估方面的科学进展表明，已经越来越少的关键污染物有可识别的效应阈值。即使就个例来讲，人群易感性的巨大差异造成了阈值这一概念的不确定——可能某些人、某些地方就是较平均值更为敏感。因此，污染物水平一度因为低于可识别阈值的污染物水平而处于可接受的范围，但现在已经不再如此，实际上在某些情况下可能已令人不能容忍了。

6. 这里并非要指责任何人，但要让很多科学家、政策制定者、环境方面的非政府组织创立人从他们的角度对某个环境健康问题产生兴趣，的确是一件很困难的事情，即使是一个对健康有很严重影响的问题。例如，大型工业组织就不会对贫困家庭的室内空气污染提出任何抱怨。至多（可以说产生）这样的问题是出于（某方面的）忽视而不能归咎为其责任。也就是说，唯一可以指责就只剩政府（或者你我大家）没有采取行动，尽管并非是他们（我们）造成了这个问题。可能出于这种（行动的）需要，一种合理的想法就是让这个问题引起公愤以便能成功得到公共资金的支持和媒体的同情。一个可见的污染源则更容易激发真正的公愤。

7. 对许多污染物缺乏了解，似乎会造成这样一种错觉——天然的就是好的，甚至是对健康有益的。然而，这并不完全正确，例如，天然杀虫剂和人造杀虫剂的毒性差不多，木柴燃烧产生的烟雾与化石燃料燃烧产物一样有害，饮用水中天然含有的砷也会造成巨大的健康负担。

8. 最后一个"两分法"是：社会对公众健康风险的关注，要远多于对危害工人健康的危险因素的关切。尽管有明确证据表明，无论是富裕阶层还是贫穷阶层的工人，都比一般大众暴露于更高水平的毒物中，但整个社会都似乎无动于对工人健康更少的关注和保护。这里有很多因素在起作用，例如，有一种观点认为：为了补偿工作所得，工人自愿选择了承担相应的风险，但事实上就监测方面而言，无论是总疾病负担还是个体风险，工人的环境健康风险都被大大地低估了，也没有被很好地控制。

可能"公愤"是贯穿众多问题的主要线索。或许我们大家都能够达成一种共识：如果风险研究已证实某种污染物能引起健康不良效应，而某种人类活动又能造成公众暴露于这种污染物，那么该种人类活动则会引起公愤，应该被禁止。然而，这项表述根本没有说清楚，在改善健康的众多需求中，各种需求的优先顺序又如何？何时开始改善？又如何从健康危险因素中区别出什么是环境健康因素？为回答这个问题，尚需如下几个步骤：

（1）如果到处都可以检测到污染物（上述第 3 项），每种污染物都具有毒性（第 4 项），且毒性不存在阈值（第 5 项），那么定性鉴别是不起任何作用的，必须进行定量鉴别。我们不能指望建立不引起公愤的安全水平，而是必须对健康效应进行定量评定。只有用这种方法，我们才能知道如何使措施能够有效实施。

（2）如果我们的目标是改善健康，那么诸如公愤、道德败坏、任意性、自然性、作为/职责或是工厂选址等这些因素都是相互间不关联的，至少在初始的比较分析阶段是相互间没有关联的。我们可能会选择不为政治或公众意愿而在控制人工风险上花费资源，但在初始比较评估阶段，上述这些因素的确不起任何作用。

（3）如果在资源投入的可能途径中，必须经由比较后决定如何投入资源，那么我们需要接受这种普遍的指标。仅用死亡数来比较健康风险，而未考虑到年龄结构的影响，是不正确的。另外，并不能简单把影响健康的众多非死亡状况（疾病和伤害）合并起来或与死亡率并在一起分析。室内空气污染研究中常会考虑到这些耐受终点（入院率、哮喘发作、自述呼吸道症状、门诊率、用药情况、学校缺席率、癌症诊断、早产等），将这些终点合并以比较不同人群或不同释放源的效应，从中区分出水污染、高血压和不安全性行为所带来的效应，从而知道我们从哪里入手，才能有效地保护人群健康。

世界卫生组织（World Health Organization）全球疾病负担项目（Global Burden of Disease Project）负责的"全球比较风险评估（Global Comparative Risk Assessment）"是唯一的一个系统的、透明的针对上述三点内容而进行的比较风险评估环境和其他风险因素的全球性项目①。该项目结果于 2004 年出版，对上述三个需求的回应概述如下：

其一，基于标准人群分布的疾病负担计算所进行的定量比较风险评估，用于细致评估暴露分布，并按年龄、性别和 14 个世界区域系统评论 26 个主要危险因素的流行病学证据，包括 6 个环境媒介途径。

其二，基于细致开发的程序和概念，该研究同等地考虑了所有人群、危险因子和疾病结局/产出。健康效应的测评仅在受影响的年龄、性别方面和通用人类经验方面有所不同，而不是根据任何非通用准则，例如受影响的收入群体、地理位置，或是否自愿承受危险因子以及这些因子是否为自然危险。

---

① Ezzati, M. et al. , eds. , *Comparative Quantification of Health Risks: Global and Regional Burden of Disease due to Selected Major Risk Factors*. Geneva: World Health Organization, 2004.

　　其三，用失能健康生命年〔伤残调整生命年（the disability-adjusted life years，DALYs）〕作为不良健康结局指标，提供了一种方法来比较不良健康终点，包括死亡结局和非死亡结局。尽管一些观察家认为其他指标更好[1]，但到目前为止，除了 DALY 之外，没有任何其他系统和连贯的全球数据库能用，因此从根本上限制了诸如比较风险评估（Comparative Risk Assessment，CRA）此类的国际间研究活动。

　　我给读者提供了 CRA 及其源项目"全球疾病负担"的基础文献，并详细介绍该项目的历史、思维基础、方法、步骤和证据基础[2]。在此，我将以中国研究的部分结果来举例说明比较风险评估在环境健康风险方面的应用。

# 一　中国的环境疾病负担

　　图 1 是中国的死亡谱，显示了小额死因的重要性，肿瘤、中风和慢性阻塞性肺病（COPD）这些小额死因的总和占到了总死亡的一半以上。中国和其他中等收入国家的死亡谱基本一样，但异常高的 COPD 和中风死

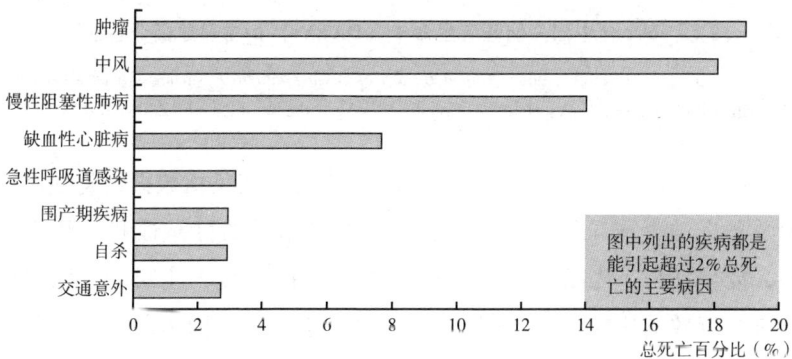

图中列出的疾病都是能引起超过2%总死亡的主要病因

**图 1　2002 年中国主要死因分布图** *

＊ Lopez, A. D. et al., eds., *Global Burden of Disease and Risk Factors*. Disease Control Priorities Project. New York: Oxford University Press and the World Bank, 2006, p. 475.

[1]　Hofstetter, P. & J. K. Hammitt, "Selecting Human Health Metrics for Environmental Decision Support Tools". *Risk Anal.* 222 (2002): 965 - 983.

[2]　Ezzati, M. et al., eds., *Comparative Quantification of Health Risks: Global and Regional Burden of Disease due to Selected Major Risk Factors*. Geneva: World Health Organization, 2004.

亡率除外。然而，因为死亡并不能说明年龄或非致死疾病和伤害，基于失能健康生命年（DALYs）的图 2 则能更好地反映真实的不良健康结局谱——公众健康干预的目标列表。首先需要注意到的是，没有任何疾病能完全占据全部死亡，位于死因谱前 11 位的疾病占了 50% 的总疾病负担。其次，诸如肿瘤、中风和缺血性心脏病等富贵病，和诸如腹泻、肺结核和围产期疾病等贫穷病相互交叉。最后，和世界其他地区一样，抑郁也是非常重要的危险因素，尽管抑郁并不直接导致死亡。

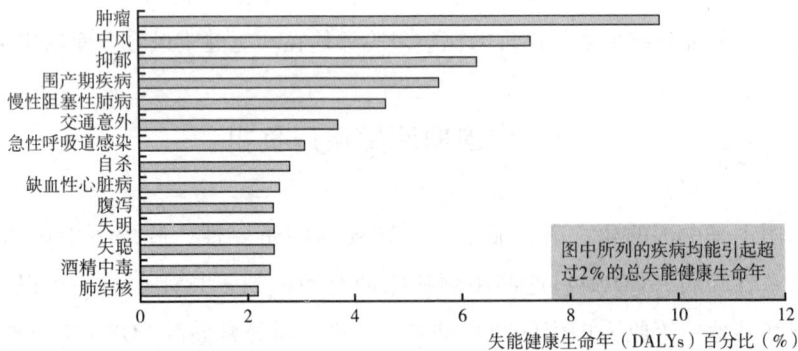

失能健康生命年（DALYs）百分比（%）

**图 2　2002 年中国失能健康生命年（DALYs）的主要原因分布图***

* Lopez, A. D. et al., eds., *Global Burden of Disease and Risk Factors*. Disease Control Priorities Project. New York: Oxford University Press and the World Bank, 2006, p. 475.

如图 2 所示，中国的 CRA 基于 2000 年的疾病负担数据，是强制性的全国总不良健康结局数据。这一点对于最终结果的可靠性和一致性非常重要，能保证公平考虑所有的危险因素，并按年龄、性别、地域和危险因素进行有效的比较。图 3[1] 显示的结果是主要危险因素的疾病负担，其中大部分危险因素是图 2 所列的几种疾病的病因。

首先关注一下中国的过度饮酒、吸烟状况。随着中国的吸烟滞后效应愈加明显，吸烟所造成的疾病负担的增长也十分迅速。在中国，有 2/3 的男性抽烟，流行病学证据显示至少有一半的吸烟者会因为抽烟这个习惯过早死亡[2]，因此吸烟历来是中国最大的健康问题之一。尽管原来女性

---

① Percentages based on the WHO region, WPRO-B.

② Hu, T. W., ed., *Tobacco Control Policy Analysis in China*. Shanghai: World Scientific Press, 2008.

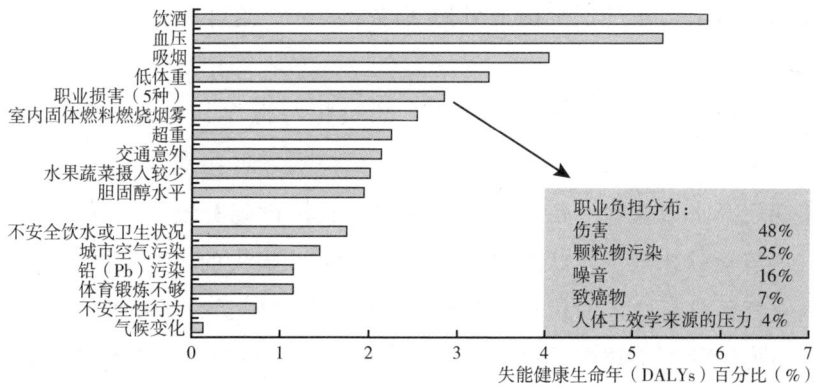

图 3　2000 年中国主要危险因素所致的疾病负担（失能健康生命年，DALYs）图 *

与图 1 和图 2 不同的是，由于存在部分重叠，图中所列的归因负担是不能简单相加的。

* 参见 Smith, K. R., J. Rogers & S. C. Cowlin, *Household Fuels and Ill-Health in Developing Countries: What Improvements Can be Brought by LP Gas?* World LP Gas Association and Intermediate Technology Group, Paris, 2005, p. 59. 数据基于 Ezzati, M. et al., eds., *Comparative Quantification of Health Risks: Global and Regional Burden of Disease due to Selected Major Risk Factors.* Geneva: World Health Organization, 2004.

吸烟率非常低，但现在也开始有增长的趋势。在未来的几年间，吸烟将会超过其他的危险因子，成为中国不良健康结局的元凶。

营养不良（低体重）和超重（肥胖）位列危险因素的前 10 位，表明中国城乡发展的不平衡，也一定程度上代表了东西部地区发展的不均衡。西部农村儿童仍旧处于营养不良的状况，而上海和广州成人则开始变肥胖起来。这一趋势还有其他佐证，例如收入状况，在阿富汗以东的亚洲国家中，中国已成为贫富悬殊最大的国家，其不公平指数（10% 最富的人的收入除以 10% 最穷的人的收入）已达到 18[①]。

从环境风险因子中的疾病—健康模型来看，农村地区发展的欠缺也是很明显的。公共环境风险因子中的主要部分是与农村贫困相关的部分——固体燃料产生的室内空气污染和不安全饮水及欠佳的卫生状况。尽管这些污染仍然和成百上千的过早死亡相关，农村的各项负担仍然不仅仅是室外的颗粒物污染和铅污染上超过了城市。确实，这其中的每个

① United Nations Development Programme, *Human Development Report.* New York: UNDP, 2005.

环境风险因子均超过了全国 DALYs 损失的 1%，这样的指标被认为是非常高的。

中国由于室内空气污染造成的疾病负担与世界其他贫困地区相似，但源自不安全饮水或卫生状况差的疾病负担则较这些地区少，可能是因为长期用开水做饭的习俗和对急患病儿的救护设施有较好的可及性等缘故（不安全饮水或卫生状况差，是造成 DALYs 损失的主要原因）。同样，室内空气污染所造成的疾病负担更多地是来自于妇女的 COPD，而不是儿童的急性下呼吸道疾病（ALRI），这种情况正好与印度的农村状况相反。的确，研究者们花了很长一段时间才找到中国不吸烟妇女 COPD 高发病率的原因是室内空气污染这一危险因素。

在中国农村家庭，煤炭广泛用于烹饪和供热，其产生的烟含有明确的人类致癌物①，妇女暴露于较高浓度的煤烟，但尽管如此，肺癌所造成的疾病负担与 ALRI 和 COPD 的疾病负担总和相比，仅占 5% 左右②。高暴露于已知致癌物却造成相对较轻微的健康影响，这一矛盾给环境卫生机构在面临其他健康问题时如何处理癌症提出了一个难题。致癌物所致的百万分之一，甚至是百万分之一百的风险，被认为与其他危险因素（如空气颗粒物污染）的相对风险相比是微不足道的。百万分之一百的癌症风险换算为相对危险值仅为 1.0001，而中国典型的室内外颗粒物污染的相对危险值则超过 1.5。癌症可能比 COPD 更让人感到恐惧，但大多数人不会认为两者对健康所造成的风险差异有几个数量级之多。无论如何，CRA 项目中，所有疾病终点统一使用 DALYs 损失来进行评估——对某种疾病的恐惧不会被列入权重参考。这意味着污染物所造成的癌症风险，即使在高暴露和高作用效能的情况下，也不会产生太多的不良健康影响。这也就解释了为何致癌化学物暴露没被列入图 3 的主要危险因子中，尽管它们在一些主要危险因素（如吸烟和职业）的健康效应中的确起了一

---

① Strait, K. O. et al., "Carcino Genicity of Household Solid-Fuel Use and High-Temperature Frying". *Lancet Oncology* 7 (2006): 977-978.

② Zhang, J. & K. R. Smith, "Household Air Pollution from Coal and Biomass Fuels in China: Measurements, Health Impacts, and Interventions". *Environ. Health Perspect.* 115 (2007): 848-855.

定作用。

如前所述，和许多国家一样，中国的环境健康负担多数落在工人身上。的确，职业风险在所有风险中位列第五。按人均来算的话，职业风险仍旧很高，因为这些风险多集中在雇佣少数人的某些工业企业内。图3中插入的注释是不同类型的职业危害所造成的疾病负担分布，其中伤害和颗粒物污染占了重要的比重。和预期的一样，男性承担了85%的疾病负担，但就室内空气污染来讲，妇女承担了2/3的成人疾病负担。

## 二　中国与其他国家的疾病负担比较

图4显示了不同发展程度下，主要环境危险因素的疾病负担分布。在此，发展程度按照国际货币的人均购买力（联合国开发计划署）来定义。如果使用人类发展指数（Human Development Index）来计算的话，会得到与图4相类似的结果[①]。

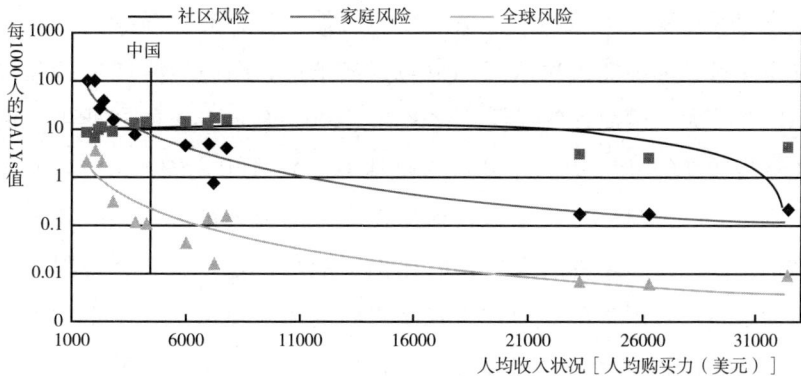

**图4　2000 年按收入状况绘制的主要环境危险因素的**
**全球疾病负担（DALYs）分布图**[*]

＊ Smith, K. R. & M. Ezzati,"How Environmental Health Risks Change with Development: the Epidemiologic and Environmental Risk Transitions Revisited."*Annu. Rev. Environ. Resour.* 30 (2005): 291 – 333.

---

① Smith, K. R. & M. Ezzati, "How Environmental Health Risks Change with Development: the Epidemiologic and Environmental Risk Transitions Revisited". *Annu. Rev. Environ. Resour.* 30 (2005): 291 – 333.

　　定量评估的家庭环境风险包括使用固体燃料所造成的室内空气污染、不安全饮用水或卫生状况，以及疟疾防控不力。如图 4 所示，随着经济的发展，这些家庭环境风险稳定地下降。中国家庭疾病负担比世界上最穷的那些国家低一些，但仍有很大的空间有待改善。

　　定量评估的社区环境风险包括城市空气污染、铅污染、职业危害和道路交通事故。尽管变化不大，这类环境风险先是随着经济发展逐渐上升，在中等收入国家达到顶峰，然后又在富裕国家逐渐降低，呈倒 U 形曲线，有时称之为环境库兹涅茨（Kuznets）曲线。目前，中国的社区环境风险接近曲线的顶峰，主要是由交通意外和职业伤害所造成的。

　　CRA 中唯一定量评定的全球环境风险是气候变化。对所有的危险因素来讲，图中所列数值是归因风险（attributable risk），明白这一点非常重要。归因风险指的是，如果过去将某危险因素的暴露水平控制在安全水平之下的话，那么就不会存在现在这样程度的疾病结局。这一概念与政策性更强的可避免风险（avoidable risk）有所不同。可避免风险指的是如果我们现在采取措施的话，疾病结局的数量将会有所减少。对于许多无论如何自身都不能迅速改变的危险因素来讲，归因风险和可避免风险的差别并不大。然而，就气候变化来看，2000 年（CRA 的基准年）的归因风险是适度的（15 万人早死；占全球 DALYs 的 0.15%），但这并不表示无所忧虑，因为如果没采取任何应对措施的话，可避免风险就会升高许多倍。因此，图 4 中的全球风险比例可能会稳定地上升，使得可避免风险远远超过归因风险。但如果仅采用归因风险值的话，图中的疾病负担谱将不会彻底改变，大部分疾病负担仍将由贫穷国家所承担，而且大部分是由这些国家的儿童所承担的[1]。

　　尽管中国近年来年均二氧化碳排放量迅速增长，但与富裕国家相比，中国的自然债务（自然进程中消耗的累积历史排放）还是相对较低[2]。图

---

①　Patz, J. A. et al., "Climate Change and Global Health: Quantifying a Growing Ethical Crisis". *EcoHealth* 4 (2007): 397 – 404.

②　Smith, K. R., "The Natural Debt: North and South". *Climate Change: Developing Southern Hemisphere Perspectives*, Ch. 16. A. H. -S. T. Giambelluca, ed.: 423 – 448. Chichester, England: John Wiley & Sons, 1996.

5 显示了使用自然债务作为每个国家的气候变化所致的全球疾病负担的衡量指标，显示了派定的和已承担的全球风险分布，后者与图 4 所示的数值相同。值得关注的是，富裕国家的派定风险是其已承担风险的 500 多倍，而贫穷国家已承担的风险则是其派定风险的 15 倍，这显示了全球风险分布的极度不平衡①。但是，有意思的是，尽管中国并不富裕，但也已经超越了两者的交叉点，其派定风险超过了已承担的风险，两者间的比率为 3.4。根据该结果，即使进入发达国家行列，中国仍有望考虑承担部分全球温室气体的减排任务。

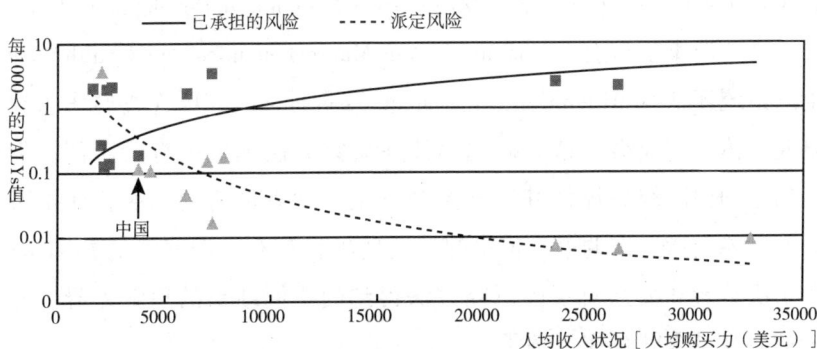

**图 5　按人均收入状况绘制的由于全球气候变化而损失的**
**失能健康生命年（DALYs）分布图\***

实线表示各国已为全球气候变化所承担的疾病负担，虚线表示各国仍需为气候变化买单的疾病负担，即派定疾病负担。

\* Patz, J. A. et al. , "Climate Change and Global Health: Quantifying a Growing Ethical Crisis". *EcoHealth* 4 (2007): 397 - 404.

当然，仍有许多没有被定量评定的其他环境风险，例如中国比较明显的环境烟草暴露问题②。大多数情况下，这是由于仅有极少量的流行病学危险信息，而缺少高质量的暴露数据。对其他环境健康风险所造成的疾病负担进行定量评估，例如定量评估毒性化学物质释放所造成的疾病负担，将为中国的监管政策提供证据基础。

---

① Patz, J. A. et al. , "Climate Change and Global Health: Quantifying a Growing Ethical Crisis". *EcoHealth* 4 (2007): 397 - 404.

② Gan, Q. et al. , "Disease Burden of Adult Lung Cancer and Ischemic Heart Disease from Passive Tobacco Smoking in China". *Tob. Control* 16 (2007): 417 - 422.

# 结 论

尽管尚待学习和发展，但现在确实已开发出一系列（越来越多的）全球性评估方法，如全球疾病负担和比较危险度评估项目，在国际专家团体一致认同的方法的基础上，按照一致、连贯、同行评议和非政治性的原则，为不同国家、危险因素、潜在的干预措施等之间的比较评估提供基础。其他相似的项目包括政府间气候变化专门委员会（International Panel on Climate Change）、千年发展目标（Millennium Development Goals）、宏观经济与健康委员会（Commission on Macroeconomics and Health）和千年生态系统评估（Millennium Ecosystem Assessment）。尽管我们作为独立的研究个体，可能会与这些研究团体在研究方法细节上有所不同，但从他们创立的国际统一评估基线开始尝试是非常有价值的。尽管在细节上或局部可能会做一定调整，但最起码这些项目都有一个起始的共同基础，减少了决策者和公众对不同研究方法得到的不同结果的理解差异。本文讨论的研究结果就可作为例子。

作为中等收入国家，中国仍存在显著的国家环境疾病负担，而这些负担主要来源于农村家庭的贫困。每年仍有成千上万的人过早死亡，但职业和环境风险导致的社区水平的疾病负担已远超过这些，增长得十分迅速。因此，这种环境风险的转移给传统的危险度管理提出了新的挑战——如何在尽快降低传统家庭环境风险的同时，减缓社区水平的风险并最终控制住这种风险。① 当然，以上所有问题都需要在应对全球气候变化影响的背景下来解决。

# 致 谢

非常感谢 Duan Xiaoli 博士和 John Minardi 给予的建议和帮助。

---

① Smith, K. R., "The Risk Transition". *International Environmental Affairs* 2：3（1990）：227 – 251.

# 中国环境管理制度变革：
## 应对环境退化对健康的影响

张世秋[*]

中国经历了近 30 年的快速经济增长，在民众生活水平不断得到改进的同时，也对环境质量和自然资源造成极大压力。环境污染不仅体现为中国经济增长的外部成本，更重要的是对民众的身体健康产生影响。建立在粗放型基础之上的快速经济增长，不仅消耗了大量的资源，使环境付出了沉重的代价，同时也削弱了经济进一步增长的后劲，使中国经济的增长质量始终处于一个较低的水平之上，难以形成核心竞争力，不利于生产力以及经济社会的持续发展。

尽管过去 20 多年间，中国政府在环境保护方面付出了巨大的努力，但因为环境污染的累积性特征，以及中国经济发展过程存量环境问题没有解决，增量环境问题不断出现，使得在当前和今后一个时期，环境形势会相当严峻，环境污染的损害特别是人体健康风险凸显、突发性环境事件频发，并进而体现为利益冲突。具体表现为"生存性环境权益"和"生产性环境权益"以及"发展性环境权益"之间的冲突。这种冲突已经广泛地存在于我们的日常生活中，并且，随着中国社会各阶层的分化，具有愈演愈烈的趋势。在缺乏有效干预的情况下，社会强势集团有

* 张世秋，北京大学环境科学与工程学院、环境与经济研究所教授。

通信地址：北京大学环境科学与工程学院（100871）；电子邮箱：zhangshq@pku.edu.cn。

可能以其手中掌握的资源（包括经济资源、政治资源等），比其他团体占有更多的低价的环境资源并攫取更大的超额利润，导致环境资源占有和使用的不公平现象，这种不公平现象进而体现在社会利益分配的最终结果上。而现行环境管理制度安排的边缘化特征，难以应对这些问题，导致在环境与发展关系的处理上，缺乏对短期和长期效益的比较与权衡，缺乏对局部利益与全民利益的比较和权衡；由于缺乏适宜的渠道，众多的、分散的利益集团的权益诉求难以保障；也无法保障以环境资源的质和量表征的自然资本增值，甚至使得该资本处于不断消耗的趋势①。

中国正处于急速的制度变迁时代，市场力量已经在社会经济生活中发挥越来越重要的作用，与此同时，公民社会的发展以及全球环境问题和国内环境问题的压力，对环境管理制度变革，提出了相应的要求。在这种背景下，如何把与环境问题相关的健康问题纳入决策过程，特别是环境管理战略以及政策中，是中国环境管理制度变革所面临的一个重要的问题，也是对环境—发展、环境—健康、人—自然进行综合权衡并决策的重要时机。

## 一　中国经济快速增长、环境污染形势依然严峻

近30年来，中国经济以前所未有的高速度发展，按可比价格计算，增速保持在年均9%以上。国内生产总值从1978年的3645亿元人民币增加到2007年的249529亿元。如图1所示，经过治理整顿之后，经济增长速度由1993年的14%逐渐回落到8%左右，2003～2007年的经济增长连续达到或略高于10%，经济平稳快速增长，但经济运行中投资增长过快、货币信贷投放过多、外贸顺差过大、资源紧缺、环境恶化等问题依旧突出，需要进一步优化结构、提高效益、节能降耗和污染减排，防止片面追求和盲目攀比增长速度，实现经济又好又快发展。

---

① 张世秋：《中国环境管理制度变革之道：从部门管理向公共管理转变》，《中国人口、资源与环境》2005年第4期，第90～95页。

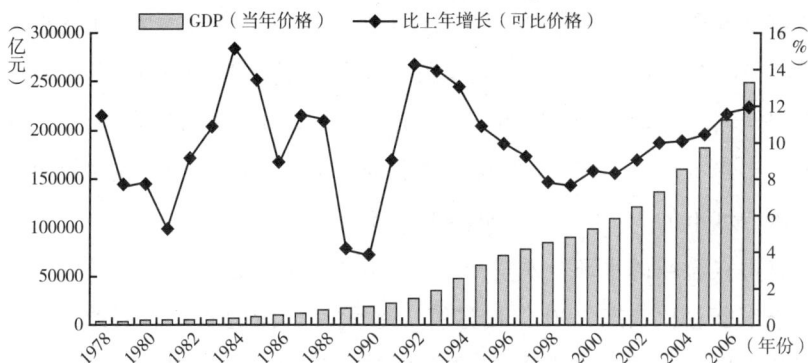

**图1　中国历年GDP及增长率变化情况**

　　伴随经济的快速发展，发达国家工业化百年来分阶段出现、分阶段解决的环境问题，在中国短短20多年的发展中集中出现，呈现压缩型、复合型的特点。这主要表现在以下几个方面：一是主要污染物排放量大大超过环境承载能力，环境污染相当严重；二是生态环境边建设边破坏，生态破坏范围在扩大；三是老的环境问题尚未解决，新环境问题又接踵而至。除了工业化和城市化带来的烟尘、二氧化硫、水黑臭污染外，机动车和有毒有害化学品污染、城市化学烟雾、外来物种入侵等新环境问题在中国也不断显现。中国环境污染已从陆地蔓延到近海水域，从地表水延伸到地下水，从一般污染物扩展到有毒有害污染物，已经形成"点源"与"面源"污染共存、生活污染和工业排放叠加、各种新旧污染与二次污染相互复合的态势，以及大气、水体、土壤污染相互作用的格局。对生态系统、食品安全、人体健康构成了日益严重的威胁。

　　20世纪80年代以来，中国开始对重点城市和重点流域的环境质量进行监测，随着时间的推移，监测范围不断扩大。环境监测所提供的比较连续的环境质量指标有两类：一类是重点城市空气质量指标；另一类是重点流域的水环境质量指标。

　　就重点城市的空气质量指标而言，统计数据显示，20世纪90年代中国城市的空气质量基本保持稳定，空气中二氧化硫和氮氧化物的浓度趋于稳定，其中对中国城市空气质量影响较大的总悬浮颗粒物的浓度还出现下降的趋势。但是，城市大气污染问题依然十分严重。2008年对519

个城市空气质量的监测结果表明，有 7 个城市属于严重污染、113 个城市轻微污染、399 个城市空气质量良好，分别占监测城市的 1.3%、21.8% 和 76.9% ①，而 2005 年对 340 个城市空气质量的监测结果表明，有 91 个城市属于严重污染、108 个城市轻微污染、141 个城市空气质量良好，分别占监测城市的 26.8%、31.8% 和 41.5%。

　　就重点流域的水环境质量而言，中国自 20 世纪 80 年代以来水环境质量处于不断恶化状态，90 年代尽管少数大河干流的水质有所改善，但淡水湖的水质进一步恶化的趋势没有扭转，近海水域水质也在继续恶化，地下水污染还有加剧的趋势。进入 21 世纪以来，由于重点流域主要污染物排放总量降低，污染治理力度加大，部分河湖水质有所改善。但 2006 年全国七大水系监测断面中有 62% 受到污染，其中近一半属劣五类水质；流经城市的河段 90% 受到严重污染；75% 的湖泊出现富营养化；27% 的近岸海域水质超四类。

　　饮用水源地问题突出，饮用水安全受到威胁，全国近一半的城镇饮用水源地水质不符合饮用水源标准。2008 年上半年环境监测结果显示，113 个环保重点城市的 243 个地表水水源地中，达标水源地为 159 个，占到 65%；不达标的为 84 个，占 35%，其中，涉及 16 个省、自治区、直辖市的 40 个城市 ②。饮用水源不仅受常规的污染物污染，而且还受新型的有毒有害物质污染，不少城市饮用水源地已监测到许多微量有毒有害污染物，严重危及人体健康。661 个设市城市及县级政府所在地城镇的 4.18 亿人口中，水质不安全的人口 0.72 亿人、水量供给不足的人口 0.49 亿人，扣除两者重复计算人口，城市饮用水不安全的人口共计 0.99 亿人。在 661 个设市城市中，有 205 个城市存在水源地污染和水量不足问题。2005 年国家环保总局对全国 56 个城市的 206 个集中式饮用水源地的有机污染物监测表明：水源地受到 132 种有机污染物污染，其中 103 种属于国内或国外优先控制的污染物。目前全国 25% 的地下水体遭到污染，平原区约有 54% 的地下水不符合生活饮用水水质标准。我国农村饮用水

---

①　数据来源：历年《中国环境状况公报》。
②　数据来源：中国环境监测总站。

水质状况更不容乐观，有 3.2 亿人饮水不安全，其中有 1.9 亿人饮用水有毒有害物质含量超标。水污染不仅使有限的淡水资源更加匮乏，而且对饮用水安全和公众健康造成了极大威胁。

受污染源集中程度的影响，大城市的环境质量指标不能准确反映整体环境负担情况，比较而言，污染排放量可以从另一个角度了解社会经济活动对环境质量的压力变化情况。进入十一五规划阶段，由于中国大力推行"节能减排"的总体方略以及经济结构和产业布局调整，在 2005 和 2006 年的持续增加之后，2008 年各类污染物都开始出现了明显的下降，二氧化硫排放量为 2321.2 万吨，工业粉尘排放量为 584.9 万吨（参见表 1）。2008 年主要水污染物化学耗氧量（COD）排放总量为 1320.7 万吨，超过环境容量 65% 以上（以全国十大水系 COD 容量为 800 万吨计算）[1]。2006 年主要水污染物化学耗氧量（COD）排放总量居世界第一，超过环境容量近 90% 以上（全国十大水系 COD 容量为 800 万吨）（参见表 2）。

**表 1　全国近年废气中主要污染物排放量**

单位：万吨

| 项目<br>年份 | 二氧化硫排放量 | | | 烟尘排放量 | | | 工业粉尘<br>排放量 |
|---|---|---|---|---|---|---|---|
| | 合计 | 工业 | 生活 | 合计 | 工业 | 生活 | |
| 1998 | 2091.4 | 1594.4 | 497.0 | 1455.1 | 1178.5 | 276.6 | 1321.2 |
| 1999 | 1857.5 | 1460.1 | 397.4 | 1159.0 | 953.4 | 205.6 | 1175.3 |
| 2000 | 1995.1 | 1612.5 | 382.6 | 1165.4 | 953.3 | 212.1 | 1092.0 |
| 2001 | 1947.8 | 1566.6 | 381.2 | 1069.8 | 851.9 | 217.9 | 990.6 |
| 2002 | 1926.6 | 1562.0 | 364.6 | 1012.7 | 804.2 | 208.5 | 941.0 |
| 2003 | 2158.7 | 1791.4 | 367.3 | 1048.7 | 846.2 | 202.5 | 1021.0 |
| 2004 | 2254.9 | 1891.4 | 363.5 | 1095.0 | 886.5 | 208.5 | 904.8 |
| 2005 | 2549.3 | 2168.4 | 380.9 | 1182.5 | 948.9 | 233.6 | 911.2 |
| 2006 | 2588.8 | 2234.8 | 354.0 | 1088.8 | 864.5 | 224.3 | 808.4 |
| 2007 | 2468.1 | 2140.0 | 328.1 | 986.6 | 771.1 | 215.5 | 698.7 |
| 2008 | 2321.2 | 1991.3 | 329.9 | 901.6 | 670.7 | 230.9 | 584.9 |

数据来源：《中国环境状况公报》。

---

① 数据来源：《中国环境状况公报》。

表 2　中国近年废水及主要污染物排放量

| 年份 \ 项目 | 废水排放量(亿吨) | | | COD 排放量(万吨) | | | 氨氮排放量(万吨) | | |
|---|---|---|---|---|---|---|---|---|---|
| | 合计 | 工业 | 生活 | 合计 | 工业 | 生活 | 合计 | 工业 | 生活 |
| 1998 | 395.3 | 200.5 | 194.8 | 1495.6 | 800.6 | 695.0 | — | — | — |
| 1999 | 401.1 | 197.3 | 203.8 | 1388.9 | 691.7 | 697.2 | — | — | — |
| 2000 | 415.1 | 194.2 | 220.9 | 1445.0 | 704.5 | 740.5 | — | — | — |
| 2001 | 432.9 | 202.6 | 230.3 | 1404.8 | 607.5 | 797.3 | 125.2 | 41.3 | 83.9 |
| 2002 | 439.5 | 207.2 | 232.3 | 1366.9 | 584.0 | 782.9 | 128.8 | 42.1 | 86.7 |
| 2003 | 460.0 | 212.4 | 247.6 | 1333.6 | 511.9 | 821.7 | 129.7 | 40.4 | 89.3 |
| 2004 | 482.4 | 221.1 | 261.3 | 1339.2 | 509.7 | 829.5 | 133.0 | 42.2 | 90.8 |
| 2005 | 524.5 | 243.1 | 281.4 | 1414.2 | 554.8 | 859.4 | 149.8 | 52.5 | 97.3 |
| 2006 | 536.8 | 240.2 | 296.6 | 1428.2 | 542.3 | 885.9 | 141.5 | 42.5 | 98.8 |
| 2007 | 556.8 | 246.6 | 310.2 | 1381.8 | 511.1 | 870.7 | 132.3 | 34.0 | 98.3 |
| 2008 | 572.0 | 241.9 | 330.1 | 1320.7 | 457.6 | 863.1 | 127.0 | 29.7 | 97.3 |

数据来源：《中国环境状况公报》。

2007 与 2008 年的《中国环境状况公报》中部分数据略有不同，此表中采用 2008 年数据。

## 二　中国环境污染对健康的影响突出

　　尽管中国的人类发展指标随着经济的发展有很大的提高，预期寿命由 1970 年的 60 岁上升到了 2007 年的 72 岁，1991～2003 年婴儿死亡率从每千人中 50.2 人降到 25.5 人，同时孕妇死亡率也从每 10 万人中 94.7 人降到 51.3 人（Mao，2005a）。疾病从最初的感染性疾病转向了一些慢性的非传染疾病（NCD），包括心血管疾病，呼吸道疾病和癌症。一项研究发现：中国 2002 年由于非传染疾病而丧失 1.3139 亿失能健康生命年（disability-adjusted life years，DALYs），相当于中国总体疾病负担的 64.36%（USAID & RBF，2008）。据世界银行估计，中国 2003 年与大气污染相关过早死亡以及疾病患病率的经济负担为 1573 亿元，或占到当年 GDP 的 1.16%；2/3 的农村人口没有洁净的饮用水来源，由此引起的腹泻以及消化道癌症造成的损失占到 GDP 的 1.9%（WB，2007）。各类针对中国的健康影响相关研究表明，每年大约有几十万人因为污染问题而过早死亡（见表 3）。

表3　针对中国污染导致的健康影响研究结果总结

| 原因 | 范围 | 衡量指标 | | 时间 | 来源 |
|---|---|---|---|---|---|
| 大气污染 | | 工作年（work year）:年 | 7400000 | 1997 | 世界银行 |
| 污染 | 城市 | 过早死亡人数:人/年 | 178000 | 1997 | 世界银行 |
| 室内空气污染 | 农村 | 过早死亡人数:人/年 | 111000 | 1997 | 世界银行 |
| 污染 | | 过早死亡人数:人/年 | 4500000 | 1997 | 世界银行 |
| 室内空气污染 | | 死亡人数:人/年 | 425000 | 2000 | CEHP |
| 大气污染 | | 过早死亡人数:人/年 | 411000 | 2003 | 环境规划院 |
| 大气污染 | | 过早死亡人数:人/年 | 750000 | 2003 | 世界银行 |
| 大气污染 | | COPD死亡人数:人/年 | 100000 | 2006 | USAID & RBF |
| 大气污染 | | 死亡:人/年 | 500000 | 2008 | USAID & RBF |
| 大气污染 | | 婴儿死亡:人/年 | 50000 | 2008 | 中国科技部 |
| 环境污染 | | 过早死亡人数:人/年 | 6000000 | 2002 | UNDP |
| | | 呼吸道疾病:例/年 | 20000000 | | |
| 环境污染 | | 过早死亡:人/年 | 750000 | 2007 | 世界银行 |

　　经过长时间的积累，环境污染引起的健康影响包括畸形新生儿出生率上升，恶性肿瘤的发病率和病死率提高，各种已被控制的恶性传染病的重新出现等，严重威胁着人类的健康，已经不能忽视。广泛分布于全国农村地区、受影响群体集中、健康影响显著的癌症村现象就是其中的典型问题，近年来也被各方广泛关注。由于环境污染问题，中国已经出现了很多癌症村，根据我们最近对各类新闻报道中提及的癌症村问题的调查，目前已经确定的癌症高发地区村庄有75个。癌症村主要分布于我国的中东部地区，内陆的河北、河南癌症村数量最多，其次是安徽、江西、湖南、湖北等地，沿海地区的江苏、浙江、天津、广东等地也都有癌症村出现。西部则主要分布在川渝地区。

　　癌症高发地区居民所患的主要是消化道系统（尤其是上消化道系统）和呼吸道系统的癌症，患病率或死亡率远高出平均水平，有的甚至超过平均水平十几倍：癌症死亡率从65人/10万人到1400人/10万人不等（估算），大部分高出2005年世界平均癌症死亡率［117.5人/10万人（估算）］以及2006年我国农村居民恶性肿瘤死亡率（131.35人/10万人）[①]。

————————————

①　中华人民共和国卫生部 www.moh.gov.cn。

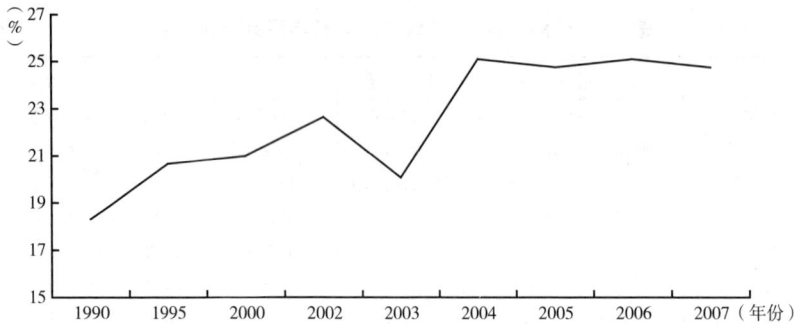

**图 2　我国农村地区恶性肿瘤死亡人口占所有死亡原因中的比例**

数据来源：《中国卫生年鉴》。

图 2 是根据《中国卫生年鉴》整理的我国农村地区恶性肿瘤死亡人口占所有死亡原因中的比例。图 2 表明，1990 年以来，恶性肿瘤占各类死亡原因的比例大致呈现持续增长的趋势。另外癌症患者的年轻化也是一个明显特征：很多案例地区的患病者以中年人为主，也不乏十几岁二十多岁就患癌症死亡的案例。这些癌症高发地区受到的健康影响除癌症之外还有其他重症（心脑血管疾病、偏瘫、孕妇自发流产、先天残障等）以及一些不是致命但长期都有不良影响的疾病（皮肤病、气管炎、糖尿病、肝炎、肠炎、痢疾、脱发、骨质疏松等），给当地居民带来的负面影响、损失都是不可忽视的①。

## 三　环境污染导致的社会经济与健康损失引起关注

污染从两个角度造成经济损失：一方面通过损害建筑物，腐蚀机器设备等给经济带来直接损失；另一方面污染会损害人体健康，引起过早死亡，增加疾病、医疗费用开支，损失工作日等，这些影响均会降低工作效率，给经济带来间接损失。参照目前已有的关于环境污染造成经济损失的研究结果，我们可以看到环境污染已经给中国经济的发展带来了巨大成本，具体研究结果如表 4 所示。

---

① 余嘉玲、张世秋：《中国癌症村现象及折射出的环境污染健康相关问题分析》，2009 working paper。

**表 4　针对中国污染导致的经济损失研究结果总结**

| 研　究　者 | 所评估的年份 | 研究结果（10 亿元） | | 环境成本占GNP 的比重（%） |
| --- | --- | --- | --- | --- |
| | | 环境污染损失 | 生态退化损失 | |
| Liu and Wang（1998）[①] | 1980 | 44 | 26.5 | 16.67 |
| Li and Wang（1989）[②] | 1981 | n. a. | 103.95 | 12.47 |
| 过孝民等（1990）[③] | 1981～1985 | 38 | 49.8 | 15.6 |
| 曲格平（1994）[④] | 1988 | 95 | n. a. | 6.75 |
| 孙炳彦（1992）[⑤] | 1990 | 150 | n. a. | 8.3 |
| Smil（1996）[⑥] | 1988 | 43.7 | 124.8 | 9.5 |
| Smil & Yushi（1998）[⑦]，夏光（1993[⑧]，1998[⑨]），Wang, Hongchang（1998）[⑩]，宁大同（1998）[⑪] | 1990 | 98.6 | 242.7a/38.9b/ | 18.8 |
| Zhu Jicheng（1997）[⑫] | 1991～1995 | 133 | 90.5 | 11.0 |
| 孙炳彦（1996）[⑬] | 1992 | 180 | n. a. | 7.4 |
| 徐嵩龄（1998）[⑭] | 1993 | 96.3 | 239.4 | 9.7 |
| 郑易生（1996）[⑮] | 1993 | 108.51 | 236.05 | 17.0 |
| 《中国环境年鉴》编辑委员会（1997）[⑯] | 1995 | 12 | — | 1.7 |
| World Bank（1997）[⑰] | 1996 | US $ 53.6c/US $ 24.2d/ | n. a.106.8e/ | 7.7c/3.5d/ |
| 孙炳彦（1997）[⑱] | 1996 | 389 | n. a. | 6.2 |
| 国家环保总局（2006） | 2004 | 5118 | — | 3.04 |

[①]Liu, W. & Y. Wang（1998）*Losses in China*. Springer-Verlag, Berlin.

[②]Li, Y. Z. & J. Wang（1989）"Chinese Forestry: Crisis and Options", *Liaowang（Outlook）*. No. 12: 9 – 10.

[③]过孝民等（1990）"Estimation of Economic Losses Caused by Environmental Pollution in China", *China Environmental Science*. Vol. 10, No. 1.

[④]曲格平（1994）"Environmental Protection in China", *Proceedings of the First & Second Meetings of the China Council for International Cooperation on Environment and Development*. CCICED, Beijing.

[⑤]孙炳彦（1992）*China Pollution Conditions*. Policy Research Center for Environment and Economy, SEPA, Beijing.

[⑥]Smil, V. （1996）*Environmental Problems in China: Estimates of Economic Costs*. East-West Center Special Report No. 5, East-West Center, Honolulu.

[⑦]Smil, V. & M. Yushi（1998）*The Economic Costs of China's Environmental Degradation*, Project on Environmental Scarcities, State Capacity and Civil Violence. American Academy of Arts and Sciences.

[⑧]夏光（1993）*An Estimate of the Economic Consequences of Environmental Pollution in China*. China Environmental Sciences Press, Beijing.

[⑨]夏光（1998）*Economic Measurement and Study on Environmental Pollution Loss in China*. China Environmental Sciences Press, Beijing.

[⑩]Hongchang, W. （1998）"Deforestation and Desertification in China", Smil and Yushi（1998）*The Economic Costs of China's Environmental Degradation*, Project on Environmental Scarcities, State Capacity and Civil Violence. American Academy of Arts and Sciences.

⑪宁大同（1998），"An Assessment of the Economic Losses from Various Forms of Environmental Degradation in China"，Smil & Yushi（1998）*The Economic Costs of China's Environmental Degradation*，Project on Environmental Scarcities，State Capacity and Civil Violence. American Academy of Arts and Sciences.

⑫Zhu Jicheng（1997），"Economic Losses from Environmental Pollution"，*China Environmental Sciences.* Vol. 23，No. 1

⑬孙炳彦（1996），*Economic Losses from Environmental Pollution.* Policy Research Center for Environment and Economy，SEPA，Beijing.

⑭徐嵩龄（1998），*Economic Loss Measurement of Environmental Destruction in China：Cases and Theoretical Study.* China Environmental Sciences Press，Beijing.

⑮郑易生（1996），"Energy，Carbon Dioxide Emissions，Carbon Taxes and the Chinese Economy"，*Intereconomics.* Vol. 31，No. 4.

⑯《中国环境年鉴》编委会（1997），《中国环境年鉴》（1997），北京，中国环境年鉴社。

⑰World Bank（1997），*Clear Water，Blue Skies：China's Environment in the 21st Century.* Washington DC.

⑱孙炳彦（1997），*Pollution Loss Estimate，Projection and Ideas for Trans-Century China.* Policy Research Center for Environment and Economy，SEPA，Beijing.

# 四　环境管理与环境政策边缘化特征亟须改变①

无论是中国政府还是国内外专家学者在评述中国的环境保护工作时，最通常采用的说法是："中国建立了世界上最完善的环境保护法律、法规和政策体系"。然而，尽管政策体系完善、条目众多、手段齐全，中国的环境质量和生态系统仍处在不容乐观的状态甚至在局部地区出现恶化的趋势。这种现象可以概括为环境政策的边缘化，意即环境政策的设计、执行和实施不能有效纳入社会经济发展和决策过程的主流，导致环境政策实际上发挥着消防队的作用，具有典型的末端治理特征，无法从根源上解决环境与发展的矛盾。

**1. 现行环境管理制度无法满足公共资源管理目标要求，管理负担和成本巨大，干预效应不足**

处在社会和经济快速发展和变化的时代，有五个核心问题值得研究和解决。第一，环境政策以及与之相关的环境管理制度，偏离社会运作

---

① 根据张世秋《环境政策边缘化现实与改革方向辨析》，《中国人口、资源与环境》2004年第3期；张世秋：《环境资源配置低效率及自然资本"富聚"现象剖析》，《中国人口、资源与环境》2007年第6期。

以及管理的主体和主流而呈现出的边缘化状态，导致环境政策的干预效应不足；第二，在环境保护工作的运作方式上，客观上存在着单方面强调政府行为、强调自上而下的决策和执行方式、忽视经济活动的基本规律以及社会根本需求和民众根本利益的现象，导致环境保护成了政府的包袱和企业的负担，加深了保护环境与发展经济的对立；第三，公共资源管理的部门利益化导致了政府部门也可能成为现行制度安排下的寻租者，不仅加剧了管理成本的提高，更可能使得公共资源的利益集团化；第四，缺乏对行使公共资源管理的相关部门的管理绩效和程序的监督和监察，更缺乏制衡机制，无法体现公民需求，更有可能产生各种相关的制度和社会问题；第五，由于缺乏对经济增长的环境代价特别是环境污染健康损失的翔实的社会经济影响分析，使得环境成本难于纳入价格信号中，导致产品价格偏离社会成本，无法实现环境质量资源和自然资源在不同用途和不同主体中的有效配置。

**2. 环境管理的低效率和不公平现象需要通过制度变革加以克服**

由于现行的环境政策和管理体制不足以改变和变革单纯追求经济增长的发展模式以及在此基础上形成的各种制度安排，导致中国的环境保护出现了许多误区，出现了一些无法回避的问题，不能从根本上解决环境和自然资源配置的低效率和不公平现象。这些后果主要表现在如下几个方面：

首先，导致技术效率、经济效率、自然效率、社会效率的分离，并伴随市场经济和全球经济一体化的过程，一方面体现为从社会角度而言的资源配置和环境质量配置的低效率，另一方面，同时也是更重要的方面，必然会导致基于对环境和资源剥夺基础上的财富，不断向少数利益集团（优势集团）聚集，在没有有效的干预措施情况下，必然导致更进一步的贫富分化：不仅是国家内部的不同收入集团之间以及区域之间，也包括国家之间和代际之间。

其次，现行环境政策无法改变具有暴发户特征的建设和开发模式，在规划和开发过程中，经济目标与环境目标不能统一，导致环境资源的区域配置效率低下，不仅不能充分发挥区域的环境资源优势，还必然使得污染迁移和资源掠取具有合理性，使得那些对保存一个国家的整体自然资本存量最重要的地区，也延续先污染、后治理的老路。

再次，为了实现一时的环境保护目标，或者为了引起社会对环境问题的关注，环境保护会体现出运动式管理的特征；尽管可以一时奏效，但长此以往，由于缺乏持续性激励机制和制度安排，反弹现象不断出现，使得社会丧失了对环境政策和环境管理的尊严以及权威性的信心和信任，也意味着社会不得不支付大量的政府管理和执行成本，造成公共开支的低效率或者浪费现象。

最后，由于缺乏制度性的管理以及对环境影响的短期和长期效应的认知和研究成果的支持，导致缺乏对环境政策与管理体制的短期和长期效益的比较与权衡，缺乏对局部利益与全民利益的比较和权衡，使得有可能出现借环境保护和生态保护之名，行破坏环境和生态之实，借脱贫之名而致贫的现象。

**3. 环境政策具有明显的末端管理特征，未纳入社会经济决策过程的源头管理**

环境问题的产生通常都与市场失灵和制度失灵相关。针对环境问题而设计和实施的环境政策在改善环境质量和保护以至增加自然资本存量方面固然发挥了重大作用，但那些针对社会经济问题而制定和执行的宏观社会经济政策及部门政策，因其对社会经济各个层面产生了更深更广泛的影响，并直接影响了各行为主体的行为，因而对环境产生的影响（或正或负）可能更大。许多理论和实证研究的结果都已经表明，由宏观社会经济发展决策和战略所导致的环境问题，难以通过依靠微观领域的环境政策的调控加以解决。因此，环境问题的缓解和解决，必须针对环境问题产生的源头，即社会经济的宏观发展政策、决策和对策、发展战略以及各种行动方案的制定与执行。

然而，学术界缺乏对这些宏观决策和政策的环境影响特别是健康影响的翔实研究，政府的环境行政主管部门，也通常把政策改革的重点放在已经恶化或者激化的环境问题上以及具体的环境管理目标实现和狭义环境政策的制定与实施上，较少关注如何把环境问题的预防和解决纳入到宏观经济政策的变革过程中。

目前中国的环境政策还基本停留在项目管理层次，通常是针对所出现的环境问题提供解决的对策。仅以环境影响评价为例，尽管新公布的环境影响评价法中，已经列入了广义的环境影响评价要求，但直到目前，区域开发和发展的环境影响评价、社会经济发展政策、重大社会发展战略以及行动的环境影响评价还基本上停留在学者层面的讨论和方法论的建立上，尚没有实际展开。在实际操作方面，对社会经济活动产生的环境影响的受体研究以及健康影响研究不足，缺乏可靠的经济评估，使得评价结果难于与相关技术、政策和管理手段结合，也无法纳入到项目、区域开发和宏观发展战略的综合分析中。

同时，由于缺乏制度化的动态调整的政策体系，环境政策的制定落后于社会经济发展进程，也由于环境管理和政策的末端治理特色，使得环境管理不得不以"运动式"的方式进行，这种运动式的管理尽管能够取得一时的成效，但却难以具有持续性的效果，也难免出现偏差，难免耗资巨大却见效甚微，甚至有可能损害中国环境管理制度和政策的权威性和尊严，导致政策手段众多，而执行力度有限直至政策效应下降。

**4. 一体化的环境政策体系尚没有建立，环境政策无法通过干预社会经济过程发挥效力**

把环境政策纳入综合决策过程，必须强调如下方面：（1）环境和资源的保护与利用政策要同部门发展政策以及宏观经济政策相结合。环境与资源的保护，已经不仅仅是环境部门的责任，而是要在部门和宏观决策中综合考虑有效地利用和保护环境与自然资源。（2）经济手段与命令控制型等其他手段相结合。（3）通过经济手段和行政手段等对资源进行合理定价，使其不仅反映生产者的私人生产成本，还要反映包括环境损害成本、资源耗竭成本在内的全部社会成本。（4）把环境和自然资源纳入国民经济核算体系以及区域、地方和企业的综合绩效评估体系中，以便综合反映发展的可持续程度并影响相应的决策。（5）强调税收政策在综合决策进程中的作用，将环境和自然资源保护的税收政策纳入一体化的税收体系中。（6）强调跨区域和流域的整合型环境管理手段和政策。

由于基础研究的缺乏，反映环境成本包括健康成本的针对资源和环境质量的一体化的环境税收政策和定价政策体系尚未建立起来，导致社会总资本存量（包括人力资本、人造资本和自然资本）的配置低效率，以及诸多与此相关的公平性问题。而税收政策和相关的定价政策，都需要基于明确的健康效应以及其他环境影响的经济评估作为基础。

**5. 环境政策的制定过程缺乏公平和效率的考虑，导致政策效应下降**

费用—有效性是指以最小社会总费用，包括各种政策或手段组合，实现既定的环境质量目标或环境管理目标。它要求：（1）以最小的费用实现既定的目标，或者以同样的社会成本实现更高的环境管理目标；（2）体现"边际均等原理"。

但是，由于基础科研，特别是与人体健康相关的科研不足或科学认知转化方面的问题，缺乏对环境损失与环境效益的正确评估，现行的环境质量目标和环境管理目标通常不是基于技术和经济可行性的分析。相应的环境标准的制定也基本上是以借鉴他国经验为主，而不是根据费用—效益分析和费用—有效性分析来制定，导致或者目标过高难于实现，或者即便目标能够实现，但却出现过度管理的现象，使得效率流失；或者目标过低，使环境质量恶化和环境资源耗竭。此外，在环境保护优先性领域和问题识别、重大环境战略以及政策手段的制定和实施上，也存在类似问题，加之许多政策的制定没有跟得上社会经济发展的制度环境的变化，可能引致管理目标、政策目标和管理对象的偏移，出现政策效应下降现象。

以排污收费制度为例，这是一个非常典型的环境经济政策，尽管在行为激励和资金配置功能方面发挥了很大的作用，但是，总结2000年以前的排污收费制度，我们可以发现依然存在许多问题，可以具体概括为：收费结构、实施过程以及制度安排上的问题等，这些问题同样集中在效率低下、缺乏公平性考虑等方面。具有行为激励功能的排污收费应该是针对所有的损害性排放都收费，其收费标准应该等于其所造成的边际损害以实现经济效率，并为污染者环境行为改善提供动态刺激，但中国的排污收费水平一般都无法达到这一效率收费水平，在很多行业，甚至远远低于污染物的平均削减成本，这样势必不能促进企业的行为改善。

**6. 环境保护投资总量不足、效率不高，难以满足环境和生态破坏的存量、增量问题与社会需求**

有关研究结果表明，20 世纪 90 年代以来，中国环境污染导致的经济损失巨大，占每年 GDP 的 2% ~ 8%[①]之间。为消除环境污染影响，自 80 年代中期以来，中国的环境保护投资总量不断增加，从 80 年代初期的二三十亿元[②]，增加到 2000 年的 1056 亿元；环境保护投资占 GNP 的比例也由 80 年代初的 0.5%，提高到 2000 年的 1.08%，2007 年，环境保护投资增加到 1.35%（图 3）。尽管环境投资总量一直在增长，但是其占 GNP 的比例仍远远低于环境污染导致的社会经济损失。

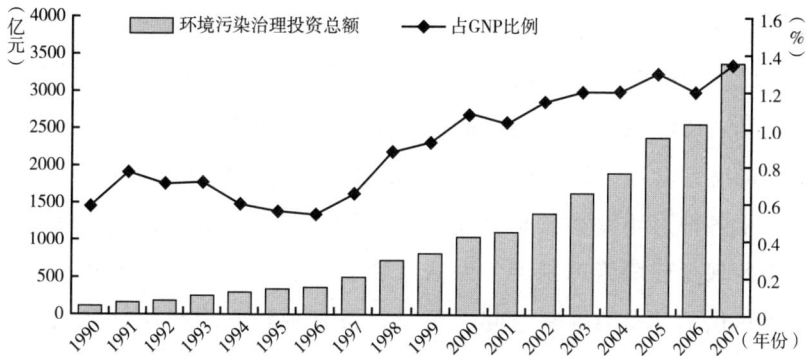

**图 3   历年环保投资及占 GNP 比例变化情况**

如果我们从中国的经济增长总量和社会投资总量的角度考察环保投资的增长，则更是难以得出乐观的结论。1986 ~ 1998 年间，中国国民生产总值（GNP）按照 9.5% 的年增长率增长，同期全社会固定资产的投资年增长率为 20.6%。环境保护投资占同期固定资产投资额的比例从 1986 年的 2.5%，下降到 1996 年的 1.64%，又于 2000 年回升到 3.21%。全社会固定资产投资，是表征一国在特定时期内新增固定资产的重要指标，同时也是表征经济发展强度的重要指标，由于中国积累的环境问题无法

---

① 各研究采用的评估技术、估算项目的划分、计算参数的选取等方面都存在很大差异，导致估算结果有相当大的差异。

② 国家统计局改革开放三十年中国经济社会发展成就系列报告之十五。

通过当时的环境保护投资解决，同时环境保护投资占全社会固定资产投资的比例变化不大，甚至在某些年份有所下降，这一事实表明：尽管自80年代中期以来，中国环境保护投资总量增加，但同经济增长总量和全社会固定资产投资总量的增长速度相比，还无法满足经济发展对环境保护所提出的客观要求。因此，不可能幻想中国的环境状况能够在近期内得到根本改善。

## 五　应对环境与健康问题：环境管理制度变革

面对严峻的环境形势，提出的问题就是，第一，环境污染带来社会经济和人体健康的损害，同时，保护环境意味着具有社会和经济效益。第二，政府和社会应该以何种方式，是一如既往的那种不计代价的方式进行运动式的环境管理？还是依据科学认知，通过民主决策过程，实现对环境的有效管理，包括政府、企业和民众的新型伙伴关系的建立等？

由于各种因环境资源而引起的利益集团冲突的加剧，使得建立在产权缺失的现行环境管理制度，无法实现公共管理的目标，为政府、组织和个人提供了过多的寻租空间，环境权益是现行管理制度的基础也是现行环境管理制度的薄弱环节，只有有效地界定相关行为主体的权益结构，才能实现环境管理从具有部门利益和利益集团短期政绩目标驱动的模式，跨越部门管理的种种误区，实现环境资源的有效公共管理。

中国未来的环境管理体制和政策的变革的突破点在于：在承认环境资源是一种重要的资产及资本的基础上，通过界定有效的环境权益结构，并将其纳入到市场经济的运作中，借助市场的力量，实现在经济增长的同时不削弱甚至增加自然资本存量，实现环境资源在各个利益主体之间的有效率和公平的配置。其核心应该体现污染者支付、使用者支付和受益者支付的基本原则，促进保护环境的责任与享有环境服务的权利的统一。

**1. 通过有效的健康损害赔偿机制的建立，促进制衡型环境管理制度的建立**

所谓社会制衡型环境管理制度和政策，是在中国利益集团形成、利益冲突加剧的基础上提出的。它强调政府在宏观层面上的协调和"立法"作用，以及在具体管理上的"裁决"作用；强调社会组织和公众在环境监督和环境管理中的主体性作用。将上述两者结合起来，就构成了政府主导、社会动员的"社会制衡型环境政策"。在有效界定受污染者以及公众对环境保护事务的参与权的基础上，需要强化公众的环境监督权、环境知情权、环境索赔权、环境议政权等权益体系。

2008 年修订后的《水污染防治法》在污染损害赔偿方面进行了有效的变革，包括：罚款幅度普遍提高。罚款是在环境管理中最经常使用的行政处罚手段。修订后的《水污染防治法》针对以往罚款普遍较低、威慑力不足的现状，通过 6 种方法，明确规定并大幅提高了罚款额度。如罚款数额上限为 50 万元的规定有 6 条，罚款数额上限为 100 万元的规定有 1 条；同时取消了对某些行为罚款的上限。如对水污染事故的罚款，造成的损失越大，罚款数额越高，实际上是"上不封顶"。

此外，依据我国《民事诉讼法》，民事纠纷实行"谁主张，谁举证"。这个原则如果运用于环境赔偿纠纷中，将不利于作为受害者的个体寻求司法救济，从而会激化冲突和矛盾。《水污染防治法》在第八十七条做了一定调整，规定"因水污染引起的损害赔偿诉讼，由排污方就法律规定的免责事由及其行为与损害结果之间不存在因果关系承担举证责任"。换言之，如果排污企业不能令人信服地证明其没有过错，他就得承担赔偿责任。类似的举措将有助于中国环境污染受害者索赔机制的建立，并通过损害赔偿的力量，促进企业环境行为的改进。

### 2. 通过定价政策和价格政策的变革，内在化环境健康成本

价格作为市场配置资源的重要手段，价格能否反映真实的社会成本，直接影响了技术效率、经济效率、自然效率和社会效率之间的相互运作关系，进而对资源配置效率产生影响。通过有效的价格政策的制定，一方面，促进环境资源的有效配置，扭转低价利用环境资源的现象，促进有利于环境保护的技术创新和增长方式的转变；另一方面，也有助于促进收入—分配的公平性，纠正自然资本的"富聚"现象。有效率的价格水平（P）应该反映该资源的全部社会成本，即应该等于边际机会成本（MOC），即不仅要反映边际生产成本（MPC），还要反映边际环境成本

（MEC，包括环境的健康成本）和边际资源耗竭成本（MDC），并被表征为：$P = MOC = MPC + MEC + MDC$。但是，由于认知的局限以及制度失灵的缘故，自然资源和环境容量资源通常都是以无价和低价的方式进入生产过程，由于政策缺失或执行力度有限，作为参与经济生产和消费过程的要素的自然资源和环境容量资源的边际环境成本以及资源耗竭成本并没有反映到价格当中。特别是，在健康损失的经济价值评估方面还无法做到进入决策和政策制定的支持阶段，使得通过价格信号引导环境保护的工作困难重重。

**3. 通过整合健康损失评估环境管理的优先领域和环境保护投资重点**

环境管理优先领域与环境保护投资重点需要参考依据健康损失的社会经济评估结果，比照分析不同健康问题的公共卫生开支与利益相关人支出，识别和评估可行的污染预防和控制措施，构建适用于不同对象的费用效益分析方法，定量分析针对不同区域、各类主要环境污染、主要污染物和主要污染源/行业的污染预防和控制措施的边际成本变化和边际效益变化，对中国不同区域、各类主要环境污染，以及主要污染物和主要污染源/行业进行优先性排序，从而为中国环境健康风险管理特别是公共环境投资决策提供基础。

**4. 环境质量标准的制定和修订迫在眉睫**

空气质量标准体系是人类健康和生态环境的基本保障，也是污染控制的重要依据。环境质量标准对于环境管理工作非常重要，不仅应该体现社会可接受的环境质量水平、促进污染防治，更重要的是，对于污染防治的措施的采用和环境投资的走向具有重要的引导作用。根据北京大学对中国有关的环境污染控制技术政策的分析[①]，$PM_{2.5}$ 以及 $O_3$ 标准的制定和实施应该纳入议事日程。

我国大气环境污染形势严峻，主要城市大气颗粒物污染严重。其中，细粒子在颗粒物中占有的份额越来越大，健康风险突出。细粒子污染对局地、区域甚至全球的环境状况、气候变化和人体健康具有重大的危害。因此，必须加快步伐，将研究和污染控制重点由粒径较大的颗粒物（TSP

---

① 张世秋主编《环境保护技术政策与污染物控制对策》，中国环境科学出版社，2008，第12页。

和 $PM_{10}$）转移向更具体、更严格的大气细粒子部分（$PM_{2.5}$），尽早出台详细的污染控制技术政策，并制定严格的环境质量标准。我国现行的环境空气质量标准中，大气颗粒物的标准仅限于总悬浮颗粒物和可吸入颗粒物（$PM_{10}$），其中，$PM_{10}$ 是 2000 年大气环境质量标准修订后新增加的项目。按照该标准规定，环境空气中 TSP 和 $PM_{10}$ 的二级标准浓度限值分别为年平均 $0.20mg/m^3$、$0.10mg/m^3$，日平均 $0.30mg/m^3$、$0.15\ mg/m^3$。有关大气细粒子环境标准的制定尚处于初级研究阶段。同时，中国目前有关颗粒物（多指 TSP）排放和污染控制的环境保护科技政策也仅限于部分行业，如机动车尾气控制、印染行业的技术政策、造纸行业、燃煤电厂烟气脱硫脱氮等。

我国的空气质量标准中尽管已颁布 $O_3$ 标准但并未实施，导致 $NO_x$ 控制对策的制定缺乏正确的目标和法律依据，这已在 $NO_x$ 控制中得到反映。因此，实施臭氧标准，完善空气质量标准体系，是我国污染控制中的首要任务。

**5. 环境污染的健康损失的经济评估是健康风险管理的重要基础和支持**

针对环境污染进行健康风险管理，需要根据毒理学、流行病学，特别是健康风险评价的结果，在对健康风险进行社会经济影响评估的基础上，对削减和规避风险的各种可能选择进行费用—效益分析，确定可接受的风险度和可接受的损害水平，识别具有费用—有效性特征的污染和风险防范措施和技术，并进行相关的政策分析，最终提供相应的风险管理计划、环境污染控制措施和政策以及风险防范与防治对策建议，以降低和消除该风险。

健康风险的社会经济影响的价值评估是搭建在环境与健康关系的基础研究与环境政策制定和实施之间的一座桥梁，是制定具有费用—有效性特征的政策措施（比如资源定价政策、绿色税收政策或排污收费政策等）、环境污染防治技术对策、环境标准制定、公共开支以及宏观社会经济政策选择和制定的重要的决策依据，同时也是污染受害者向污染者索赔的重要依据。

但是，迄今为止，在中国仅进行了极少的社会经济影响评价研究，而且由于方法论和研究本身的局限性等方面的问题，尚不足以为决策者提供有力的科学支持。

# 中国环境与健康工作的
# 现状、问题与对策

苏 杨<sup>*</sup>  段小丽

环境与健康工作，这是政府管理工作中的一个新概念。这项工作的开展，表明了环境保护工作重点和目标开始实施战略性的转移，由过去侧重于物理化学污染因子减排控制的阶段性短期性目标，逐步开始转移到侧重于保障人群健康的根本性目标上来。2007 年 11 月，国务院 18 个部委局共同签署的《国家环境与健康行动计划（2007～2015）》（以下简称《行动计划》）将这一工作的成员、规则、机制作了初步表达，但这项工作在中国政府治理层面仍然内涵不定、外延不清——尽管这个工作部分早已在不同的角度开展。考虑到环境与健康工作和人群健康的高度关联性，有必要梳理中国的环境与健康工作，找出问题并提出对策。

## 一  中国环境与健康工作现状

在对中国环境与健康工作展开全面分析之前，首先需要对环境与健康问题进行阐释，以明确中国环境与健康工作的性质及范围。

* 国务院发展研究中心社会发展研究部研究员。

通信地址：北京东城区朝内大街 225 号（100010）；电子邮箱：suyang1@263.net。

### 1. 中国环境与健康问题的特点

环境与健康问题是伴随着中国经济社会的发展而发展的。中国的环境问题新中国成立初期并不严重，更多地表现为公共卫生问题；1980 年代以来，中国的环境污染伴随着工业化和城市化进程日渐加重，并呈现出复合型与压缩型两大特征[①]。相应的，也可以将中国的环境与健康问题分为两个时期：1980 年代以前主要是传统型健康风险，即主要与生活基础设施及公共服务供给不足密切相关的环境与健康问题。这类问题的特点是对人群健康危害严重但是易于采取针对性强的控制措施。例如，新中国成立之初，病源微生物引发的血吸虫病、疟疾、鼠疫等传染病，对人群健康产生了很大的威胁。为有效解决这一问题，中国建立了较为完善的环境卫生体系，改善了饮水、排污等基础设施，开展了大规模、制度化的爱国卫生运动等，较好地控制了这些疾病的传播和蔓延，使国民健康水平得到了显著提高[②]。可以说，当时的环境与健康问题主要通过卫生系统及全国爱国卫生运动委员会的各级办公室（以下简称爱卫办，一般是各级卫生部门的下属机构）承担的环境卫生工作来应对，还没有环境与健康工作的概念。而与环境污染的特征相对应，1980 年代以后中国的环境与健康问题渐渐发展为以现代型健康风险为主，即主要由于工业污染所引发的环境与健康问题。对于这类问题，中国尚未形成成熟的预防和应对机制，环境与健康工作远远滞后于现实的需要。尽管中国人群

---

[①]　当前中国的环境污染具有复合型（点源与面源污染共存、生活污染和工业排放叠加、各种新旧污染与二次污染相互复合的态势。在区域和流域范围已出现大气、水体、土壤污染相互作用的格局）和压缩型（即整个工业化过程中的污染情况在中国集中呈现）两大特征。进入工业化中期的中国，环境污染已从陆地蔓延到近海水域，从地表水延伸到地下水，从一般污染物扩展到有毒有害污染物，对环境健康工作带来了极大挑战。"复合型"特点对环境健康工作带来的挑战是，辨别造成健康危害的环境因素的难度加大，很有可能两者对健康的影响是交织在一起的，这也导致防治工作无法有效开展。"压缩型"特点对环境健康工作带来的挑战是，环境污染的强度加大，人体的暴露程度增加，环境危险因素增多。

[②]　新中国成立以来，随着经济发展和科学进步，中国人民健康水平不断提高，婴儿死亡率和孕产妇死亡率大幅下降，人均期望寿命由新中国成立前的 35 岁达到 2006 年的 73 岁（卫生部，2008a），接近国际上公认的基本现代化的标准（75 岁）。与此同时，中国疾病模式发生了明显的变化，死因谱和病因谱均显示慢性非感染性疾病已取代传染性疾病成为城乡居民主导疾病。

总体死亡率与传染性疾病的患病率呈现大幅度的下降趋势，主要污染物的减排指标也完成得较好，但值得注意的是，中国因环境污染导致的相关疾病的死亡率或患病率却持续上升①。随着现代型环境健康风险时代的到来，中国的环境与健康工作应运而生，环保部门开始介入这一工作（参见图1的形象概括）。

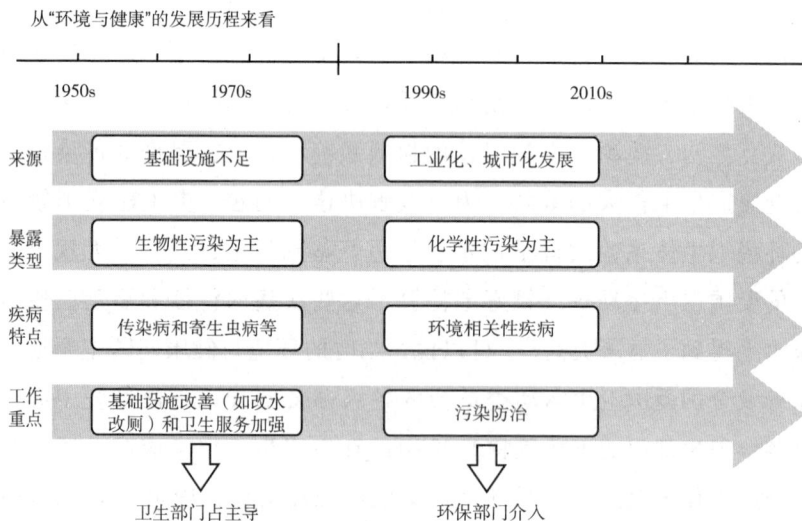

**图1　中国环境与健康问题的发展和特点**

### 2. 中国环境与健康工作的范围

经历了60年的发展，中国的环境与健康工作在成员、规则、机制等方面都产生了较明显的变化。在新中国成立初期，环境与健康工作主要由卫生部和全国爱国卫生运动委员会组织，其主要职责是"除'四害'、讲卫生、消灭危害人民健康最严重的疾病——传染性疾病"。从除害灭菌、卫生整治和检查、改水改厕、健康教育到防疫检测、信息汇总和疫

---

① 中国人群总体健康水平不断提高，但若干与环境污染相关疾病的发病率和死亡率却呈上升趋势：过去30年，中国人群恶性肿瘤死亡率从83.65/10万上升至134.80/10万；出生缺陷发生率从1996年的8.87‰上升至2007年的14.79‰；中国城市儿童哮喘患病率从1990年的0.91%上升至2000年的1.50%，10年间上升了60%。扣除人口老龄化因素影响后发现，大气污染与呼吸系统疾病和肺癌高发、水污染与消化道肿瘤高发具有高度相关性，而重金属污染对人体机能损害、环境污染对出生缺陷的影响也不容忽视。

情上报，爱卫办组织开展的环境卫生工作大大降低了中国的传统型健康风险。目前，由于环境与健康问题已经发展到以"现代型健康风险"为主的阶段，且中国人群疾病谱也已发生了改变（与环境污染因素相关的恶性肿瘤、哮喘以及出生缺陷等疾病发病率持续增高），爱卫办显然已经无力应对了。只有多部门协作，才可能应对目前的环境与健康问题。考虑到目前中国环境与健康问题的特点，中国的环境与健康工作不仅要整合卫生系统的环境卫生工作和环保系统的相关监测、治理工作，还要根据现实需要和国外经验包括健康损害检测、赔偿等内容。做好这项工作，要求相关部门从分析环境污染造成人群健康损害的主要因素入手，开展重点地区环境与健康调查研究，摸清目前环境污染引起的健康损害的基本状况，查找导致健康损害的污染源和污染因子，并在污染治理和环境管理方面多部门联动采取相应的控制和处理措施，在事前、事中和事后全方位控制环境污染导致的健康损害；从规则方面而言，这个过程中还要建立和完善中国环境与健康的法规、标准，为解决环境污染对健康的损害奠定法律基础和技术基础；从机制方面而言，还需要设计出与各部门"三定"方案①相协调且与基层队伍能力相适应的协作机制。显然，环境与健康工作既包括环境与健康管理，又包括环境与健康的相关信息获得和相关部门统筹协调。因此，从这项工作的外延来看，可以用"信息获得"、"部门协调"、"有效管理"这三方面来涵盖这些工作范围，其中又可细分为11项具体工作，分别是"环境污染健康风险监测"、"人群健康损害的环境因子识别"、"专题调查及相关统计和报告制度"、"信息共享"、"业务协调"、"环境污染相关疾病的预防"、"与人群健康损害有关的环境污染治理"、"检测评估及相关标准管理"、"环境与健康相关工作执法监督和资质认定"、"环境污染导致健康损害事故应急处理"及"环境污染导致健康损害补偿"（详见表1）。

---

① 这种由中央机构编制委员会负责拟定、国务院批准的文件对国务院下属某个部门的主要职责、内设机构和人员编制进行了规定，即定机构、定职能、定编制，因此一般俗称"三定"方案。通过"三定"方案确定政府某个部门或直属机构的职责是中国从中央、省到县级政府的工作惯例，且"三定"方案是某个政府下属管理部门或机构掌握行政资源状况最基本也是最重要的依据。

**表 1　环境与健康工作具体内容**

| 工作归类 | 工作名称 | 具体内容 |
|---|---|---|
| 信息获得 | 环境污染健康风险监测 | 利用环境监测网络，对区域内的污染物浓度和污染物来源进行实时监测和系统分析，为防范健康风险提供污染物种类、数量及其时空分布上的依据 |
| | 人群健康损害的环境因子识别 | 完善现有公共卫生监测系统和信息统计平台，以实时掌握人群相关疾病与死亡的时空信息、总结人群可能由环境污染引起的病因谱和死因谱变化，在此基础上分析其变化趋势及主要环境影响因素、确定对人群健康危害重大的环境污染因子 |
| | 专题调查及相关统计和报告制度 | 建立或整合基础调查体系和制度，建立有关面上和长期信息获得制度（如对全国具有代表性的人群死因监测和肿瘤登记报告制度等），定期开展基于某一主题（如以恶性肿瘤为重点的死因回顾）的面上抽样调查或普查（如全国污染源普查），获得常规监测无法发现或准确获取的全局信息 |
| 部门协调 | 信息共享 | 在环境与健康管理相关部门（如参与《国家环境与健康行动计划》的 18 个部门）之间建立信息共享平台与交流机制，保证时间上连续、空间上全面的环境质量状况和环境污染相关疾病与死亡的发生状况以及有关分析结果能为各管理部门动态掌握 |
| | 业务协调 | 形成以卫生部门和环保部门为主，《国家环境与健康行动计划》涉及的 18 个部门都参与的工作协调机制，包括目标一致、标准统一、管理联动和责任分担四个方面：达成统一的工作目标和同一领域内统一的管理标准，以及相互衔接、互为补充的法律法规，形成围绕同一个目标的管理工作联动，并明确在同一个目标下各部门的职责 |
| 有效管理 | 环境污染相关疾病的预防 | 通过合理规划、开展环境卫生工作、完善公共卫生基础设施（包括改水、改厕、改灶等）以及开展健康教育等，改善人居环境、消除健康隐患，降低人群对各种环境有害因素的暴露风险与水平。 |
| | 与人群健康损害有关的环境污染治理 | 采取多种技术方法（包括清洁生产和发展循环经济），对已有污染源和污染区域进行治理，减少污染物排放 |
| | 检测评估及相关标准管理 | 对监测、调查和统计得到的环境和人群健康信息进行综合分析，评估环境污染对于人群健康的损害程度和潜在风险，建立环境风险档案，进行环境风险识别、环境风险描述、风险的暴露评价等；开展环境污染对人群健康损害医学诊断，评估突发事件造成的人群健康损害；在这些工作的基础上组织拟定相关标准 |
| | 环境与健康相关工作执法监督和资质认定 | 依法对相关单位的污染物排放、医疗处置等行为进行资质许可认定，对污染环境、破坏生态、危害健康的行为进行查处；调查处理环境污染事故和纠纷案件，办理环境诉讼，维护群众健康权益 |
| | 环境污染导致健康损害事故应急处理 | 建立环境污染导致较大范围健康损害事件的应急反应系统，对一些突发性环境污染事故进行应急监测、环境污染事故调查、应急处置，预防次生灾害发生和污染仲裁监测，对重大环境污染与生态破坏事件及重大建设项目环境违法案件与事故进行调查处置 |
| | 环境污染导致健康损害补偿 | 根据相关检测评估结果依法对受害群体提供应急救济、紧急治疗、健康损害赔偿，利用相关社会保障手段（包括医疗保险）和商业保险手段（例如环境污染责任保险）解决或部分解决受害者的治疗花费 |

### 3. 中国环境与健康管理体制现状

（1）中国中央政府层面的环境与健康工作的总体分工情况

中国的环境与健康工作实际上是由多个部门在共同承担，尽管其中多个部门可能并没有以"环境与健康"这样的名义在开展工作，尽管目前统筹协调的环境与健康管理体制尚处于形成阶段——从总体上来讲还未形成自上而下分工明确、权责清晰的环境与健康管理体制。虽然中央层面已经在环保总局和卫生部之间构建了协作机制，明确了责任部门，并且颁布了涉及 18 个部门的《行动计划》，但是在地方层面不仅基本没有形成名义上的协作机制，也未明确各部门的职责。通过对《行动计划》等文件和相关部门"三定"方案的解读，可以总结出中央政府层面环境与健康工作与机构的对应关系。如图 2 所示，环境与健康工作和相关责任部门大致用三列来呈现，左边一列是"信息获得"、"部门协调"、"有效管理"三方面 11 项工作，右边两列是承担各项工作的管理部门和主要业务部门①。根据各部门权限的不同以及实际工作投入量的差异，各部门与左边工作内容之间的距离以及箭头的粗细状况也有所不同，距离越近或者箭头线越粗，说明权责越大或者实际工作投入量越大；虚线箭头表示相关机构已经建立，但工作绩效偏低；空心箭头表示对应机构存在，但在环境与健康领域还未实质性的展开工作。

以下将这种对应关系做进一步说明：

在"信息获得"环节，尽管多个部门以不同的环境要素为目标建立了覆盖全国的监测系统，但相对而言环保系统、水利系统在环境质量的监控上和卫生部在人群健康损害的环境因子识别上承担了主要工作。具体

---

① 这张图的依据主要是 2007 年和 2008 年颁发的两个文件以及文件中涉及的部委的"三定"方案：1）卫生部于 2007 年颁布了《关于印发卫生部国家环保总局环境与健康工作协作机制的通知》（卫监督发〔2007〕74）（以下简称"协作机制文件"），在两部共建环境与健康工作协作机制的组织机构，协调机制，监测、调查和研究，环境与健康突发公共事件应急处置，宣传、教育和培训等五个方面进行了制度性的规定；2）2008 年由 18 个部委共同颁布的《国家环境与健康行动计划（2007～2015）》，其中规定了各部委在相关事务中的分工。但《卫生部国家环境保护总局环境与健康工作协作机制》不能涵盖环境与健康工作，且没有把其他部门的角色反映出来，《国家环境与健康行动计划》也没有全面具体地解决这个问题。因此，我们通过表 1 和图 2 力图更全面具体地反映环境与健康工作及其承担者。

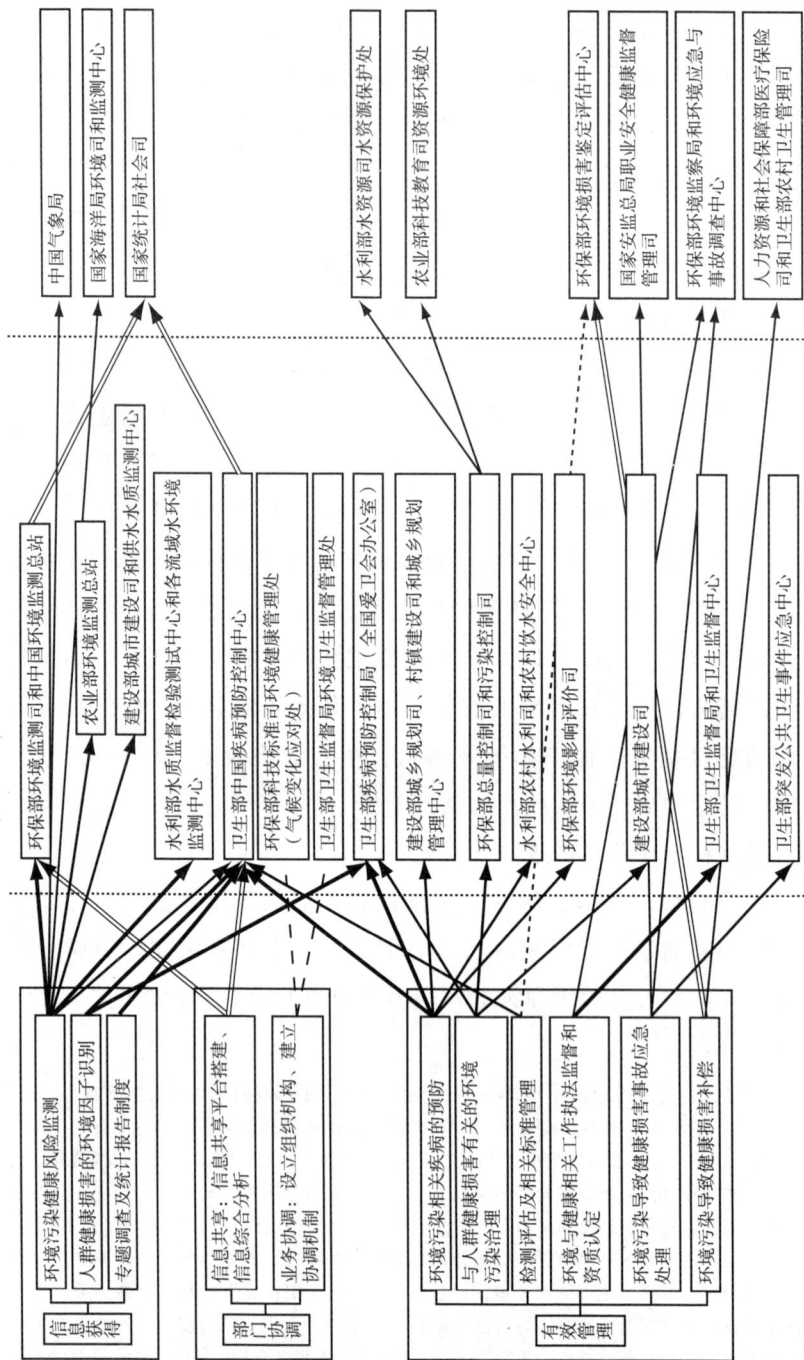

图 2　中央政府层面环境与健康工作的主要承担者（或有关工作组织者）

来说，可以将"信息获得"的各项工作分为"常规监测"和"专题调查"两个方面进行阐述。

**常规监测**　"常规监测"包括"环境污染健康风险监测"和"人群健康损害的环境因子识别"两个方面。

在"环境污染健康风险监测"工作中，环保部的环境监测司和中国环境监测总站的职责是组织全国环保系统监测站对污染物排放量和环境要素质量进行监测和监测管理并汇总相关部委的监测数据后代表国家进行发布；另外，作为国家环境监测体系的重要组成部分，水利部水质监督检验测试中心和各流域水环境监测中心负责监测或汇总各主要内陆水体的水质状况和审查水域纳污能力等；这两个部在水环境的相关信息上有初步的共享协作机制①。农业部环境监测总站负责农业环境质量和污染事故的调查以及对各地负责农业环境质量监测的机构（在不同层级政府和不同地方分别为生态环境站、农技推广站等）上报的农业环境质量信息进行汇总等工作；建设部城市建设司和供水水质监测中心负责国家城市供水水质监测网络建设以及城镇饮水工程水质监测，并负责公布自来水水质监测结果；中国气象局和国家海洋局的相关监测系统则分别参与大气环境和近海水环境的监测工作，其中气象部门在对大尺度的大气污染及其健康效应的监测分析方面可以填补环保监测系统的监测项目空白，海洋部门的监测系统在对近海水域环境质量的监测分析方面可以填补环保、水利监测系统的空间覆盖空白。

在"人群健康损害的环境因子识别"工作中，主要的管理部门是卫生部疾病预防控制局（同时兼全国爱国卫生运动委员会办公室），主要的业务部门是卫生部中国疾病预防控制中心：前者是中国长期以来主持传染性疾病统计监测、环境卫生状况监测及环境致病因子分析工作的部门；后者作为卫生部的重要技术机构，通过监测一些跟环境污染密切相关的人群疾病和死亡的情况，探究其环境污染根源，分析环境污染和疾病之间的因果联系。中国疾病预防控制中心设有和环境与健康工作高度相关

---

① 建立了水环境水质信息公开制度。水利部把数据提供给环保部，环保部经过汇总分析之后发布。

的环境与相关产品研究所，实际上最早、最系统地开展了环境与健康的研究工作。

尽管有多个系统都在参与监测工作，但目前的常规监测工作还存在诸多问题，其中最重要的问题是没有充分体现"以人为本"。例如，环保系统侧重对污染物的监测，但这些污染物是否就是影响人群健康的重要污染物？应该在什么地区、着重监测哪些污染物？只有建立疾病监测和环境监测之间的信息共享、反馈和联动机制才可能解决这些问题，但目前仍缺少这种机制：一方面相关数据不能共享难以就探究污染物和健康之间的关系进行研究，另一方面在监测资源的配置和监测项目的设置上不能有效联动，收集的数据因此难以从因果关系上相互匹配，这降低了监测数据的实用价值。

**专题调查**　由于中国环境与健康工作起步晚，多年来一直没有积累足够的、有解释力的环境与健康信息，因此开展专题调查是环境与健康管理的基础性工作。专题调查指针对具有代表性和典型性的重大疾病或重大污染问题等，开展抽样调查或普查，获得常规监测无法发现或准确获取的全局信息。"专题调查"涉及面广、组织难度大、所需经费多。从目前中国的现实情况来看，卫生部中国疾病预防控制中心是主要的环境与健康调查承担者。在摸清面上情况或者重大环境污染相关疾病（如恶性肿瘤）后，相关信息的获取还是依靠常规监测体系，以确保数据的连续性和全面性。

"部门协调"环节。从环境与健康工作的现状来看，部门协调是"纲"，只有这个环节的工作做好了，相关部门的工作才能在环境与健康这个主题下统筹起来。在中央政府层面上，目前通过《行动计划》以及《卫生部国家环保总局环境与健康工作协作机制》等文件在名义上建立起了统筹协调机制。这个协调机制就日常管理工作而言，环保部的科技标准司下设气候变化与环境健康处，卫生部食品安全综合协调与卫生监督局下设环境卫生监督管理处，两者共同负责推进环境与健康相关部门之间的日常统筹协调，是目前环境与健康工作统筹管理的主要工作部门。另外，还有其他的高层会议、专家委员会等多种形式来加强各部门尤其是环保、卫生部门之间的互动。这种协调机制在促进国家层面的环境与健康领域的科研上已经发挥了作用，但在对相关部委和地方政府的人、财、物等行政资源配置上基本没有发挥作用，《国家环境与健康行动计划》就落实来说仍然接近"一纸空文"。

"有效管理"环节是环境与健康工作中事务最多、最具体的方面，目前开展得最好，但是没有以"环境与健康工作"的名义在进行，因此地方政府层面的相关部门（即便是《行动计划》中明文列入的相关部门）大多不知道其实际上已经开展了环境与健康工作。"有效管理"的六项工作的具体情况如下。

第一，在环境污染相关疾病的预防上，长期以来，卫生部的疾病预防控制局（全国爱卫办）和中国疾控中心分别承担着主要的管理工作和技术工作。前者侧重于感官环境（市容市貌、村容村貌）和农村肠道传染病的控制（如改水改厕等工作）；后者涉及环境与健康工作的多个方面，在疾病预防上承担了接触性环境因子和致病因素的监测、分析、预防控制（如水质监测及普查等）以及各种疾病的治疗业务和部分组织管理工作。随着中国从传统型健康风险向现代型健康风险的转型，环保部的环境影响评价司发挥了日益重要的作用，通过环境影响评价制度及以其为基础的"区域限批"等控制手段，从产业布局、产业强度等方面前置性地隔离污染物与人居环境，以降低人群的污染物暴露水平。另外，水利部农村饮水安全中心和建设部城乡规划司、村镇建设司、城乡规划管理中心也参与了环境污染相关疾病预防工作，前者的主要职责是与全国爱卫办共同且有分工地致力于农村改水工作（在农村地区负责组织管理农村水利规划和改水工程），以确保农村饮水安全；后者通过指导城乡规划编制①，发挥与环境影响评价类似的作用——在空间上合理安排人居环境与产业区域布局，预防因工业污染导致的健康损害。

第二，在与人群健康损害有关的环境污染治理方面，三个部门承担着主要工作。卫生部疾病预防控制局（全国爱卫办）负责的主要是感官环境角度的环境卫生工作；环保部的总量控制司和污染控制司负责管理

---

① 住房和城乡建设部三定方案中城乡规划司的职能之一是"组织编制和监督实施全国城镇体系规划；指导城乡规划编制并监督实施"；村镇建设司的职能之一是"指导镇、乡、村庄规划的编制和实施"。

各种污染物的排放和治理；建设部城市建设司和村镇建设司负责管理城镇各项环境污染治理基础设施（如城市污水处理厂）的建设、运营，并与全国爱卫办共同且有分工地管理感官环境角度的环境卫生工作（如城市垃圾清理）①。这三个部门在推进环境污染治理上成效斐然，但其也有通病：没有以人体健康为本，相关工作的重点与疾病预防控制脱节。

第三，环境污染与人群健康相关性检测评估及相关标准管理工作长期以来主要由卫生部中国疾病预防控制中心承担。作为卫生系统掌握各类疾病信息的关键部门，其信息来源广泛、资料掌握齐全且具备大型专题调查的经验；环保部新成立的环境损害鉴定评估中心也介入这一领域，但目前面临资料缺乏和基层机构的支持力度不足的局面（地方政府层面大多还未成立相应的机构），因此还没有形成与中国疾病预防控制中心合作工作相互支持的局面。

第四，环境与健康相关工作执法监督和资质认定工作尽管涉及面广泛，但目前主要由卫生部和环保部下属单位在开展工作；卫生监督局和卫生监督中心是卫生部内负责执法监督的关键部门，负责相关生产企业的资质审批与许可证发放，对卫生不合法企业予以处置，对公共场所的卫生工作进行监督检查等；此外，环保部环境监察局（环境应急与事故调查中心）作为环保系统内部的执法部门，负责执行日常环境执法监督，督查、督办环境污染案件，对危害人体健康的一些污染事件进行调查处理，并受理群众举报。

第五，环境污染导致健康损害事故应急处理工作是环境与健康工作中目前比较薄弱的环节，多个部门都有责任参与但应急的统筹协调机制却没有针对环境污染导致的健康损害的相关规定，这是近年来在太湖污染、松花江污染等事故处理时都措手不及的原因。卫生部突发公共卫生事件应急中心和环保部的环境应急与事故调查中心承担了一定职责，前者主要负责对突发事件中受害群体的人体健康进行救治，后者主要负责对突发事件中的环境污染因素进行调查并协调相关环境污染治理力量开

---

① 住房和城乡建设部三定方案中城市建设司的职能之一是"指导城市供水、节水、燃气、热力、市政设施、园林、市容环境治理、城建监察等工作，指导城镇污水处理设施和管网配套建设"，村镇建设司的职能之一是"指导小城镇和村庄人居生态环境的改善工作"。

展治理工作。从事后处理来看，国家安监总局职业安全健康监督管理司也是参与方，其负责环境与健康相关生产安全事故的处理与整治。

第六，环境污染导致健康损害补偿是环境与健康工作中的最后环节，在控制环境污染健康损害方面扮演着减小损失、安定民心和以儆效尤的作用。但这项工作在中国几乎还未制度性地开展起来，目前这一工作可通过以医疗保险为主的社会保险替代性地体现。而中国城镇职工医疗保险、城镇居民医疗保险和新型农业医疗合作这三类医疗保险由人力资源和社会保障部医疗保险司与卫生部农村卫生司负责管理。就加强环境污染导致健康损害补偿而言，这三类医疗保险应该在门诊特殊病种、覆盖人群范围以及配套政策三方面对污染导致健康损害的人群有针对性地设计，拓宽医疗保险的报销范围和提高报销额度，扩大特定地区保险覆盖的人群，才可能起到对影响面一般较大、症状一般较统一但受害时间长、受害程度深的污染导致健康损害的补偿作用。除了这种社会保险外，商业保险也能发挥一定作用，在中国这主要指环境污染责任保险——以企业发生污染事故对第三者造成的损害依法应承担的赔偿责任为标的的保险。2007年12月，国家环保总局和保监会联合下发《关于环境污染责任保险工作的指导意见》，昆明与湖南、江苏、湖北、宁波、沈阳、上海、重庆、深圳等省市被确定为试点地区，标志着中国将商业保险引入环境污染风险管理的探索正式启动。但这一保险仍然处于试点阶段。一方面目前中国环境污染保险推行缺乏法律保障，对企业是否参保无制度约束，加之目前中国缺乏有效的环境污染事故责任追究制度，企业自身缺少参保动力，难以深入推进。环境纠纷解决机制不健全，难以及时合理地确定环境污染责任。另一方面，相关政策支持尚欠力度。目前主要停留在给予投保企业保费补贴层面，缺乏税收以及风险保障基金等深层次支持措施。

无论社会保险还是商业保险，在赔付的过程中有一个前置性技术环节——损害鉴定评估。环保部成立了环境损害鉴定评估中心，负责为环境污染健康损害的鉴定评估工作提供技术支持，但这一机构的工作刚刚开始，实际工作绩效还不显著。

（2）环境与健康管理中环保和卫生部门的分工

在环境与健康工作中，无论污染源监测、治理还是相关疾病的预防、治疗，"管理"都是这些工作得以有效的基础，所以广义的环境与健康管理包括从污染源到健康影响所有环节的管理，是环境与健康工作的主体。从这个角度而言，环境与健康工作主要还是由卫生和环保部门承担的，而且其分工大体与环境及健康问题的特点相关。可以对应环境污染导致人群健康损害的全过程来分析环保和卫生部门在环境与健康管理中合理的分工是什么：如图3所示，在环境污染导致人群健康损害过程中，有污染源、环境、暴露、剂量、健康影响等五个环节需要开展污染预防、污染治理、暴露干预、早期诊断和疾病救治五类工作。不难看出，传统的环保工作和卫生工作足以分别胜任污染源监测、环境监测和早期诊断、疾病救治工作，但在环境污染导致人群健康损害的关键环节——暴露干预——这方面，必须将环保和卫生工作统筹起来并实现互动，才可能准确发现暴露途径和降低暴露剂量。如果强调环境与健康管理的话，狭义的环境与健康管理工作应聚焦于这个环节。

就目前的环境与健康管理而言，环保部门在相关研究和部门协调方面主动性更强并建立了相对较多的科研和试点项目的经费渠道，这种卫生主导向环保主导的转变与图1所示的中国环境与健康问题的发展是相适应的。

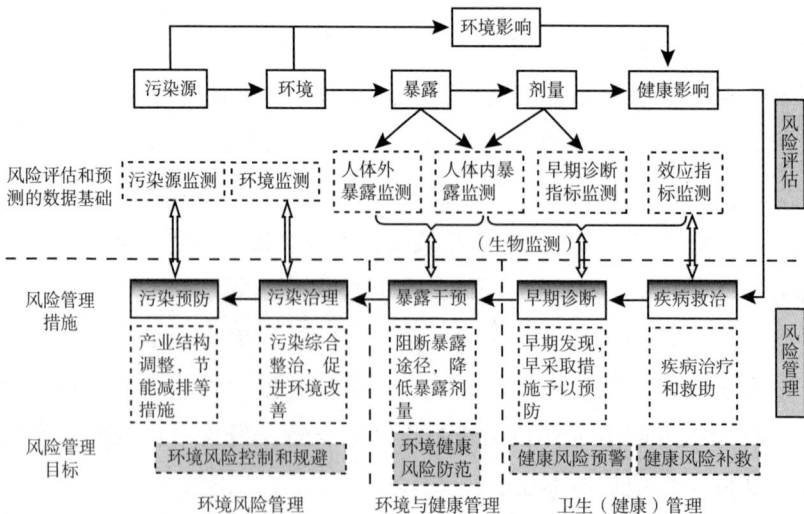

**图3　环保和卫生部门在环境与健康工作中的分工示意图**

# 二 中国环境与健康工作的主要问题

## 1. 面上共性问题

评价一项事业的管理体制的成效有两方面标准，一是终极性的标准，即达到这项事业《目标的绩效如何；二是手段性的标准，即这项事业的管理体制从成员、规则、机制来看存在哪些明显的漏洞使相关事业工作难以开展。相对民生要求和环保、卫生部门的目标而言，目前的环境与健康工作很被动，往往只是"亡羊补牢补不牢"——发生环境污染导致大规模群体性事件后才多部门协调采取措施，但事端平息后这种措施立即消失而未能形成工作制度。不过，从这个角度难以进行具体的制度分析，在当前环境与健康之间关系复杂且在国家治理体系中没有提出相关目标的情况下①，从这项事业的体制构成上能更方便地发展问题。而从成员、规则、机制这种体制框架构成来看，中国目前的环境与健康工作存在的问题可总结为：成员名义上较完备，但规则不健全、机制低效率。打个比方的话，即成员上为"弱政府"状态，规则上为"老黄历"状态，管理上为"近视眼"状态。以下具体解释。

（1）成员上的"弱政府"状态——环境与健康的管理工作尚未统筹开展，各部门管理职责不明确

仅"成员"来说，名义上中央政府层面是不存在这个问题的：国家已经颁布了《国家环境与健康行动计划》，对相关的18个部门的职责作了初步规定，环保部和卫生部作为两个主导机构，也建立了相互之间的协作机制，明确了要在四个层面开展协作（分别是建立环境与健康工作组织机构、建立环境与健康工作协调机制、环境与健康突发公共事件应急处置以及宣传、教育和培训）。但是事经两年，中国在这一领域依然没有较大进展，环境与健康工作尚未统筹开展，相关部门各行其是且没有在工作目标、资源配置和绩效考核上体现，甚至环保部和卫生部之间高

---

① 例如，参与《国家环境与健康行动计划》的18个部委在2007年以来的年度工作计划中均没有明确提出环境与健康方面的目标。

层会谈也未曾照协作机制的规定进行，最基础的信息共享也没有起步，相关交叉工作的开展一如往昔地艰难①。而且，目前只有国家层面和极少数地区（如黑龙江省和广东省）颁布了行动计划或协作机制（如湖南省和云南省），其他多数地区连这一基本的工作都没有开展。但是，即便是在这些已经发布行动计划或协作机制的地区，也没有对各部门进行明确的责任分解和工作目标设置，各部门工作完全没有统筹，"弱政府"的情况比中央政府层面更为明显。

对于绝大多数地区而言，参与环境与健康工作的各部门的机构职能、工作计划、项目安排等情况没有一个统筹协调监督部门，因而各部门的工作目标和工作重心都很难从整个环境与健康工作的大局进行统筹考虑，导致很多工作职能在其部门内有效，但从整个环境与健康工作而言，却并非如此。举例来说，卫生部门以减少重大疾病、提高身体素质为目标，其工作重心是疾病监测和防控，而对于疾病的预防工作则开展得不多。在环境污染日益严重，且污染健康损害隐蔽长久的情况下，疾病的预防工作与人居环境质量持续良好是紧密关联的，因而需要环保部门配合卫生部门，着重做好环境质量的维护、环境污染的预防等工作，同时进行疾病的环境根源的分析，并秉持"以人体健康为本"的理念进行针对性的整治，才能做好预防工作，真正消除疾病隐患。然而在实际中，环保部门却将其重心放在了污染本身的治理上，而不联系人体健康因素进行考虑，污染预防工作开展不够，更无污染健康隐患的研究分析。而且，环保部门现行环境管理制度建设与健康风险管理脱节，具体条款和措施制定中并未真正体现出以保护人体健康为最终目标的政策宗旨，如：环境目标责任制、总量控制、环境准入制度、优先控制污染物筛选、环境监测体系建设、环境影响评价制度中缺少针对那些对人体健康具有重大危害污染物的考虑和管理措施，环境管理的重点主要侧重于对一些常规污染物的控制，更无环境与健康风险的分析与评价。所以，尽管这样的工作模式在部门内部能达到预设目标，但对于整个环境与健康工作而言，

---

① 可举一例来说明。中国疾病预防控制中心环境与健康相关产品安全研究所在全国八个城市设点开展了"空气污染与健康监测"研究，但卫生系统根本无法从官方渠道获得相关城市的空气质量监测数据。

却出现了衔接上的断点，致使工作不能有效开展。另外，各部门各行其是，一方面不能在一个统一的目标下有效开展工作，另一方面也造成了工作量的重复和资源的浪费。如在甘肃榆中县的水源检测工作中，疾控中心和环保部门都参与其中，但是互相不认可监测结果，工作相互独立。

(2) 规则上的"老黄历"状态——标准法规缺失，环境与健康工作缺乏参照体系

中国至今还没有专门的环境与健康管理法规及执行标准，基本都是参照环境、卫生等相关领域的标准法规开展各项工作。而这些标准法规相对目前的环境与健康问题而言是"过时"的，且环保工作和卫生工作的技术普遍脱节。可以从以下两方面来描述"老黄历"状态。

首先，现行环境标准和卫生标准存在不适用或缺失现象。一是经过多年发展，虽然环保系统和卫生系统均建立了各自的标准体系，但真正符合环境与健康工作需要的标准体系尚未形成。目前污染物排放标准制度没有考虑标准对健康的影响，环境质量标准和环境卫生标准很少能像"中国松花江甲基汞污染防治与标准研究"、"环境镉污染健康危害区判定标准"和"环境砷污染致居民慢性砷中毒病区判定标准"那样，基于对我国环境与人群健康的具体情况进行深入调查研究后制定，而是照搬国外标准情况较多，由于存在人群特征、地区背景值等因素的差异，这种简单的标准"照搬"易导致实际应用过程中出现标准不适用的可能。二是尽管环境标准和卫生标准种类繁多，实际工作中仍存在标准缺失，影响各级政府对处置环境突发事件的正确判断，造成不必要的经济损失。如：2005 年广东北江水镉污染事件应急处理工作中，由于缺乏急性镉饮水标准而以慢性标准来衡量急性环境污染问题，采取了城市停水。事实上，无论采用《地表水环境质量标准》还是《生活饮用水卫生标准》，这些标准均是以慢性长期接触为基础的慢性标准值，慢性标准值要严格于急性标准值许多倍。在应急处置环境突发水污染事件时，以慢性标准为基础会夸大事件危害的严重性。事后研究表明，北江水体中镉浓度值约为引起急性反应的浓度水平 16mg/L 的 1/16，同时沿江居民预期镉暴露剂量在已知的人体慢性暴露剂量范围内，其污染的程度还没有达到需要采取停止市政供水和实施各项降镉措施的地步。三是一些工作完全无标

准可依，尤其是在环境污染导致健康损害补偿方面，由于缺乏判定标准，甚至连可能起到补偿作用的三类医疗保险制度①中都没有针对污染健康损害补偿的专门规定，因而保障受害群众的基本健康权益存在一定的困难。四是各部门都有从各自工作角度出发制定的标准，如仅仅辐射污染就有卫生、环保、质检等多个部门的标准，当标准间存在不一致问题时，多部门在参与环境与健康工作时就难以协调。

其次，目前中国环境与健康领域法规的缺位现象很突出。环境与健康问题涉及面广、影响时间长且污染与健康损害之间的因果关系复杂，如果没有明晰全面的法规，很难做到工作中的依法行政和污染导致健康损害的依法处理。目前中国环境与健康领域不仅没有专门的环境与健康法律法规，现行的环保、卫生及相关系统的法规中也基本没有考虑环境与健康工作的需要和如何应对环境与健康问题，各部门如何依法各司其职、如何在工作中以人体健康为本。这是法律法规层面的重大漏洞。另外，影响最直接的是现有法律中无直接规定环境污染致健康损害补偿纠纷解决的法律条款，使环保部门和人民法院在处理环境污染致健康损害补偿纠纷时无具体规则可循，许多事实基本相同的案件在不同的法院或不同的审判员审理时会有截然不同的判决结果；当出现民法规定与环保法规定相矛盾情况时，法院无所适从；无环境污染导致健康损害判定原则及专业鉴定技术机构导致环境污染受害者举证艰难，即使胜诉也由于无补偿标准难以获得经济上的补偿，工矿企业也因缺少事后的惩罚标准，在违规建设、超标排放方面无所忌惮。因此，法律建设与环境及健康工作需求不协调，加上环境污染导致健康损害因果关系技术鉴定难度大，举证困难，诉讼成本高等因素，大大削弱了法律在维护公众健康权益方面的可操作性。

（3）管理上的"近视眼"状态——环境污染对健康影响的底数和状况不清

基本情况是管理工作的基础，而目前环境与健康的基本国情可以用

---

① 即新型农村合作医疗保险、城镇职工医疗保险和城镇居民医疗保险制度，已覆盖90%以上的全国人口。

三个"没有"来总结：没有组织进行全国范围的相关调查、没有整合全国的相关监测体系、没有建立长期连续的疾病与污染物关系的数据库。而这三方面的问题都与国家调查监测工作的相关政策落实不到位和相关部门协调的不畅通有关。自20世纪90年代以来，中国一直没有开展全国性或区域性大规模的环境与健康调查工作，基础性、连续性的调查和监测工作也未能纳入常规工作，设置的监测项目有限且很多环境监测项目与卫生监测项目之间缺少关联[①]。另外，各部门的相关信息获取各成体系（如卫生、环保、水利、农业、建设等），但是各个部门间却没有形成一个共享数据库，数据不能共享且难以与管理互动。这些，共同导致了基础数据严重缺乏，环境污染及其健康影响的底数和状况不清，各部门对中国环境污染导致人群健康损害的地区分布、健康损害程度和趋势演变等情况都不能及时掌握，给环境污染健康风险评价和应对措施的研究带来很大困难。近期连续发生的重金属污染（如：湖南浏阳镉污染和陕西凤翔的铅污染）导致人群健康损害等群体性事件均是大规模成害很久后因为偶然事件才被发现的，这说明了中国在基础监测工作中存在着重大缺陷。

**2. 地方层面的主要问题**

由于行政管理体制设置上的上行下效以及人、财、物等行政资源配置制度相似，所以地方层面的问题基本复制了中央政府层面的两个问题：环境污染对健康影响的底数和状况不清，信息共享机制难以建立；环境与健康管理工作尚未统筹开展，相关部门各行其是且没有在工作目标、资源配置和绩效考核上体现。另外，由于地方政府的行政资源支配量远远弱于中央政府，加之地方政府更加重视经济发展而非以人为本的科学发展，因此地方层面的环境与健康工作还有一些"个性"问题。

---

[①]　具体来说，就监测项目而言，普遍以综合性指标为主，而对于有毒有害有机污染物以及影响人体健康的监测项目尚未展开。比如，中国的地表水监测项目以常规污染物为主，对有机污染物基本上没有开展监测；环境空气质量常规监测项目为 $SO_2$、$NO_x$（$NO_2$）和 TSP，只有部分自动监测站开展了 $CO$、$O_3$ 监测，而对影响人体健康的 $PM_{10}$、有机污染物以及国际关注的 $CO$、$O_3$、$CH_4$ 等项目则普遍没有开展监测。

（1）基本没有行动计划和协作机制，基本没有确定相关责任单位，基本没有环境与健康管理工作经费

一般而言，由于地方政府的不重视和财力匮乏，中央层面的问题在地方只会更加突出。从对发达和欠发达地区的调查来看，"三个基本没有"是普遍存在的：基本没有行动计划和协作机制，基本没有确定相关责任单位，基本没有环境与健康管理工作经费。即便已经发布了省级"环境与健康行动计划"或建立了"环保和卫生部门协作机制"的省，实际工作中这些"计划"和"机制"也没有起到应有的作用，11 项工作也没有按照"环境与健康行动计划"或"协作机制"的预定目标在统筹的环境与健康平台上有效运作，依然停留在传统体制的范畴之内。总体而言，地方政府及相关机构在环境与健康工作中都处于被动地位，即只能被动地落实国家制定的方针政策，而无地方性的工作方案，难以有效应对特定地区和特定时期的环境与健康问题，在其他社会事业管理（如流动人口管理）中常常由地方先行管理体制改革试点的情况在环境与健康管理中从未出现甚至从未在文件中出现。尤其是对于县级基层政府而言，在诸多需要跨部门协调的工作领域中，目前尚无任何成文的合作形式。县政府在环境与健康管理中的主要工作方法是实行综合治理行动、通过县领导的"人治"以及各部门领导之间的人脉来协调各方面的关系。

（2）基层环境与健康管理工作漏洞很多，农村环境与健康问题突出

基层地方政府层面由于相关体系不全和管理能力不足，其问题比中央政府层面的相关问题更加突出。例如，环境监测体系的设置情况和技术能力不能满足需要，并且越到基层，环保监测力量越薄弱，监测的点位分布少、不固定、频率低且监测项目很少，许多地方的市级监测站基本只对重点污染源进行最多一个月一次的监测，欠发达地区常常连县级监测站都未建立，大气、水等环境要素的基本情况不清，更不可能进行对有毒有害污染物的监测。而乡镇一级基本还未形成环保力量，在城市以外的广大农村基本就是环保空白地带，导致各地的环境状况不能及时向上反映，较大城市以外的人群面临的环境污染风险处于"失控"状态。而且，基层地方政府的环保部门缺少可以与群众直接对话的平台，群众投诉得不到重视。近些年数量快速上升的环境污染导致群体性事件多数

发生在农村就是这方面问题的体现。

（3）相关管理工作基本由卫生系统承担，环保系统基本没有参与

在国家层面，尽管已经开展了环境与健康体制改革的初步工作，明确了环保部门要和卫生部门一起，在这一领域发挥主导作用。但是在实际中，不仅在操作层面难以改变传统体制的影响——卫生系统仍然占主要作用，而且在相关文件和政策的制定上，环保系统的作用也基本没有体现出来。一个典型的例子，就是各省建立环境与健康协作机制的文件，都是卫生部门起草和发布的。这种情况，是两个系统在地方尤其是基层工作能力的反映：卫生系统从县、乡到村都有网络，乡镇卫生院也有较强的能力开展公共卫生工作，乡镇政府的爱国卫生工作也是经常性的，且这个网络对公共卫生有工作传统和人力储备，但环保系统在县以下就基本没有人力物力投入了，就目前状况而言很难胜任环保工作，更不用说统筹环境与健康工作了。

可以将中国中央和地方层面环境与健康工作的共性问题和个性问题总结如下（见图4）。

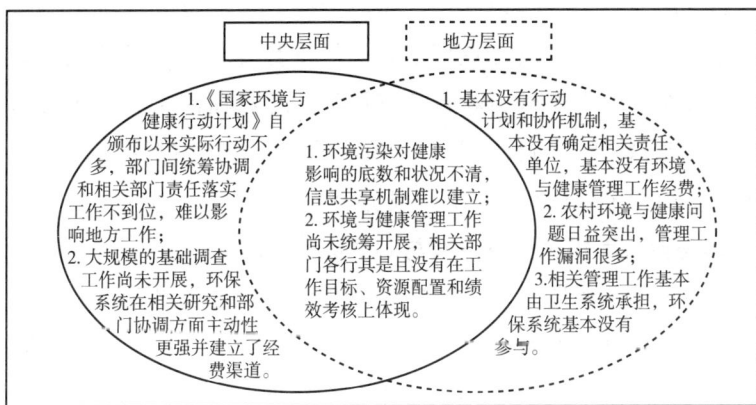

图4  中央和地方政府层面管理体制问题差异对照

在上图中，两个椭圆表示各自层面环境与健康工作存在的问题，重叠部分表示中央和地方两个层面共同存在的一些问题。显然，在中央和地方层面目前环境与健康工作的主导部门不同且地方政府层面工作中的漏洞更多，但信息不清、统筹不灵的局面是上下共同存在的。

　　总之，这些问题使目前的环境与健康工作形成"整体散乱、局部低效"的局面——不仅在于治疗不及时，更在于预防环节出现了漏洞且这种漏洞难以通过信息渠道传导到污染监测和控制上，即卫生系统无法与环保系统之间建立双向反馈机制，环境与健康工作仍然没有"统"起来，相关部门仍然没有"联动"起来。这些管理问题不仅使环境与健康工作的整体绩效减低，而且还会对环保事业和卫生事业的主要目标构成影响。温家宝总理提出把让人民群众喝上干净的水、呼吸上清洁的空气、吃上放心的食物，在良好的环境中生产生活，集中力量解决突出的环境问题作为环境保护领域落实科学发展观的出发点和落脚点①，根据上述分析，目前的环境与健康工作显然不能支撑环保事业比较高效地达到此目标。

## 三　管理问题体制机制角度的成因

　　通过调查，可以发现上述问题的大多数是从中央到地方普遍存在的且在《国家环境与健康行动计划》颁布两年后也几无改观，因此其成因必然是制度层面的。应当说，过去相对卓有成效的以环境卫生为主要内容的环境与健康体制出现这些问题，除了形势变化和投入不足外，还与国家在相关系统的工作目标和行政资源配置等方面没有"以人体健康为本"、没有充分体现"预防优先"原则有关，且这种情况由于目前的政治体制形成了上行下效的局面。以下详述。

### 1. 形势变化而相关体系没有与时俱进地发展

　　环境与健康工作体系没有适应环境与健康问题类型的变化是造成当前工作被动、各种问题普遍的重要原因。20世纪80年代以前的环境与健康问题主要是由生活基础设施和卫生公共服务不足导致的，卫生系统的一己之力足以应对。但是，工业化和城市化使化学污染物对健康的影响日益增大。这种情况下，传统的公共卫生体系及其干预方式"对症无药"，而不当的市场化改革还削弱了公共卫生体系的公共服务能力——随着集体经济的衰落，以及政府对公共卫生机构投入的增长难以满足现实

---

　　① 参见温家宝总理在 2006 年 4 月召开的第六次全国环保大会上的讲话。

需要，公共卫生体系特别是农村的基层机构能力不升反降，有偿服务增多而公益性的基础工作减少。同时，卫生部门现有的环境卫生工作模式也不能满足当前环境与健康管理工作的需求，疾病监测网络不能对环境污染导致人体健康损害实施有效监控，近年开展的城市饮水和涉水产品、化妆品、公共场所卫生监测评价等工作也游离于主流环境与健康工作之外。而1980年代后逐渐成立的各级环境保护部门的工作重点放在了城市和工业污染治理上且缺少卫生系统那样的基层"网底"机构，无心也无力进入卫生系统留下的工作空白区域；其他可能和环境与健康工作相关的水利、建设、农业等系统，工作重点也都不在这方面。显然，环境与健康工作体系没有随着工业化和城市化发展壮大，即便是通过《国家环境与健康行动计划》名义上解决了"成员"上存在的问题，在"规则"、"机制"方面也沉疴难消，环境与健康工作呈现"弱政府"、"老黄历"、"近视眼"状态也就不足为怪了。

**2. 投入不足使得相关系统的基础能力不足，工作重点没有以人为本、预防为主，因而整体绩效偏低**

从现实情况来看，环境与健康工作毕竟还是有多个政府部门在没有统筹的情况下实际参与进去了，为何工作绩效不高呢？从客观来看，是因为投入不足；从主观来看，则是因为自身工作没有"以人为本"。

相关系统没有发挥应有作用的一个重要原因是投入不足。由于工作经费缺乏保障、技术队伍的人才流失和条件装备的老化，目前中国市级以下的各级疾病预防控制单位（防疫站和乡镇卫生院等）基本无法开展环境与健康方面的常规工作，环保部门也因为基层的监测和治理能力太弱既难以开展日常工作也无法填补卫生部门留下的工作空白。近十多年来，中国基本没有系统地开展环境与健康研究工作，环境与健康专业人员的技术储备、科研能力和装备条件均非常有限，许多事情没人做，许多事情做不了。

主观而言，则是相关部门的管理理念均没有很好体现"以人为本"、"预防为主"的思想，"重治轻防"仍然在相关部门的工作目标、资源配置、绩效考核、管理制度等方面体现着。可以具体分析卫生和环保两个主要部门在这方面的缺陷。

　　——相关工作在医疗卫生系统被边缘化：不是民生所指，不是重点。卫生部门主抓的体现民生的工作重点（如作为民生焦点问题的看病难、看病贵）与环境和健康工作基本没有交集[①]，环境卫生在公共卫生工作中也相对次要，因此相关工作在卫生系统更容易被边缘化。

　　——相关工作在环保系统被边缘化：没有将"以人体健康为本"作为环保部门落实"以人为本"的科学发展观的体现。可以从工作目标和监测工作两个方面认识中国环境保护工作与保障人群健康目标还有很大距离：环保部门将工作重点放在了笼统的总量减排和重点污染源的"盯防"上，没有以人体健康为本，没有根据对人体健康的风险调整行政资源配置重点从而实现从健康角度而言的重点地区、重点污染物优先监测和治理。进入 20 世纪 90 年代以来，中国的环境污染问题逐渐加剧，环境保护工作受到了高度重视。但是，环境保护以污染物排放总量控制和重点区域的环境要素质量为指挥棒，而没有体现"以人为本"——将影响人体健康的程度作为环保资源配置的指挥棒，环保工作目标没有将影响人体健康的相关污染控制放到应有位置，以致环保工作的绩效用以人为本的标准看来效率不高。目前，中国环境治理和监测的重点是 COD 和 $SO_2$ 等常规污染物，对与人体健康关系密切的重金属、有机污染物等指标的监测考虑较少。以评价环境污染与癌症发生风险这一问题为例，由于大多数环境致癌物未纳入中国常规环境监测，大多数地区无法提供与癌症发生密切相关的环境污染物数据[②]；另外，中国尚未建立环境与健康综合监测体系，应对重大环境与健康问题能力薄弱。环境监测和疾病监测是环境与健康的工作基础，而目前中国环境监测和疾病监测系统建设彼此独立，在监测点位和监测指标设置上二者存在不匹配情况，卫生部门的疾病监测网络未能对与环境污染相关的健康损害实施有效监控。

---

[①] 例如，卫生部部长陈竺 2009 年在国务院新闻办召开的记者招待会上说："中国医改就是对准'看病难、看病贵'下药，实现基本医疗保障制度，缓解和减少由于疾病造成的个人家庭破产，完善基本医疗服务体系方便群众就医，促进基本公共服务均等化，预防重大疾病"。

[②] 2005 年，国际癌症研究中心已确认了 200 多项化学致癌物质，而当前中国空气质量标准 10 项指标中仅 1 项针对致癌物，地表水环境质量标准 24 项指标中只有 4 项针对致癌物，集中式饮用水源地环境质量标准 109 项指标中有 31 项针对致癌物。受监测能力的制约，致癌物监测未列入空气质量和地表水必测项目，纳入集中式饮用水源地必测项目的仅 5 项。

# 四　体制改革建议

从上文的分析中可以看出，中国的环境与健康工作诸多问题的根源之一就是中国环境与健康管理体制设置的不合理。因而有必要结合中国当前环境与健康领域的主要问题和未来经济社会的发展趋势对这一体制及其工作重点进行调整，以解决上述问题。

## 1. 环境与健康管理体制的调整

合理的机构设置是提高生产力、推动社会进步的主要手段，尤其在中国这样政府主导力较强的发展中国家，这一推动作用更为明显，因而首先需要对中国环境与健康管理机构的设置状况做出改革。

（1）中央层面的体制调整

考虑到环境与健康的基本国情尚未摸清、相关体系尚未统筹、相关制度没有调整到"以人体健康为本"上来，还具有明显的跨区域性，这种政府责任在中国这样的单一制的中央集权国家（相关制度制定、财权以及相关行政资源配置集中在中央政府）必须由中央政府作为首要责任承担者，并做出相应战略部署。另外，中国的管理体制架构都是上行下效的，在调研过程中，地方政府也反映，如果中央政府理顺相关体系、建立相关制度、布置相关调查，地方政府就便于参照中央政府，做出相应的调整。因而，明确中央政府在环境与健康工作中应承担首要事权，并将"以人体健康为本"原则体现到相关工作的资源配置、目标确定、标准制定和行动安排上，才具有可操作性。

目前在中央层面的协作机制中，只涉及环保和卫生两个部门，与《国家环境与健康行动计划》中涉及的其他 16 个部门之间尚未形成有效协作机制，各部门内部也无环境与健康管理的主要负责部门。因此，建议进一步明确各部门在环境与健康管理中的职责定位，在部门内部成立环境与健康管理的主要负责部门，共同推动协作机制向着更广泛、更有效的方向发展。此外，为建立由环保部门主导的环境与健康管理新体制，建议将环保部门内部的环境与健康部门作为环境与健康管理的全面的信号部门——不仅制定具体事务工作重点调整的信号，也发出管理制度和相关法规调整的信号。就环境与健康具体事务而言，环保部门内设的环境与健康部门作为信号部门应承担以下九项职能：①拟定国家环境与健康规划；②拟定国家环境与健康政策、法规、标准与规范；③组织实施《国家环境与健康行动计划》；④拟定环境与健康风险评价与管理体系；⑤负责环境与健康部门与部门内部之间的协调；⑥负责环境与健康信息的收集、整理和发布；⑦组织开展重点地区和流域环境与健康调查；⑧组织开展环境与健康研究与培训；⑨组织实施环境与健康试点、示范项目。通过信号部门工作职责的有效落实，可以更加明确环境与健康管理的地位和作用，增强政府工作人员和社会群众的认识水平，共同提高环境质量和健康水平。

（2）地方层面的体制调整

地方层面的体制设置情况落后于中央层面，这不仅体现在具体的工作职能不清、定位不准、部门散乱、工作低效，而且连基本的协作机制都尚未建立。因而在地方层面的机构改革中，当务之急是明确环保部门和卫生部门的职能分工，在这两个部门内部成立环境与健康主管机构，负责全面管理当地的环境与健康问题，推动部门间协作机制的建立。建议在这两个部门内都设立环境与健康处，或参照中央层面的体制，在环保部门内，由科技处负责成立环境与健康部门，而卫生部门则由卫生监督处作为环境与健康主管部门，两者共同负责牵头环境与健康工作。

**2. 环境与健康工作重点的调整**

目前，中国环境与健康工作仍然难以脱离"治理为主"的主线，"重治轻防"的问题在中国环境与健康工作中甚至被绩效考核等手段"制度化"。然而，由于环境污染健康损害效应的隐蔽性和长期性，这样的模式不仅难以低费高效地起到"治污"和"治病"的作用，而且更难以应对新出现的污染健康损害问题。因此，建议以维护人体健康为基本出发点和根本目的，建立国家环境与健康管理与干预体系，逐步建立和完善国家环境与健康的预防、预警、应急和救助机制。着重突出"以人体健康为本"、"预防为主、风险管理"作为环境保护工作基本指导思想，实现环境保护工作重点的转移。

据此，从规则和机制角度可以确立以下四方面工作目标。

第一，完善国家环境与健康管理体制机制。明确国家环境与健康管理工作归口管理部门。根据有利统筹解决主要问题，以当前最优资源调度者为主实现最小机构变动的原则，从预防和风险防控的实际需求出发，学习借鉴国际经验，建议以环保部牵头构建新国家环境与健康管理体制和多部门工作协作机制，建立环境与健康领域的信息共享、公益诉讼、法律援助和听证制度，制定公众参与机制，建设多渠道、多层次的资金保障机制。

第二，建立国家环境与健康预防体系。一是建立环境与健康风险的标准体系，从健康影响角度制定或修订污染物排放控制标准，环境质量评价标准，环境监测标准，环境影响评价标准，土壤污染、电磁辐射污染控制标准等和环境污染损害评价与判定标准等；二是建立污染物优先控制名录，优先控制可能对人体健康造成极大威胁的污染物；三是加强环境影响评价，建立严格的环境准入制度，禁止或严格限制生产、使用可能导致人体健康严重损害的产品，及相关污染物质的排放，并采取实时监控、跟踪健康影响等措施控制环境风险。

第三，建立国家环境与健康综合监测体系。建立大气、水、土壤环境与健康监测，特别要加强农村环境与健康监测体系的构建。制定统一的国家监测方案和监测规范，在充分利用现有各部门相关监测网络、监测工作和监测力量的基础上，进一步加强监测设施设备和人员队伍建设，不断充实和优化监测内容，逐步建立和完善包括环境质量监测与健康影响监测的国家环境与健康监测网络，开展长期的环境与健康监测和研究，系统地掌握主要环境污染物水平和人群健康影响状况与发展变化趋势，为科学指导环境保护和健康保护工作提供强有力的技术支持。

第四，建立环境与健康管理的风险管理、预警和应急机制。一是建立环境与健康风险评估机制，科学制定国家环境与健康风险等级区划，提高对可控制环境有害因素和健康危害的预测及管理决策能力，逐步实现环境与健康风险成本控制。二是加强环境与健康风险预警工作，建立环境与健康风险预警工作机制、环境污染与健康损害报告制度及预警发布制度，合理制定不同风险等级预警、预防和救治方案，不断提高防范重大环境与健康风险水平。三是完善环境与健康管理的应急机制。处理环境与健康的突发事件，提高应急处置能力。

　　而从近期的工作任务上，有以下四方面迫切的任务。

　　一要提高环境风险管理水平，推动污染防控目标从对目前如 $SO_2$ 和 COD 等传统污染物的防控逐步扩展到对细颗粒物（$PM_{2.5}$）、重金属、有机物等对人体健康更具危害性的污染物的防控。

　　二要针对环境与健康问题的城乡差异确定工作重点。在城市重点加强与空气污染密切相关的环境与健康的预防、预警、应急和救治工作。而在广大的农村地区，工作重点应主要是水污染引发的环境与健康问题，提高供水基础设施建设水平，建立传统污染物和有毒有害的有机污染物的监控、预防和干预体系，保障饮水安全。

　　三要针对环境污染导致健康损害问题的特点确定不同干预模式。对环境风险已经导致疾病或明确损害的，应加强环境治理和患者医疗救治，建立环境健康损害赔偿机制；对健康的危害和影响途径已经认识清楚但尚未产生严重损害的，重点是加大环境监测和治理力度，避免和降低环境污染的健康危害；对于那些健康影响尚不明确的环境因素，要加强监测、建立风险管理制度，严格准入。

　　四要发挥信号作用，以环境与健康工作推动实现环境保护工作的转型和与环境保护相关的政府部门的转型，逐步建立起一套"以人体健康"为基准的管理体系、控制目标、干预重点、监测体系、准入标准和绩效评估体系，并在此基础上调整和完善环境保护的政策、法规。

# 中国农村卫生体系与环境健康风险

方　菁* Gerry Bloom**

## 前　言

　　卫生政策分析家们通常忽视了环境对人群健康影响的重要性。据WHO公布的数据，全球范围内，24%的健康生命损失年和23%的额外死亡可归因于环境因素。因此，卫生系统需要加强对环境健康风险的应对力度。

　　近年来，健康和环境已被列入中国政策议事日程。中国政府在卫生和环境部门都进行了较大力度的改革：2003年对农村卫生筹资进行了改革，2008年将国家环境保护总局升格为环保部。环境与卫生部门间的国家级合作与协调平台也已建立起来。但是，将这些政策目标真正转化为地方政府的实际行动尚待时日。

　　本文从环境角度审视了农村卫生体系的发展，介绍了该体系发展过程中的几个主要阶段，及其对环境健康挑战的应对与影响应对措施的主要因素。最后，讨论了如何促进卫生系统加强对环境健康风险的应对能力。我们认为中国农村卫生体系在不同历史阶段的结构实际上反映了国

---

　*　昆明医学院健康研究所教授。
　　通信地址：云南省昆明市呈贡新区雨花街道春融西路1168号（650500）；电子邮箱：fangjing07@126.com。
**　英国苏塞克斯大学发展研究所教授。

家在不同发展阶段的更广范围内的优先发展领域。

在新中国成立之初，中国曾经相对有效地应对了贫穷落后所带来的环境问题。然而，随着中国的经济体制从计划经济转变为市场经济，这种状况也随之发生了相应的变化。目前中国的农村卫生体系把重点放在建立和加强以县为单位举办的农村合作医疗制度，而忽视了与环境相关的问题。事实上，随着卫生筹资体制的改变，原有的几个预防项目被削弱了。另外，卫生系统的垂直化组织方式也限制了国家对环境健康问题的跨部级措施的实施。另一方面，目前中国领导人对卫生系统改革的高度重视，也为开发应对环境风险的新途径提供了契机。但这仍需要开展环境与健康间关联性的优质研究、具有技巧性的政策倡导，以及现实可行和有效的措施以建立卫生系统在这一领域的能力。

# 一　中国农村卫生体系的发展

该部分主要介绍了中国发展战略中的主要变化是如何影响到了中国的农村卫生体系。基于不同时期的社会经济背景和农村卫生改革策略，我们将中国农村卫生体系的发展主要分为四个阶段（见表1）。

**表1　不同时期主要疾病、环境和农村卫生系统对环境健康风险的应对**

| 时　期 | 主要疾病 | 环　境 | 农村卫生系统对环境健康风险的应对 |
| --- | --- | --- | --- |
| 1949~1978年 | 传染病：鼠疫、天花、霍乱、伤寒、白喉、肺结核、麻疹、脊髓灰质炎等<br>寄生虫病：血吸虫病、疟疾等<br>地方病：碘缺乏症、氟中毒、克山病、大骨节病等<br>性传播疾病（STDs）：梅毒、淋病等（1967年，中国政府宣布中国已消灭STDs）<br>消化系统疾病：腹泻<br>呼吸系统疾病：燃煤和秸秆造成的室内空气污染所引起的咳嗽和气管炎 | 计划经济体系<br>公社生产系统<br>少有余粮的农业生产，主要种植谷物并使用有机肥料，很少用农药和化肥；使用煤炭和秸秆作为煮饭和取暖的燃料 | 推广使用改良炉灶以减少室内空气污染<br>控制并根除能传播血吸虫病的钉螺<br>控制并杀灭蚊子以控制疟疾<br>控制老鼠以降低瘟疫的风险<br>管理饮水和粪便以控制腹泻和伤寒等水传播性疾病<br>健康教育，传播健康知识，教育人们要有好的环境和个人卫生<br>接种疫苗以控制传染病<br>全民动员，创造和维持一个卫生的环境（爱国卫生运动） |

续表1

| 时　期 | 主要疾病 | 环境 | 农村卫生系统对环境健康风险的应对 |
|---|---|---|---|
| 1978～1997 年 | 传染病:肝炎、痢疾、肺结核、发病率低的伤寒<br>地方病:流行面积不大的氟中毒、主要存在于贫困农村的碘缺乏症<br>性传播疾病(STDs):1980年代再度出现的梅毒和淋病;HIV感染/艾滋病<br>消化系统疾病:腹泻<br>呼吸系统疾病:可能由吸烟和空气污染引起的阻塞性肺病<br>慢性非传染性疾病:脑血管疾病、心脏病、肿瘤<br>交通意外:伤害、死亡 | 社会主义市场经济体系<br>家庭生产责任制<br>从少有余粮的农业生产转为商品化和市场导向的生产机制<br>乡镇企业和农村工业出现或增加<br>农业生产中使用塑料膜、农药和化肥<br>水产业和畜牧业养殖逐渐增加<br>城市扩大化、工业发展和生活方式变化导致了污染增加 | 初级卫生保健项目,重点在于提供清洁的饮用水并建造卫生厕所<br>环境相关的健康教育逐渐削弱,甚至完全销声匿迹<br>群众性的环境卫生运动销声匿迹<br>疾控中心控蚊及杀灭钉螺的工作仍然继续,但力度减弱<br>虽然仍然通过改水控制氟中毒,但工作力度减弱<br>开始监督食品卫生<br>很少监测饮用水和空气质量 |
| 1997～2002 年 | 传染病:肝炎、肺结核、性传播性疾病<br>地方病:氟中毒、碘缺乏症、贫困农村地区仍存在的砷中毒<br>寄生虫病:一度被控制的血吸虫病在一些地方的发病率又上升了;一度被控制的疟疾又卷土重来在某些贫困边境山区暴发<br>消化系统疾病:贫困农村地区仍常见的腹泻<br>呼吸系统疾病:阻塞性肺病<br>慢性非传染性疾病:脑血管病、心脏病、肿瘤<br>交通意外:伤害、死亡 | 与上一时段差不多 | 开始建立卫生监督管理系统,包括食品、药品和公共场所监督与管理<br>加强艾滋病的防控<br>用DOTS加强控制肺结核<br>继续扩大清洁饮用水和卫生厕所的覆盖率<br>继续通过改善水源控制氟中毒,但卫生系统的工作内容仅限于检测水源水中的氟含量<br>坚持监控老鼠以控制瘟疫<br>环境健康内容的健康教育仍非常弱 |
| 2002 年至今 | 新现传染病,如SARS、禽流感和猪源性链球菌感染<br>与食品安全相关的健康问题持续增加,如污染奶粉所致的婴儿肾结石<br>其他主要疾病与1997～2002年间相似 | 与上一时段差不多 | 建立和维持新的农村合作医疗,但在该计划中,仍旧缺少环境健康方面的内容<br>继续改善卫生监督系统<br>食品药品监督管理局重新划归卫生系统<br>加强疾控中心的建设和传染病暴发监测系统 |

### 第一阶段：1949～1978年

中华人民共和国建国之后的30年里，政府主要致力于建立中央计划经济体系和组织集体农业生产。图1显示的是这一时期中国的卫生系统结构。主要卫生问题包括传染性疾病，如鼠疫、霍乱、天花、肺结核（TB）和伤寒；媒介昆虫传播性疾病，如血吸虫病和疟疾；以及自然环境相关性疾病，如碘缺乏病、氟中毒、大骨节病和克山病。政府的卫生政策对若干预防措施给予了优先，包括那些旨在减少人们暴露于水中人类排泄物的措施（例如改水）、杀灭媒介性昆虫防止其孳生和积极宣传健康卫生知识。

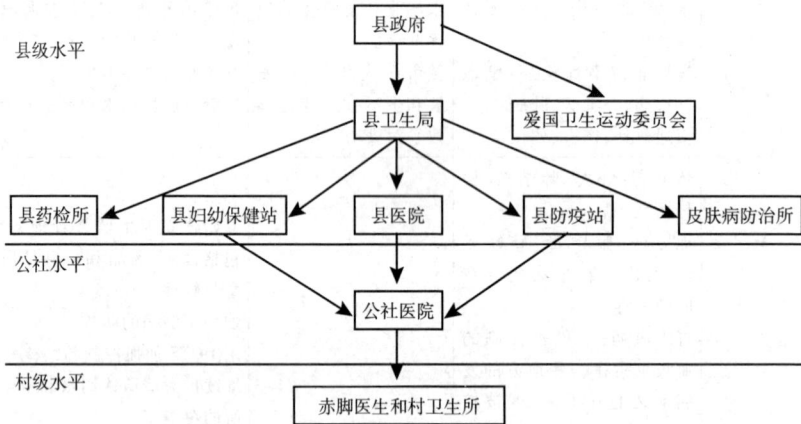

图1　1978年前的农村卫生系统结构图

　　其中一个主要的策略就是动员社区积极参与群众性的卫生运动，这些群众运动不时打断常规性的环境健康工作。一个典型的例子就是，将许许多多的农民动员起来，加入到消灭钉螺的行动中来，有效地阻断了引起血吸虫病的寄生虫的生物链。另一个例子是毛泽东于1952年倡议并实施的爱国卫生运动，旨在灭除苍蝇、蚊子、老鼠、麻雀。由于这一环境卫生运动内容的有限，以及它与应对由决策者所意识到的，可能由朝鲜战争所引发的"细菌战"威胁之间的关联，这场由农村卫生部门领导的爱国卫生运动彰显出其对农村生态的了解不够。但尽管有不足之处，这些运动对于防控传染性疾病还是功不可没。另外，由于这场运动所保留下来的爱国卫生运动委员会（Patriotic Hygiene Campaign Committee，PHCC）仍存在于现有的卫生体系中，隶属于各级政府的卫生局。目前，爱国卫生运动委员会在农村的主要职能是改进人们对清洁饮用水和卫生厕所的可及性。

在"文化大革命"（1966～1976年）时期，农村卫生问题受到高度重视，许多卫生工作者被下放到了农村。中国农村卫生史上有名的赤脚医生和由农村集体筹资，低水平、广覆盖的农村合作医疗制度（Cooperative Medicine Scheme，CMS）正是在这一时期开始建立并逐渐成型的。在此期间，建立了以赤脚医生和村卫生所为第一级、公社医院为第二级、县级医疗单位为第三级的三级农村医疗保健体系。公共或集体的医疗机构是那时仅有的卫生部门，是由国家或农村集体（公社）支付费用。卫生部门的一个主要任务是预防和治疗传染性疾病。由于当时农村几乎没有工业存在，也很少使用化肥或杀虫剂，因此当时主要的环境健康问题仍然是与自然环境和贫穷有关联的那些问题。

**第二阶段：1978～1997年**

中国在20世纪70年代后期开始向市场经济转型。这从多个方面影响到了农村卫生体系。图2是这一时期农村卫生系统新出现的组织安排。政府在公共财政方面实行了"分灶吃饭"的公共财政管理体制，让地方政府自主负责包括卫生在内的地方性服务的财政问题。相对于人员工资的增长水平，政府的卫生预算增长缓慢，为了支付其员工的工资及其他支出，卫生机构不得不通过向服务利用者收费来增加收入。与此同时，在服务提供和收费方面，国家给卫生部门很大的自主权。但政府规定了门诊收费和住院病人床位费的标准，卫生部门只有依靠提高药费和诊断检测费的收入来作为其主要收入来源。这促使卫生医疗机构愈加倾向于提供昂贵的医疗服务，而不重视不能收费的预防性服务项目。同时，也促使垂直管理的流行病预防项目的发展，其中就包括环境相关项目，用创收来补充支付卫生工作人员的工资。

这些变化并不利于环境健康项目的发展。例如，许多地区的血吸虫病防控力度被削弱了，其流行率又上升了。以前的赤脚医生（如今的村医）变成了以卖药为生的个体诊所经营者。在许多地方，政府部门只给

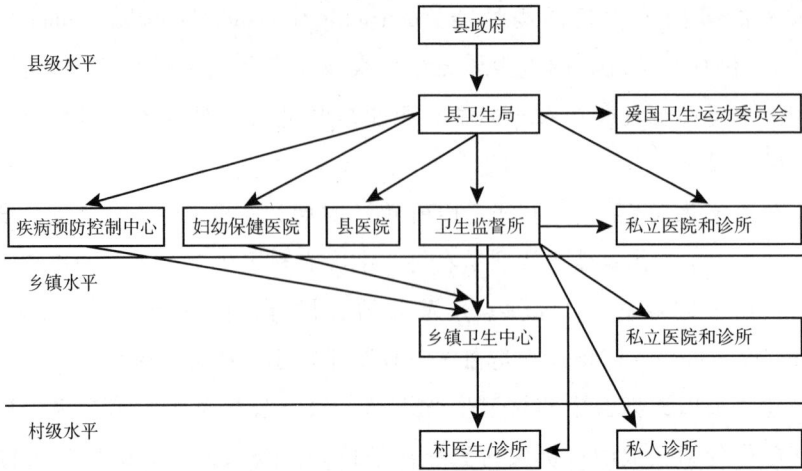

**图 2　现在的农村卫生系统结构图**

这些村医支付很少一部分工资，让他们承担有限的公共卫生服务，例如孕产妇保健、免疫接种、基础健康资料的收集等。以前的公社医院，如今叫乡镇卫生院，原应承担环境健康服务的，现在由于利益的关系，更愿意提供医疗卫生服务。县级专业性的公共卫生机构，如妇幼保健站（Maternal and Child Health Care，MCHC）和防疫站，只维持必须的基本公共卫生服务，而将大部分精力投入到创收性项目上。以防疫站为例，食品从业人员每年的强制性体检就是其主要的创收性服务项目。

　　由于公共卫生机构将其工作重心转移到营利性项目，使得卫生系统忽视了环境健康问题。而与此同时，由于经济的快速发展，采矿、集约型水产业和畜牧养殖业的快速发展，以及农药和化肥的大量使用也带来了新的健康问题。人们的疾病负担有所改变，非传染性疾病造成的疾病负担快速增长。其中一部分非传染性疾病与环境因素密切相关，如肿瘤。尽管各级政府的爱国卫生运动委员会仍持续关注安全饮用水和卫生厕所问题，但由于缺少财政支持和政治意愿，这些环境问题的解决进程仍非常缓慢。

　　**第三阶段：1997～2002 年**

　　1996 年末，中国政府召开了一次关于卫生系统发展的重要会议。1997 年初，国务院颁布了卫生改革与发展的政府性工作文件，列出了卫生改革的宗旨、目标和原则，要求国家和地方政府增加卫生预算，目的是通过农村卫生筹资的改革以及改进基础卫生设施的绩效，为大众提供基本卫生服务。但是，该文件在环境卫生问题上仅做了概述性规定，要求改善食品卫生、环境卫生和职业卫生。

虽然在这一时期，国家对卫生系统的整体结构做了许多调整，但各地卫生服务的筹资和机构改革却没有取得多大的进展。作为广泛的依法治国策略的一部分，政府致力于在法律法规的基础上建立健康监管系统，新的卫生机构建立了，并在不同的机构之间分配了任务和责任。新的食品药品管理局（Food and Drug Administration，FDA）于 2000 年建立，接管了原来卫生部门的某些职责和功能。以前的防疫站与皮肤病防治所合并成立了各级政府（到县一级）的新的疾病预防与控制中心（Centres for Disease Control and Prevention，CDCPs）。作为建立新的卫生监督体系的一部分，卫生监督所（Hygiene Supervisory and Monitoring Institute，HSMI）建立并承担食品卫生和医院、餐馆、学校等公共场所的卫生监管。但卫生监督所的工作内容还是局限于原来卫生防疫站的工作，而新的环境因素造成的健康风险，如过量使用农药，却没受到重视。有一些卫生监督所甚至滥用其监督职能，他们处理经济发展所带来的环境健康风险的能力受到质疑。

近年为全人群母婴健康服务的县妇幼保健站的发展，代表了中国卫生系统的长处与不足。1997～2007 年，中国农村产妇死亡率持续保持下降，同样，婴儿死亡率也在下降，但幅度没有前者明显。这得益于组织完善的、目标明确的垂直管理系统。然而，在这一时期，像微量营养素缺乏此类贫困农村常见的问题经常被忽略。

在考虑如何更有效应对环境挑战时，这一经验让我们左右为难。由于垂直管理体制能有效地集中财力和人力资源，有清晰的问责制度，因此能有效地处理特定问题。尽管这类管理模式适于处理特定的环境健康问题，但其集中于目标的特性使得它很难有效处理新的风险或管理系统之外的任务。因此，必须想办法让卫生系统变为一个整体，以更灵活地处理随着经济快速发展及社会快速变化所带来的持续增长的、复杂的健康问题。

这样的问题同样存在于疾控中心。作为行使疾病预防控制职责的主要部门，疾控中心的职责内容就包括监测环境风险因素。然而，将防控传染病和其他特殊疾病列为其主要工作，决定了疾控中心不可能将大部分精力花在新的环境风险应对上面。许多贫困农村地区的疾控中心将其工作重点放在几种疾病上，如肺结核和艾滋病，这些疾病通常有从国际机构或中央政府下达的资金，而其他的健康问题则被忽略了。一些贫困农村地区的狂犬病暴发恰恰证实了这一情况的存在。县级疾控中心没有能力对狂犬病做出正确诊断，为防止狂犬病扩散，许多狗都被猎杀了。更为普遍的是，尽管疾控中心的职能是防控疾病、开展健康促进和监测健康风险因素，但他们在处理新出现的环境挑战所带来的潜在健康风险上面，做得远远不够。

### 第四阶段：2002 年至今

2002 年开启了中国农村卫生改革与发展的新阶段。新一届领导人上任后，宣布将大力拓展改革受益面并增强包括卫生在内的社会部门力量。2003 年 SARS 流行，在震惊世界的同时，也促使中国卫生改革的加速。中央政府宣布支持农村医疗保险制度的建立，并称之为新型农村合作医疗（New Cooperative Medicine Scheme，NCMS）。2003 年，全国选择了 30 个试点县来开展新农合的试点，由中央政府、地方政府和农民共同出资来建立新农合。在新农合试行之初，三方为每人头支付 10 元保险费，但到了 2008 年，政府为每人支付的新农合费用为 80 元，每户家庭每人头只需支付 20 元。新农合制度的目的是为了保护农民，当家庭成员患重病的时候，避免整个家庭陷入贫穷。政府优先推进新型农村合作医疗制度，到 2008 年时新农合迅速覆盖了 80% 的农村人口。但新农合主要针对医疗保健服务，仅有极少的预防性服务，如孕产妇保健和预防接种，被纳入医疗保险范围。

与此同时，环境健康风险在逐渐增长。除了缺少安全的饮用水和不正确处理废弃物所带来的健康问题之外，许多新的威胁也浮现出来，这些与滥用化肥和杀虫剂、采矿、畜牧业养殖以及危险性工业操作有关。随着集约型畜牧养殖业的发展，人畜共患病的风险也随之浮现。2005 年四川猪源性链球菌感染和中国部分乡村家禽的禽流感暴发就是两个非常典型的例子。在农村，还有许多其他环境风险因素，包括很多关于癌症村的报道、食品中频繁检测到有害物质及其他环境相关风险。

除了城市供水污染等主要事件外，卫生系统一般对此类新出现的环境风险的反应都是比较迟钝的。卫生部门也未能够有效地对食品和药品安全进行管理。几年前，安徽及其他省由于劣质奶粉造成的婴儿死亡事件凸显了新型环境风险问题，近期出现的奶制品内化学品污染事件再一次为此类问题敲响了警钟。地方卫生部门在应对这些新问题时，能力还是有限的。此外，卫生部门甚至自身也造成了某些环境污染，如一次性针头和注射器等未被安全处理的医疗废弃物。滥开药物和抗生素也引起新的环境健康问题。总之，卫生部门在降低和控制环境健康风险方面仍然任重而道远。

## 二　环境健康：被卫生部门所忽视的问题

卫生系统对环境风险的应对措施是随着时间变化的。1949～1978年间，卫生部门主要关注农村环境及其对健康的影响。首先，这一时期的健康问题十分严重，在共产党掌握全国政权之前，就已经在她所控制的解放区对这些问题给予了一定的重视。其次，在当时流行的主要疾病和环境因素间有明显和直接的关联。例如，蚊子能传播疟疾，不干净的食物和饮水能引起霍乱、伤寒和腹泻。众所周知，饮用水安全保障及粪便无害化处理所引起环境的改善，以及消灭蚊子孳生地会对人群健康的改善显现立竿见影的效果。再次，集中化的计划和命令性的管理模式使得高层领导人能够迅速调集资源来对抗环境健康风险。最后，当时的环境健康风险的处理相对较为简单。

在计划经济向市场经济转型的这段时期，尽管卫生系统仍旧采取了一些预防环境健康风险的措施，如保证清洁的饮用水和卫生环境、控制地方病等，但其有效应对力度相对薄弱，特别是对于新的环境健康风险。其原因众多：第一，经济发展压倒一切，政府在环境与健康方面给予的关注和投入的精力很少，对卫生部门在环境相关问题上的工作给予的激励非常少。第二，财政地方化管理降低了政府对农村卫生的财政投入，利益驱使卫生机构优先发展医疗服务，从而忽略了其他非营利性服务。第三，在过去30年里，决策者们对环境健康问题的关注很少，改革大多聚焦于卫生管理系统的建立、疾病预防和提供医疗服务。卫生部门的机构改革建立了一些分工明细，有着狭窄工作范围的垂直子系统，使得卫生系统对环境风险的应对能力支离破碎。例如，农村爱国卫生运动委员会的主要职责是保证清洁的饮水和卫生厕所的普及，卫生监督所主要是保证公共场所卫生，疾控中心的职责主要集中于肺结核、艾滋病等特殊疾病的控制，以及国家列入报告范围的传染病暴发的控制，而食品与药品监督管理局主要为食品药品质量负责。迄今为止，没有任何卫生部门负责新发的环境健康风险问题。第四，环境暴露与疾病间的关联有时不是很清晰，暴露时间与疾病发生往往要经历很长时间，不如传染病这么迅速，因此，卫生部门很难做出判断和采取行动。例如，环境暴露与慢性中毒和肿瘤的发生之间有很长的潜伏期，因此农民或政府卫生官员对于这些疾病与环境关联的重视程度不够。第五，关于环境风险对健康的影响，研究资料很少。这更加深了两者间的不确定性，也是卫生部门在此方面不作为的部分原因。第六，由于缺少专业人员，农村卫生机构处理新出现环境健康风险的能力还比较弱。许多农村卫生机构的人员只有医学院或卫校背景，而对许多与社会或环境相关的健康风险因子至关重要的社会科学知识，疾控中心的人员基本都欠缺了解。

## 三　如何加强农村卫生系统的环境健康工作

环境与健康问题已提上政策议程，这为增强卫生系统应对环境挑战的能力提供了一个非常重要的机会。目前的农村三级卫生系统结构仍然是完整的，县级专业的预防机构给镇卫生中心的防疫专干提供指导，而防疫专干医生又指导负责社区部分公共卫生任务的村医。在2003年SARS流行之后，中国政府加强了特定传染病的监测与防控，以确保一旦出现任何严重的传染病暴发情况，能够及时地从基层上报到国家相关部委。目前的这种三级卫生保健网和联报监督制度为环境问题及其防控信息的双向流动建立了重要的基础。

卫生监督所和食品药品监督管理局在环境挑战应对中也能发挥一定的作用。尽管它们目前的工作效果揭示了政府在卫生监管制度安排方面的不足，但它们的网络覆盖面广，能在环境安全管理措施的强制执行中起到重要的作用。在这一点上，对政府如何应对药品管理的挑战是非常有借鉴作用的。地方政府依靠地方企业获取财政收入，同时又需要确保提供给人们使用的药品的安全性，这两者间存在某些潜在的利益冲突。为了加强药品监管的力度，避免县政府对药品监管工作的过多干预，食品药品监督管理局对县级机构实行市级直管，因此降低了当地政府干预的力度。药品监管系统在执行监管措施时仍然面临许多困难，处理环境引起的健康问题时，也可能会存在相似的挑战。但是，食品药品监督管理局的这些监管经验能起一些借鉴作用。

正在进行的卫生改革为新环境健康干预的启动提供了良机。自 2006 年起，国家发展与改革委员会与 11 个部委联合讨论制定卫生改革策略，达成的共识是，国家将会为全民公共卫生和基本医疗服务买单。这可能会重新定义县级疾控中心和乡镇医院防疫组的角色和职责，并将扩大乡村医生的公共卫生服务工作内容；也可能会增加乡村卫生机构的公共财政资助，并在政府与卫生机构，包括村级卫生所之间创建新的契约关系。2009 年 1 月，中国政府关于大幅提高卫生财政资助以建立"全民医疗保健"的宣言标志着卫生系统发展新时代的到来。

这为将环境健康纳入公共卫生服务提供了一个机会。应该扩展农村卫生系统的功能以便覆盖某些环境健康风险。卫生监督所应该扩大其工作范围，负责监测新的环境风险，疾控中心、妇幼保健院和乡镇卫生院可以在其日常工作内容中更多地关注环境风险，并且乡村医生可以在环境健康问题中扮演更为重要的角色，负责收集、监测和上报环境相关信息。

卫生部门处理 SARS 和环境突发事件的经验已证明，中国政府能够在危急时刻调动所有必需资源来应对危机。处理这类事件的一个经验教训就是，需要有一个能识别和快速应对这些挑战的机制。政府的应对措施是大力投资建设县级疾控中心，并建立了一个疾病监测系统。政府也让地方政府官员明白，如果没有及时上报疾病暴发情况，那么他们必须承担由此所造成的严重后果。有理由相信，这一系统运作良好。但是，正如上面提到的，在包括环境健康问题在内的许多公共卫生问题上，疾控中心的工作尚待进一步改进。

　　加强卫生系统应对环境风险的能力，需要在好的研究和科学证据的支持下在中央政府层面的强有力的政策倡导。农村卫生改革政策发展的经验表明，仅仅让国家领导人相信问题的严重性是远远不够的，还必须让他们明了，我们已经有了应对这些问题的可行的策略。以贫困农村地区的卫生服务改革为例，在世界银行和英国国际发展署（DFID）的资助下，政府规划了一个大型项目，以检验农村卫生改革的若干可实施性策略。该项目找出了克服改革实施障碍的方法，并证实了贫困地区可持续地改善他们的卫生系统的绩效。这一经验也可以应用于将环境问题融入农村卫生系统工作当中，从而能更好地利用已经建立的卫生机构网络和与之相关的卫生信息系统。

　　需要有研究来支持现实的环境与健康策略的形成，包括基础科学、流行病学和对政策过程的社会科学研究，以及国家和地方对于环境挑战应对的影响。能成功证实特定干预措施效果的行动性研究，对于中国的决策者们采取新的政策至关重要。农村卫生系统的能力建设对于有效应对新的环境健康挑战非常必要。需要改进医科大学和卫校的课程，以包括更多新的环境健康知识和技能。最后，卫生和其他部门需要加强合作，以识别突发问题并制定和实施有效的应对措施。这些措施将降低中国正在经历的快速和相互关联的变化所造成的不可预料的消极后果所带来的风险。

# 在中国风险管理中突出
# 环境风险管理的战略考量

张磊<sup>*</sup>　钟丽锦<sup>**</sup>

## 导　言

### 1. 风险和风险管理理论

　　30 年前，德国社会理论家乌尔里奇·贝克（Ulrich Beck）宣布，我们"生活在文明的火山上"，人类已进入一个风险社会[①]。他对当时西方社会的全景分析已被誉为经典。贝克将风险管理定义为"应对现代化本身导致和诱发的危险和不安全因素的系统方式"。贝克极具远见地洞察到风险和对风险的管理已经成为现代社会的基本特征。自他第一部作品以来的社会发展已证实了他的观点。毫无疑问，关于风险管理的辩论也越来越重要[②]。

　　*　中国人民大学环境学院副教授。
　　　　通信地址：北京市中关村大街 59 号中国人民大学环境学院（100872）；电子邮件：lei. zhang@ wur. nl。
　　**　清华大学环境科学与工程系。

　①　U. Beck（1992），*Risk Society：Towards a new Modernity*（London：Sage Publications，1992）.

　②　William Leiss's review on *Risk Society*，*Towards a New Modernity* by Ulrich Beck，translated from the German by Mark Ritter，and with an Introduction by Scott Lash and Brian Wynne（London：Sage Publications，1992，originally published in 1986），p. 260. In the website of Canadian Journal of Sociology online：http：//www. ualberta. ca/ ~ cjscopy/ articles/ leiss. html，2008 - 12 - 20.

除不可控制的自然灾害（例如飓风、地震和火山爆发，它们可能造成的损失被认为是不可抗拒的[①]），人们越来越认识到现代化进程本身产生的风险，包括与人类健康风险、安全生产问题及社会动乱密切相关的环境/生态风险[②]。现在，人类和生态系统健康之间的相互关联已为人们所知：它不仅在直观水平上被认知，同时也被认为是导致某些疾病的重要原因[③]。根据世界卫生组织与世界银行的估计，发展中国家 20% 的死亡直接归因于与污染相关的环境因素，同时，有效的环境管理是避免 1/4 的由环境因素直接引起的所有可预防疾病的关键[④]。许多严重的公共健康问题由环境污染引起，或与之相关[⑤][⑥]，包括最引人注目的 1943 年的洛杉矶光化学烟雾事件，1952 年的伦敦烟雾事件，1953 年的日本水俣病事件，1984 年的博帕尔（Bhopal）毒气泄漏灾难，1986 年的巴塞尔（Basel）仓库火灾和 2000 年的巴亚马雷（Baia Mare）泄漏事件。

我们已经开始认识到，如果经济发展不兼顾环境和社会影响，就会最终损害到公众健康[⑦]。然而，学术研究上对环境、社会风险和健康之间

---

① N. Luhman, *Risk*, *A Sociological Theory* (Edison NJ: Transacion Publishers, 2005).

② 千禧年生态系统评估总结，见 http://www.millenniumassessment.org, 2008 – 12 – 20。

③ R. T. Di Giulio and E. Monosson, "Interconnections between Human and Ecosystem Health: Opening Lines of Communication." *Interconnections between Human and Ecosystem Health*, ed. R. T. Di Giulio and E. Monosson (London: Chapman and Hall, 1996), 3 – 6.

④ 见世界卫生组织网站: http://www.who.int/phe/en/, 2008 – 12 – 20。

⑤ R. D. Gupta, *Environmental Pollution*, *Hazards and Control* (New Delhi: Concept Publishing Company, 2006).

⑥ Jing Fang and Gerry Bloom, "China's Rural Health System and Environment-Related Health Risks", *Journal of Contemporary China*, 待刊。

⑦ F. Pearce and S. Tombs, "Hegemony, Risk and Governance: 'Social Regulation' and the American Chemical Industry." *Economy and Society* 25 (1996): 428 – 454; M. Gandy, "Rethinking the Ecological Leviathan: Environmental Regulation in an Age of Risk." *Global Environmental Change* 9 (1999): 59 – 69; W. Leiss, "Smart Regulation and Risk Management, A Paper Prepared at the Request of the Privy Council Office and External Advisory Committee on Smart Regulation", Government of Canada External Advisory Committee on Smart Regulation, http://www.smartregulation.gc.ca; C. Hales et al., "Health Aspects of the Millennium Impact Assessment", *Ecohealth* 1 (2004): 124 – 128; Butler, C., "Peering into the Fog: Ecologic Change, Human Affairs, and the Future", *Ecohealth* 2 (2005): 17 – 21; P. Weinstein, "Human Health is Harmed by Ecosystem Degradation, But Does Intervention Prove It? A Research Challenge from the Millennium Ecosystem Assessment", *Ecohealth* 2 (2005): 228 – 230.

相互作用的认识并没有反映到风险管理的实践中。虽然风险管理具有跨学科性质，但在实践中，它被过分地分割化①，旨在应对早期社会所面临的风险的传统风险评估和风险管理办法无法应付日益复杂的风险及其不断变化的社会环境②。正如罗伯特和拉也撒（Robert and Lajtha，2002）指出的，传统的风险管理框架不够完善，概念上的黑洞比比皆是。人们越来越觉得主要由政府充当警察的传统风险管理已不足以应对当前社会所面临的风险③。

　　鉴于风险管理的广泛影响，格里菲思（Griffiths）指出了"尽可能充分优化整合所有相关投入的至关重要。"④ 风险社会面临的挑战是：如何通过政治体制和制度上的改革和创新，更有效地应对日益增长和日趋复杂的风险发生及风险与更深层的道德问题、政府的社会目标、民主进程的不断交织⑤。为了应对这一挑战，很多国家都在构建和实施不同的风险管理模式。

　　欧洲和美国最初的风险管理系统，都源于应对令人震惊的化学工业事故。在这些事故中，1984 年博帕尔毒气泄漏灾难的人员伤亡总数最多，1986 年巴塞尔仓库火灾造成莱茵河的大规模污染，2000 年巴亚马雷泄漏严重威胁了多瑙河。更近一些的化学事故中，2000 年恩斯赫德市和 2001 年图卢兹都受到化学爆炸的严重影响⑥。这些突发事件使人们认识到建立有效的风险管理体系来保护人类健康和环境的急迫性和重要性，并在 20 世纪 80 年代的西方社会掀起了将风险管理合法化和制度化的第一个浪

---

① A Miller, "Ideology and Environmental Risk Management", *Environmentalist* 5 (1985): 21 – 30.

② R. E. Kasperson and J. X. Kasperson, "The Social Amplification and Attenuation of Risk", *Annals of the American Academy of Political and Social Science* 545 (1996): 95 – 105.

③ I. K. Richter et al., *Risk Society and the Culture of Precaution* (New York: Palgrave MacMillan, 2006).

④ R. Griffiths, "Acceptability and Estimation in Risk Management", *Science and Public Policy* (1980): 154 – 161.

⑤ R. E. Kasperson and J. X. Kasperson, "The Social Amplification and Attenuation of Risk", *Annals of the American Academy of Political and Social Science* 545 (1996): 95 – 105.

⑥ OECD, *OECD Guidelines for Chemical Accident Prevention*, *Preparedness and Response: Guidance or Industry (including Management and Labour)*, *Public Authorities*, *Communities and other Stakeholders* (Paris: OECD, 2003).

潮，例如：1986 年美国颁布了应急预案与社区知情权法。该联邦法是国
会对许多事件作出的反应，尤其是 1984 年联合碳化物公司在印度博帕尔
的毒气泄漏事件。但是，这项法律只是 20 世纪 70～80 年代许多国家一系
列更广泛的活动、抗议、压力、主张的一部分，它们无一例外都要求知
情权，这使得许多欧洲经合组织成员国于 20 世纪 80 年代开始对知情权立
法及对信息披露作出规定（甚至有六个国家在 20 世纪 70 年代就进行了
立法及规定）。经过约二十年的发展，欧洲和美国的风险管理体系越来越
体现了多学科和多部门的融合，成为世界其他地区学习的典范。他们的
经验还表明，将健康、环境和安全管理一体化，使之成为一个协调的风
险管理系统，不仅更有效且更节约成本①。例如：美国 2004 年新的国家
应急预案（NRP），建立在国家突发事件管理系统（NIMS）的模式之
上，是一个应对各种行业、各种灾难的预案，确立了国内事件管理统一
而又全面的框架。又如：经济合作与发展组织发布的《化学事故预防、
准备及响应的指导原则》（1992 年第一版到 2003 年第二版）。事实上，
这些国家和地区的一个共同趋势是，环境安全在整体风险管理中越来越
重要，尽管这还没有转化为实际的体制构建，使环境风险管理纳入整体
系统中。

　　理论探讨和实际经验都证明这样的事实，即在许多情况下，环境风
险是其他各类风险或事件的原因和/或结果。鉴于环境风险是现代生产过
程一个固有的特点②，在风险管理体系建立之始就应充分考虑环境风险管
理的战略地位，通过预防和减缓措施，就能极大降低风险管理成本③。因
此，当建立或改进一国的风险管理体系时，应重点考虑环境风险的预防
和应对。

---

①　OECD, *OECD Guidelines for Chemical Accident Prevention*, *Preparedness and Response*: *Guidance or Industry* (*including Management and Labour*), *Public Authorities*, *Communities and other Stakeholders* (Paris: OECD, 2003); Office of Emergency Management, "2004 Year in Review: Emergency Management-Prevention, Preparedness and Response", U. S. EPA, http://www.epa.gov.

②　Gandy (1999); Pearce and Tombs (1996).

③　Bartell S. Dale et al., "Systems Approach to Environmental Security", *Ecohealth* 1 (2004): 119 – 123.

　　一个有效的风险管理体系应包括下列内容：预防、准备、响应和修复（见图1）。但是，尽管很容易理解风险管理中这四个步骤的必要性，在不同的风险类别中权衡风险及确定优先次序、建立确保跨部门协调的制度、有效分配资源，并充分考虑所处的社会特征、结构或进程，是真正的挑战①。正如我们在第二段所论证的，环境风险和其他类型风险之间的关系证明了环境风险管理在整个系统中的优先地位。鉴于环境事故可能对人口和环境的长期影响，灾后恢复绝不是简单而一次性的任务，它需要不同行动，并且涉及不同的行动者、长期承诺，以及资源投资。

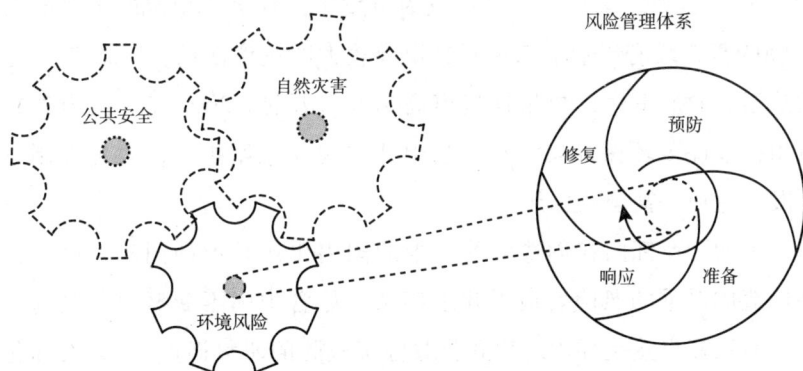

图1　优先考虑环境风险的综合风险管理体系

## 2. 管理"双重风险社会"：以中国为例

　　如果"问题"的分布——生态风险的全球化首当其冲——是富裕的"风险社会"的一个主要特征②，那么如何公平分配"利益"（如财富和社会福利）以及"问题"（如污染和健康损害）的重要性使得许多发展中国家和处于转型期的国家成为"双重风险"社会③。我国正处于

---

① J. Salter, "Risk Management in a Disaster Management Context", *Journal of Contingencies and Crisis Management* 5 (1997).

② U. Beck, *Risk Society: Towards a New Modernity* (London, Sage Publication, 1992).

③ L. Rinkevicius, "The Ideology of Ecological Modernization in 'Double-Risk' Societies: A Case-Study of Lithuanian Environmental Policy", *Environmental Sociology and Global Modernity*, ed. G. Spaargaren, A. P. J. Mol and F. H. Buttel (London: Sage Publications, 1999).

快速而深远的社会、经济和政治的转型期，这一过程必将激起许多根深蒂固的社会矛盾和环境问题，因此，我国是一个典型的"双重风险"社会①。

过去30年来，我国的经济快速发展已经引发了严峻的生态问题，抑或可以成为生态爆炸。环境恶化耗费中国近9%的年度国内生产总值②。对河流、森林、草原和土地的过度开发和管理不善影响了全体中国人的生活。生物多样性日益受到威胁，污染对人类健康的影响非常严重。癌症发病率的上升归咎于环境污染③。中国与空气污染相关的呼吸系统疾病引起的过早死亡人数是每年75万人（国家环保总局的更保守估计是每年40万人）④。此外，环境污染已经成为引发中国社会不稳定的主要原因之一。2004年，政府记录了7.4万起规模较大的抗议活动，2005年，与公众骚乱相关的刑事案件数量据报道高达8.7万起。2005年，国内外媒体都争相报道许多环保抗议活动，其中几起规模急剧扩大，失去控制，导致斗殴、逮捕，甚至死亡⑤。

我国的工业部门在创造大约一半的国内生产总值的同时，也对社会和环境造成严重的风险。最近几十年来，尽管中国不断努力，遏制工业污染，但工业仍然是环境恶化和公共健康威胁的罪魁祸首⑥。以石油化工行业为例：2004年，这一行业的产值比2003年增加了32.3%，占全国国民生产总值的18%。生产规模受需求驱动而扩大，风险必然随之加大。

① L. Zhang, "Ecologizing Industrialization in Chinese Small Towns" (PhD diss., Wageningen University, 2002).

② J. L. Turner and L. Zhi, "Chapter 9: Building a Green Civil Society in China", *State of the World 2006*, *Special Focus: China and India*, http://www.worldwatch.org/node/4000, 2008 - 12 - 20.

③ 根据卫生部对30个城市和78个县的调查，见 http://planetark.org/dailynewsstory.cfm/newsid/41947/story.htm, 2008 - 12 - 20。

④ "China: Growth-and growing pains", http://www.thefreelibrary.com/China: + Growth - and + growing + pains. - a0177072018, 2008 - 12 - 20.

⑤ E. Economy, "The Lessons of Harbin", *Time Asia Magazine* 166 (2005): 23; J. L. Turner, "China's Environmental Crisis: Opening up Opportunities for Internal Reform and International Cooperation" (2006).

⑥ H. Shi and L. Zhang, "Environmental Governance of China's Rapid Industrialization", *Environmental Politics* 15 (2006): 272 - 293.

由于这些潜在"炸弹"的大多数分布在主要河流和湖泊沿岸以及人口稠密地区，风险更为加剧。到 2006 年，中国有 2.1 万个化工厂位于河流沿岸，其中有一半位于中国两大主要的人口最稠密的江河：长江和黄河①。在 2005 年 11 月 13 日松花江化学品泄漏事故后的两个半月内，国家环保总局就收到 45 份环境事故的报告，包括广东省北江的镉污染②。现在的问题不是类似事件是否还会发生，而是下一次事故将在何时、何地发生，以及我们能做些什么来预防和准备。

作为这个领域的后起之秀，中国可以从国际经验中学到很多东西。与此同时，中国面临的风险比发达国家更为严重，而且中国缺乏所需要的体制能力和社会基础设施来应对这些风险。这意味着中国必须找到一种更有效、合理的解决方案，以确保其现代化进程的顺利推进。图 1 显示了这样的一种解决方案。所建议的解决方案/战略的最重要的特点是优先考虑环境风险，并把重点放在预防和准备方面。鉴于中国需要在不同于西方国家的社会、经济和政治背景下，建立自己的风险管理体系，我们必须在制度上创新，以保护人民和环境的安全。本文以下部分分析了目前中国对突发事件管理的立法、体制和机制状况，确定了将环境因素融入新兴系统的机会和战略。第二部分进一步分析了中国风险管理系统的新近发展，并提出了进一步改进的建议。

## 一　中国建设中的风险管理系统及其特点

虽然自从 20 世纪 70 年代末各种人为风险，特别是生态/环境风险，就一直伴随着我国的经济改革，并随着经济的发展而加剧，但是我国直到最近几年前都还没建立起现代意义上的风险管理制度。这就如同一个人没有免疫系统一样。

我国从最近几年才真正开始建立所谓的风险管理体系（主要以突发事件应急为主）。两个重大公共事件直接推动了这一体系的建立，即 2003

---

① Office of Emergency Management, "2004 Year in Review: Emergency Management-Prevention, Preparedness and Response", U. S. EPA, http//: www. epa. gov.

② 国家环保总局：《近期环境事故新闻发布》, http//: www. zhb. gov. cn。

年的非典和 2005 年 11 月松花江的化学品泄漏事故①。非典的暴发使"紧急状态"这个术语在中国首次出现。事实上，非典后不久，2004 年修订的《宪法》中，"紧急状态"一词就替代了原来的"执行戒严"。这一修订表明了政治关注从传统的政治稳定转向其他领域，包括重大自然或人为灾害及公共突发事件，这标志着公众风险管理立法的开始。难怪非典之后的第一项立法是 2003 年 5 月颁布的《突发公共卫生事件应急条例》。2003 年 9 月，北京市政府首先颁布了非典型肺炎预防及控制应急预案。

为制定国家应急预案，2003 年 7 月，在国务院领导下成立了一个工作组。2004 年 5 月，国务院印发《省（区、市）人民政府突发公共事件总体应急预案指南》（以下简称《指南》），敦促地方政府在 2004 年 9 月底之前向国务院上报各自的预案。2005 年 1 月，温家宝总理批准了国家突发事件应急预案，以及 25 项专题预案和 80 个部门预案。2005 年 7 月 22 日至 23 日，国务院召开第一次全国突发事件管理工作会议，标志着中国公共风险管理制度化的开始。2006 年 1 月 8 日国务院正式发布《国家突发公共事件总体应急预案》时，所有省市已经完成了他们的预案②。

在国务院的《指南》中，公共事件被界定为自然或人为的、造成重大人员伤亡、财产损失、生态和环境破坏及社会威胁的突发公共事件。这些事件被进一步分为四类：自然灾害（地震、洪水、飓风、龙卷风、热带风暴、森林火灾、生物灾害等）；与工业生产、交通运输、公共工程及环境污染相关的灾难性事故和生态破坏；公共卫生事件（威胁公共健康和安全的传染病、食品安全和其他事故）；社会安全事件（恐怖袭击事件、经济危机和外交危机）。根据事件的性质、严重程度和控制难易将其分为四级，一级为最高级（表 1）。显然，这个界定没有像我们所主张的认识到环境风险的分量以及它与其他风险的关系。因此，应急预案并没有反映环境因素的充分整合，也缺乏跨部门在实践中的协调与合作。

---

① 第一个市级风险管理系统在 2002 年 5 月建于广西壮族自治区的首府南宁市。上海市是 2001 年开始制定总体应急预案的省级政府中的第一个。参见 http://www.enorth.com.cn，2006 年 1 月 9 日。然而，这些地方做法那时并没有吸引政治和公众关注。

② "The Establishment of Chinese Incident Management System"（未查到中文篇名，意译为"中国突发事件管理体系的建立"——编注），2006 年 5 月 8 日《中国青年报》。

**表 1　中国公共风险的分类**

| 中国国家应急预案中对风险的划分 | | | | |
|---|---|---|---|---|
| 自然灾害 | 灾难事件 | 公共卫生和医疗事件 | 社会安全威胁 | 危机严重程度<br>一<br>二<br>三<br>四<br>高 ⋯ 低 |
| 洪水/干旱、飓风、暴风雨、地震、生物灾害、荒地/森林火灾等 | 安全生产、交通运输事故、公共基础设施事故、环境污染、生态破坏等 | 流行病、不明疾病、食品安全、动物疫情、威胁公共健康和安全的其他事故 | 恐怖袭击事件、经济危机和外交危机等 | |

不足为奇的是，松花江事件后，人们发现吉林、黑龙江和哈尔滨市新制定的应急预案并未充分发挥职能。事故发生后当地政府的第一反应是注重生产安全，而没有考虑到环境污染的后果和它对饮用水源的影响，如果迅速采取适当措施，这些本来是可以避免或减轻的①。因此，这起事故明显暴露了目前风险管理制度的一些弱点，如：法律框架、机构能力、所采取的应急措施的效率，以及其他诸如意识、公众参与、透明度和信息自由等"非社会结构性因素"。

**1. 立法**

与中国风险管理有关的立法，是典型的应对性立法。虽然 2003 年以前中国有实施戒严令、减轻地震造成的后果、防洪、安全生产等方面的一些相关法律，但是公共事件管理的法律框架是零散而不完善的。截至 2007 年，现行法律主要涉及具体的或部门的风险，没有认识到环境风险的重要性和它们与公共健康及其他风险之间的因果关系。目前中国风险的范围和严重程度需要建立一个更全面、协调、有着更加坚实的法律基础的风险管理制度。这就是为什么 2003 年起草了一项应急法律只是作为应对非典（SARS）的权宜之计。《突发事件应急法》自 2007 年

---

① J. W. Chang, "Rethinking Songhuajiang Pollution Incident: Problems in Chinese Environmental Legislation", China Institute of Law, http//: www. iolaw. org. cn/.

11月1日起生效。尽管该法仅仅关注风险管理周期的四个要素中的响应，但该法仍可视为在中国建立一个风险管理系统的重要法律基础和起点。

除了直接应对某些风险的具体法律，与环境有关的法规中只有少数条款能够为综合性的环境风险管理提供指导和支持。例如：1989年《中华人民共和国环境保护法》第31条中唯一存在的相关规定："因发生事故或者其它突然性事件，造成或者可能造成污染事故的单位，必须立即采取措施处理，及时通报可能受到污染危害的单位和居民，并向当地环境保护行政主管部门和有关部门报告，接受调查处理。可能发生重大污染事故的企业事业单位，应当采取措施，加强防范"。但是，第31条没有明确界定什么是环境事故，没有对应急措施提出具体要求，如：预警系统、报告、信息披露、影响评估、法律责任、恢复等等。此外，这项法规没有要求企业配备应急系统，没有克服当局在任务和责任上的横向、纵向分割。它也没有说明该法与其他相关法律的关系，如：《传染病防治法》和《安全生产法》。这种含糊性也在关于紧急应对环境问题的其他法律中反映出来，如：关于水、大气、固体废物污染防治法、各种生态破坏防治法和环境行政法[①]。

总体而言，目前的立法还不足以支撑一个全面综合的国家突发事件管理系统来突出环境风险预防和控制的重要性，并且与其他风险的管理充分整合。目前的应急管理体系只注重应对已经发生的灾难，而有效的风险管理体系还应该包括预防、准备和修复环节。目前的应急法将如何克服法律制度的这些缺陷、环境风险如何才能充分融入其他应急预案还不明了。

此外，应急预案的有效实施也需要法律授权并有制度化的信息自由以及社会知情权的措施，它也必须处理事故后的赔偿、责任和负责组织修复等问题。其中许多问题尚未纳入中国立法者的议事日程[②]。虽然

---

① J. W. Chang, "Problems and Countermeasures Regarding Legislation for Environmental Incident Management in China", http//: www. h20-china. com.

② J. W. Chang, "Foreign Experience in Environmental Legislation of Public Participation and Lessons for China", China Institute of Law, http//: www. iolaw. org. cn.

《环境信息公开办法》2008 年 5 月 1 日生效，我们对其执行情况的一项调查显示，该法律被大多数环保局看作一种负担，真正的信息公开还有待时日[①]。

**2. 机构建设**

可以说，非典之前中国还没有一个正式的全面应急管理的机构网络。2006 年松花江污染事故之后，迅速成立了国务院应急管理办公室，作为国务院和其他政府部门之间的联络处[②]。该办公室为全国应急预案的制定组织资源，批准其他专题应急预案，指导其他部委和地方政府具体实施[③]。它还负责不同机构间的协调，在紧急情况下调动必要的资源。鉴于它目前的能力和权力，很难确定这个办公室在机构建设和立法上可以影响立法机构和其他政府部门。

为了建立一个全国性的机构网络，国务院已敦促各部及部门建立自己的办事处，负责制定和实施应急预案，导致这些机构工作人员、预算和培训的增加[④]。各级政府仿效中央政府的做法，负责公共突发事件管理工作（图 2）。政府部门之外的企业和组织也必须作出自己的应急预案。然而，政府并没有对这些预案的内容做出评估，也没有提到将如何监督这些预案的实施。

各市创造性地设计和发展了它们自己的风险管理系统。到目前为止，有北京、上海、广州、南宁所代表的四种不同模式。每种模式体现出不同类型的领导方式，反映了对不同风险、不同机构的侧重。北京和南宁创建了一个总的委员会或中心，而上海和广州对现有部门的功能进行扩展。这些模式为其他城市的风险管理提供了参考，对机构安排进行创新，

---

① L. Zhang, A. P. J. Mol and G. Z. He（2009），"Environmental Governance and Information Disclosure in China", submitted to *Environmental Science & Technology*.

② 参见国办函〔2006〕32 号，《国务院办公厅关于设置国务院应急管理办公室（国务院总值班室）的通知》（2006 年 4 月 10 日）。

③ 在撰写本文时，80 个部门应急预案和 25 个以专题为基础的应急预案已经制定。环境事故全国应急预案是国务院发布的以专题为基础的预案之一（Mo, 2006）。

④ 例如：国家安全生产监督管理局计划在 2006 年 1 月建立的应急总部增加 80 个员工。在国家安全生产监管局的第十一个 "五年规划" 中，203 亿元将用于建立垂直应急系统，包括 6 个区域救济站、11 个部门援助系统、31 个省级总部和 333 个市级分支机构。2006 年 3 月 13 日《新京报》，转引自 http://www.sina.com.cn。

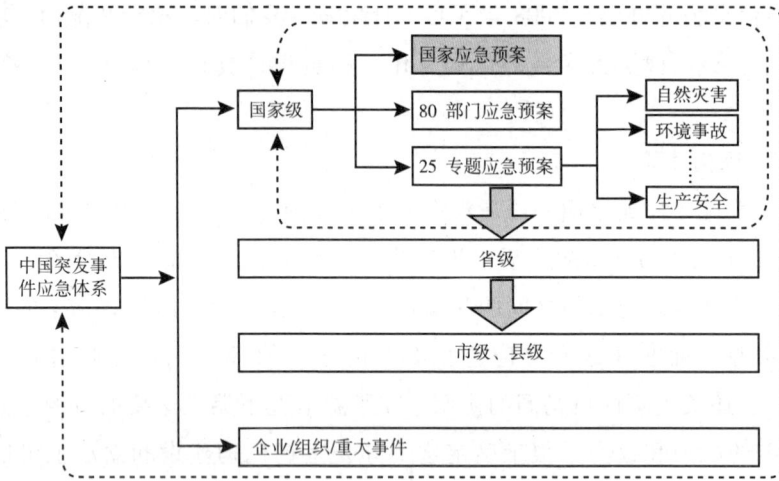

图2　中国四级突发事件应急系统

以符合自身情况（表2）。值得注意的是，在所有这四种模式中，环境风险和它与其他风险管理的整合没有得到应有的重视。

表2　中国城市突发事件应急系统的四种模式

| 城　市 | 领导机构 | 执行机构 | 特　点 |
|---|---|---|---|
| 北　京 | 北京市突发公共事件应急委员会 | 设在北京市人民政府办公厅的北京市突发事件应急总部 | 通过委员会协调跨部门的利益和责任，强调北京作为首都城市的地位 |
| 上　海 | 上海市减灾领导小组 | 设在上海市公安局的上海突发事件应急中心及其在相关部门的外派机构，形成联动机制 | 以现有设施和资源为基础的小总部和大网络 |
| 广　州 | 广州市社会联合行动服务小组 | 设在广州市公安局的广州社会服务联合行动中心 | 依托公安局的现有力量，强化应急联动能力 |
| 南　宁 | 南宁市突发事件应急中心——直接对市政府负责 | 南宁市突发事件应急中心 | 建立一个新的基于高科技的应急系统 |

　　如何将环境保护纳入到其他部门的决策和工作中，一直是环保部面临的挑战。在国家环保总局在2008年被提升为环保部之前，跨部门的协调主要通过全国环境保护部际联席会议（NIMCEP）来沟通和协调。部际

联席会议的责任包括：不同部门之间的协调、环境应急方案的实施、环境事故早期预警系统的建立、全国环境应急预案的制定、公众意识的提高和信息的官方公布等。然而，这个由国务院于2001年召开的全国环境保护部际联席会议，仅在应对具体事件时召开，且是一个松散的网络。虽然全国环境保护部际联席会议促进了部门间环境问题的信息交流，但是它的决定没有法律强制性。即使现在环保总局已经升为环保部，要完成一系列的职能转变还需时日。如何在正在形成的中国风险管理体系中发挥更大的作用还没有明确。

### 3. 措施和行动

中央政府对风险管理的重视，已得到不同部门不同方式的响应。他们采取措施和行动，提高认识，公开信息，加强能力建设，将公众参与制度化等等。我们很高兴地看到，在国务院新闻办公室最近举办政府发言人培训研讨会上，包括了如何在突发事件的处理中加强与媒体的沟通[1]。国家安全生产监管总局发起了对中央和地方各级政府官员、行业和机构负责人进行应急培训的一个项目[2]。虽然它是到目前为止在这一问题上最系统的培训项目，但是大部分培训材料的重点是安全生产及公共健康。环境事故管理只是简单提及，参加培训的培训师当中没有一位是环境专家。

在很大程度上，最近几年环境污染事故的增加是监管能力有限，环境法规执法不严的结果。运动式的应急反应可能一时成功地吸引媒体和公众的注意力，以及地方政府短时间的支持，但效果往往是短暂的，很少有充分的后续行动。在2005年12月1日召开的应对环境事故的全国电话工作会议上，国家坏保总局要求各级环保局提高认识和应急反应能力，通过更多的宣传活动将重点放在预防上，并建立通报事故的有效制度。国家环保总局也在2006年3月规定了在环保局系统中通报事故的程序[3]。但是，仅仅在国家环保总局（自2008年3月起改为环保部）的系统中提

---

[1] 根据国务院新闻办公室主任蔡武的讲话，参见 http://www.enorth.com.cn，2005年12月3日。

[2] 国家安全生产监管总局（2006）。

[3] 国家环保总局，《环境保护行政主管部门突发环境事件信息报告办法（试行）》，2006。

高风险意识和能力是不够的，更重要的是使环境责任成为其他部门决策的一部分。

最近几年中国政府一直在加强对各级领导干部的问责制。2005 年，国家环保总局查出 17 名官员对 9 项事故负有责任。在最近召开的全国人民代表大会常务委员会的会议上，时任环保总局局长周生贤先生呼吁地方政府对当地的环保官员提供更多的保护和支持①。他还表示，他将改变地方环保局局长被迫在地方经济利益和环保法规执行这两者之间作出选择的状况。在将环境风险整合到整个风险管理体系中时，我们面临同样的问题。

目前，风险管理中的信息公开和公众参与仍然有限。政府和市场在这一领域的失灵说明有效的公众参与在环境治理和环境风险管理中是不可或缺的。近几年各种事故的频发在很大程度上促进了环境信息的进一步公开。为打开环境治理和风险管理中的公众参与的政治空间，政府已经开始采取实质行动。国务院于 2005 年发布的《国务院关于落实科学发展观加强环境保护的决定》强调："对涉及公众环境权益的发展规划和建设项目，通过听证会、论证会或社会公示等形式，听取公众意见，强化社会监督"。对此，当时的国家环保总局积极响应，很快推出了《公众参与环境保护办法（试行）》，希望通过公众参与制度化，更好地保护环境。这是第一个明确规定公众参与环境保护的详细程序的文件②。国家环保总局是中国第一个在 2004 年 7 月通过的新的《行政许可法》的基础上颁布法规、实际举行公共听证会的部门③。也是第一个推出部门信息公开办法[《环境信息公开办法》（2007）]的政府部门。尽管在政府内部对民间力量的作用还有不同看法，但中国的最高领导层认识到，政府在应对范围广泛的新出现的社会和环境弊病、在中央政府不断减小规模而地方政府权力不断扩大的情况下，监督地方政府等方面需要公众的参与。中国的环保非政府组织是中国首先进行合法登记的社会团体，并迅速成为中国

---

① "Will Public Participation Help Environmental Protection?" *China Daily*, May 22, 2006.

② 《让"顶得住"的环保局长"站得牢"》，2006 年 5 月 22 日《人民日报》。

③ 《行政许可法》要求行政机关告知公民，他们有权在公开听证会上就任何影响他们的政府项目表达自己的意见（Tang et. al., 2005）。

民间社会团体最大的组成部分（近 2000 个）①。

　　快速有效的风险管理体系还需要有强大的技术支持。除了公众和非政府组织的参与，针对特定领域和问题建立专家库是应急预案的一个不可或缺的部分。应对紧急事件的决策必须基于科学依据。虽然在重大事故发生时，中央政府能够较容易地使用和调动专家资源，然而，在地方一级要获得这种技术支持是不太容易的。因此，有必要建立一个信息共享机制，将专家资源的益处最大化。此外，作为能力建设的一部分，研究人员需要通过针对性的研究，为风险的预防、准备、应对和修复提供各种技术方案。互联网技术的广泛应用使这些信息和技术的共享成为可能，例如：深圳龙岗开通了应急信息网②。配合应急预案的制定，一些政府或组织也开展了各种模拟紧急情况的演习，以增强实战能力③。

　　所有这些活动，包括提高认识、培训、建立新的办事处、招聘新员工和专家、安装监测系统和信息系统、研究技术对策和恢复措施，都需要资金、物资和人力投入。例如：南宁市已投入 1.7 亿元人民币建造一个应急系统，包括一个总指挥部和五个分部，占地面积约 1 万平方公里。这个高科技系统借鉴美国 911 系统的经验，通过与摩托罗拉的技术合作建成。不难计算如果整个中国都选择一个类似的系统将需要多少投资④。中国的风险管理体系建设必须与其他同样迫切的需要竞争资源。在第十一个五年规划纲要中有一章专门针对风险管理，希望这会带动这一领域更大的投资，因为现在的投资将会防止未来更大的损失。鉴于中国的有限资源，评估不同风险的重要性、确定孰先孰后是极为重要的。重点应

---

① Turner（2006）.

② 见 http：//www.ics.lg.gov.cn/default.asp。

③ 国家环保总局："Announcement on Observing Environmental Emergency Response Rehearse"（未查到中文篇名，意译为"关于开展环境突发事件应急演习的通知"——编注），http//：www.zhb.gov.cn；《淮河部分地区饮用水告急，环保总局启动环境应急预案》，2005 年 4 月 30 日《人民日报》；《解振华：环保指标纳入领导干部政绩考核》，新华网，2005 年 11 月 18 日。

④ "Nanning City Emergency Response Center：the First in China"，见 http：//www.nanning.gov.cn/，2004 年 8 月 9 日。

放在预防措施上，以避免应急和灾后恢复的巨大代价。例如：中国政府在事故发生后不得不拨出 266 亿元人民币（合 33 亿美元）来治理松花江的污染①。如果爆炸后立即实施更有效的应急预案，这笔费用本来可以节省下来。

显然，这对中国来说是一项艰巨的任务，迫切需要国际社会的援助。一方面，作为后起之秀，中国应借此机会向其他国家学习制定风险管理体系的经验。另一方面，国际合作也可以帮助中国减少研究和开发（R&D）活动的投资，避免重复同样的错误，改善跨界争端间的沟通。

## 二　突出环境风险的战略

可以说，目前的中国风险管理体系只是中国政府的一种应急反应。松花江事件不仅暴露了行业应急预案的缺陷，也体现了整个体制上的弱点，特别是地方政府保护主义、政府透明度不够、力不从心的环境执法部门②、政策的条块分割、缺乏全面协调的法律框架、在环境保护和风险管理中向公众宣传并保障公众参与的机制普遍缺乏，等等③。这些问题其实一直都困扰着中国环境保护工作和风险管理。虽然涉及风险管理时，诸如公众参与和信息自由等问题都被加以强调，但是在实践中，并没有真正改变已有的法律和体制。而要有效应对我们当前面临的风险，就必须对现有体制进行改革，否则亿万公民的安全就会受到威胁，社会可能更加动荡，甚至中国的经济奇迹可能会走向尽头④。所以，中国目前亟须调整并确立以预防为原则，通过优先考虑环境风险减少事故的发生和应对成本的风险管理战略。

值得高兴的是，2006 年 3 月，在全国人民代表大会和中国人民政治协商会议（政协）召开期间，公共事件管理这个问题，特别是环境安全，成为政治焦点。全国人民代表大会代表和政协委员都提出议案，强调环

---

① 《我国将投入 266 亿元治理松花江全流域水污染》，2006 年 1 月 8 日《北京青年报》。
② 国家环保总局只有不到 300 名员工。
③ Turner（2006）.
④ Economy（2006）.

境安全的战略意义，包括：要求建立一个保障国家安全的综合协调机构，强调环境安全，进一步增强环保总局的执法力度，加强环境应急反应的纵向、横向协调和立法等等①。虽然没有直接生成法律条款，这些呼声表明了在风险管理一体化和环境安全优先次序方面积极的体制对话。作为2008年3月第11届全国人民代表大会批准的一整套机构改革的一部分，国家环保总局提升至环境保护部的地位。这表明，高层决策者充分认识到环境安全的重要性以及它与其他部门的关系。当然，将这种政治意愿在地方各级转化为实际的政治和体制改革并不是一件会自动发生的事情。虽然当前的形势对建设中的风险管理体系的影响还不清晰，但为环保部在环境保护和风险管理中的重新定位提供了机遇。

　　环保部及其新任部长也的确紧跟这一形势。在一次讲话中，部长称"科学发展观……使我的工作有了一个非常有力的武器，只要使用好这个武器，我就不会引咎辞职"。部长还表示，不惜任何代价发展经济的方式正在发生变化②。借松花江事件的推动，国家环保总局将任务清单列入2006年工作计划，其中包括改善环境法规的执行、建立早期预警系统和应急预案、落实报告环境事件的措施，以及监测潜在的主要污染源。为此，国家环保总局一直将重点放在环境影响评价制度的执行、污染负荷总量控制、调查和惩处官员，以及促进这一领域的公众参与和国际合作③上。

　　在强化环保部在风险管理中的作用的同时，也必须充分认识环境风险的性质及其与其他风险的关系。这就意味着环保部需要调整其在中国风险管理中的立场，战略性地加强同其他部门的沟通，将对环境风险的管理渗透到其他风险的管理中。否则，环保部自身的努力只能达到有限的成效，而且它将始终忙于应对源于其他领域的问题而导致的事件，充当替罪羊。环保部可以考虑通过以下三个方面的努力，提高其在整体风

---

① 《环境问题成为两会热点》，中国环境新闻网，2006年3月7日。

② Lindsay Beck, "China Warns of Disaster if Pollution not Curbed"，参见 http://www.planetark.org/dailynewsstory.cfm/newsid/35596/story.htm，2006-03-13.

③ "Guiding Principals for Environmental Protection in China"（未查到中文篇名，意译为"全国环保工作要点"——编注），中国环境新闻网，2006年2月16日；参见环发〔2006〕8号，《国家环保总局关于印发〈2006年全国环保工作要点〉的通知》（2006年1月16日）。

险管理体系中的地位和影响力：积极推进建立综合风险管理体系的立法；切实落实公众参与环保的制度化；制定本部门对内和对外的交流计划。

虽然 2004 年修订的宪法为制定有关一般风险管理的其他法律奠定了良好基础，但要在综合风险管理体系中体现出环境风险管理的战略地位，还需要在应急法中有明确的依据。此外，目前的环境保护法需要进行修订，以应对日益严重的环境风险，以及快速的工业化进程。只有在这一法律框架下，才能够整合环境教育、各级政府的环境责任、信息自由，以及发展规划和项目的环境影响评价中的公众参与。因此，所有其他专项环境法应当把风险管理作为一个不可分割的组成部分。由于环境事故可能涉及环境安全评估、紧急状态的宣布，在某些情况下，还涉及军队的调动和外交沟通，因此，也有必要由全国人民代表大会常务委员会或国务院为此审批通过专门的法规①。鉴于这些考虑，环保部应借此机会，向立法机关提出一个更加完整的建议，使得环境保护和环境风险管理在法律上成为所有其他部门责任的一部分。这样，环保部和地方环保局才能够实现职能的转变，集中精力在法规的执行上，并对其他机构的执行情况实施监管。

体现公众参与原则和公众知情权已经是世界各国环境保护立法的共同趋势②。虽然这也是中国环境法的原则之一，但是，无论是在《宪法》中，还是在《环境保护法》中，它从来也没有被明确界定或制度化。这导致公众（不论是个人，或是社会组织）往往在环境管理中缺位。环保部应当通过与大众媒体、非政府组织和环保活动家密切合作，继续加大支持更多公众参与的呼声。这一策略也将有助于环保部进行环境监测和监督。

加强公众参与并不意味着削弱政府在风险管理中的职责。相反，近年来事故的日益频发，向根深蒂固的行政传统、态度和做法都提出了挑战。为了应对这一点，最近已颁布一系列新的政策措施，以确保大型公共工程的集体决策、专家支持系统、公开听证和公告、信息公布以及对责任方进行调查。环保部也在采取新的措施，保障环境影响评价中的公

---

① Chang, "Problems and Countermeasures" (2006).

② Chang, "Foreign Experience in Environmental Legislation" (2006); Environmental Law Network International, *International Environmental Impact Assessment* (Bingen: ELNI, 1997).

众参与，继续落实将环境指标列入官员工作业绩考核中①。事实上，2006年4月环保总局已经修改了"环保模范城市"的评定标准，增加了一个环境事故的应急反应能力指标，它将在评价过程中拥有否决权②。这些都是非常积极、适时的举措。

　　沟通是一个组织能够用来实现目标的重要工具，但是在中国，一项政策或一个项目实施时，沟通计划常常被忽略。如果环保部要进一步推动综合协调的风险管理体系的建立，那么接下来的步骤应该是：（1）分析所要实现的目标；（2）明确沟通在实现目标中的作用；（3）确定目标群体；（4）确定沟通目标；（5）确定沟通策略/想要传递的信息；（6）确定沟通手段；（7）制定预算；（8）组织；（9）实施；（10）评估。许多沟通方法可用来实现具体目标。例如：定期民意调查；分析媒体报道内容；与非政府组织、利益团体和科研机构保持联络；与利益团体和新闻媒体安排定期信息发布、采访和会议；参与风险管理的各种培训等。将现有的环境保护国家部际联议会进一步正规化，并把环境安全问题纳入其讨论，也将是非常有益的。结合"审计风暴"③和"环保风暴"④的力量，也能够使环保部用更少的资源产生更大的影响。

　　中国的风险管理体系的建设还处于初始阶段，仍有许多工作需要做，同时也为推动环境改革带来了机遇。环保部应借此机会，推动中央政府进行一场真正的变革，真正落实科学发展观。

# 结　　论

　　正如罗伯·斯沃特（Rob Swart, 1996）在十多年前所预测的："'常

---

① 新华网（2005）。

② 国家环保总局：《环境保护行政主管部门突发环境事件信息报告办法（试行）》，2006。

③ 2004年国家审计署发布的对政府官员腐败、政府预算滥用等敏感问题的审计报告在社会上引起很大震动，许多高级官员在这场"审计风暴"中落马。参见 http://www.xinhuanet.com, 2004年12月28日。

④ 2005年，30多个大型建设项目由国家环保总局叫停，因为它们没有进行环境影响评估。此后，国家环保总局加强了它对主要潜在污染企业的审查。这些行动被称为"环保风暴"。参见 http://www.xinhuanet.com, 2005年9月28日。

规发展模式'所带来的与环境有关的安全风险不仅在增加，而且我们在多年后才会充分了解它们对社会、经济、政治和体制条件的影响和对环境造成的后果"。除了政治、社会和经济因素，环境问题对公众造成的危害越来越大。中国必须即刻行动起来应对高速现代化过程中产生的种种风险。如果说面对非典（SARS）时中国政府还没有应对突发事件的经验，松花江的化学泄漏事故则表明：中国急需建立自己高效的风险管理体系，不仅对突发事件能快速应对，更重要的是防止事故发生。

越来越多的人认识到制定一个更全面综合的风险管理战略的重要性①。虽然中国各级政府、部门和组织在很短的时间内就迅速制定了应急预案，但只有预案是不够的。我们需要采取具体行动，建立一个国家突发事件应急信息平台，制定并实施培训和宣传计划，投资研究和发展，建立专家小组，等等。除此之外，必须提高整个社会对环境风险的意识和责任。对环境安全越来越多的关注为环保部和环保局开辟了新的空间进行运作。目前的风险管理体系正在形成中，环保部应该积极行动，引导形势发展的方向，支持政府在政策整合和体制改革方面的努力。

---

① "SARS与政府公共政策"课题组：《突发性公共事件中的政府应急能力建设——源于 SARS危机的思考》，东北财经大学公共政策研究中心（2003）。

# 政策的误导：广州市排放控制措施、机动车辆尾气排放与公众健康之间相互的薄弱联系

李煜绍　卢永鸿　李家贤[*]

## 导　言

　　20 世纪 90 年代中期以来，珠江三角洲地区所有主要城市的汽车数量均以前所未有的速度激增。2001 年，广州市每 1000 人就有 42.27 辆机动车（包括轿车和摩托车）。到 2005 年，这一数字上升至每 1000 人有 78.48 辆（表 1）。除了地处偏远、落后地区的河源市，珠三角地区所有城市自 2001 年以来所记录的汽车拥有率均远远高于全国的平均水平。汽车数量快速增加导致的最主要的不利环境后果之一就是空气污染物的种类和数量的增加。

　　伴随 90 年代中期以后工业的快速增长，汽车数量的激增已经导致广州市大气中氮氧化物的浓度大幅提高。1984～1996 年期间，广州市的年平均氮氧化物浓度从 0.06 毫克/立方米增加到 0.152 毫克/立方米[①]。在广州市的楼宇密集区，车辆排放对大气中氮氧化物的贡献从 20 世纪 90 年

[*]　李煜绍、李家贤，香港大学地理系；卢永鸿，香港理工大学管理及市场学系。
　　通信地址：中国香港薄扶林道香港大学；电子邮箱：leey@hku.hk。
[①]　邵敏、张远航："Current Air Quality Problem and Control Strategies for Vehicular Emissions in China"，*Manuscript*（2001），参见 http://walshcarlines.com/china/china.airquality.minshao.pdf。访问日期：2007 年 7 月 20 日。

表 1　机动车的人均数量（辆/1000 人）

| 地区＼年份 | 2001 | 2002 | 2003 | 2004 | 2005 |
|---|---|---|---|---|---|
| 广　州 | 42.27 | 48.46 | 58.14 | 69.11 | 78.48 |
| 深　圳 | 48.56 | 59.01 | 66.89 | 81.02 | 90.63 |
| 珠　海 | — | 45.04 | 51.81 | 59.28 | 73.35 |
| 佛　山 | 38.39 | 45.19 | 54.92 | 62.77 | 71.66 |
| 河　源 | 7.27 | 8.99 | 7.56 | 9.03 | 12.30 |
| 惠　州 | 19.92 | 22.36 | 20.23 | 23.87 | 29.59 |
| 东　莞 | — | — | — | — | 60.70 |
| 中　山 | — | — | — | — | 76.92 |
| 江　门 | 22.65 | — | — | — | 33.96 |
| 全　国 | 13.78 | 15.68 | 18.05 | 20.22 | 23.62 |

注："—"无法获得。
资料来源：作者使用各种统计年鉴报告的数字计算出来的。

代末的38%提高至2002年的53%[1]。事实上，进入21世纪以来，广州市大气中的氮氧化物浓度均名列全国前茅[2]。人类接触氮氧化物可能会造成或加剧许多呼吸道疾病，如哮喘和支气管炎，也会加剧其他的健康问题，如心脏病。

与氮氧化物密切相关的次生污染物臭氧，也成为珠江三角洲地区主要城市的一个严重空气污染问题。广州市大气中存有的大量挥发性有机化合物，在适当的日照条件下会与大气中的氮氧化物产生反应形成光化学烟雾，这会对肺功能产生有害影响并造成呼吸道及其他疾病[3]。最近的

[1] 陈清泰、冯飞等：《迎接中国汽车社会（前景·问题·政策）》，中国发展出版社，2004。
[2] 《珠江三角洲环境保护规划》编委会：《珠江三角洲环境保护规划》，中国环境科学出版社，2006，第121页。在中国大多数城市，汽车构成45%～60%氮氧化物排放来源、40%～90%挥发性有机化合物排放来源、约80%～90%一氧化碳排放来源，参见 M. Wang, Y. Jiang, D. He, and H. Yang, "Toward a Sustainable Future", W. Zhou and J. Szyliowicz eds, *Energy, Environment and Transportation in China* (Beijing: China Communication Press, 2005)。鉴于我国的车辆生产技术、路面情况、城市的驾驶周期，广州车辆的排放浓度，平均而言，远远高于西方。
[3] 张远航、邵可声、唐孝炎、李金龙：《中国城市光化学烟雾污染研究》，《北京大学学报》（自然科学版）1998年Z1期。

研究显示，汽车尾气是广州市挥发性有机化合物最大的排放来源，造成广州大气中含有 50% 以上的挥发性有机化合物①。在 2000 年，广州市、深圳市、佛山市及中山市的臭氧浓度达到 0.30 ~ 0.37 毫克/立方米，是国家标准水平的两倍以上②。最新的研究进一步表明珠江三角洲地区细颗粒污染物的环境微粒浓度越来越高，表明细颗粒污染物正迅速成为比常见的大颗粒污染物更为严重的空气污染问题③。细颗粒污染物与过早死亡和一系列严重的健康问题息息相关。有关研究表明，广州市的空气细颗粒物浓度近年来已经达到美国环境保护局空气质量标准限值的两倍④。

因珠江三角洲不断扩大的都市带内所有的主要城市所产生的新污染物，已经形成了区域性的空气污染问题，特点就是能见度降低到 10 公里或以下（见表 2）的灰霾天数的逐步增加⑤。持续激增的灰霾天问题已经引发越来越多公众的关注，特别是珠江三角洲地区机动车辆尾气排放对健康的负面影响问题。这些关注给当地政府带来更多的政治压力，要求其采取控制措施来缓解这个问题。根据 2001 年在广州市所进行的民意调查结果，64.3% 的受访者认为，汽车尾气排放已经成为一个严重问题⑥。到了 2003 年，持这一看法的受访者的比例更上升到 79.2%⑦。

---

① Y. Liu, M. Shao, S. H. Lu, C. C. Chang, J. L. Wang, and L. L. Fu, "Source Apportionment of Ambient Volatile Organic Compounds in the Pearl River Delta, China: Part II". *Atmospheric Environment* 42 (2008).

② 《珠江三角洲环境保护规划》编委会：《珠江三角洲环境保护规划》，第 122 页。

③ 《珠江三角洲环境保护规划》编委会：《珠江三角洲环境保护规划》，第 122 页。$PM_{2.5}$ 是比 $PM_{10}$ 更为严重的一个问题，因为前者可以深入肺组织，造成重大健康危害，例如：心脏病、改变肺功能及肺癌。

④ Y. Liu, M. Shao, L. L. Fu, S. H. Lu, L. M. Zeng, D. G., Tang, "Source Profiles of Volatile Organic Compounds (VOCs) Measured in China: Part I". *Atmospheric Environment* 42 (2008).

⑤ 例如：2001 年，广州一年中只有 56 天被归类为灰霾天。3 年后的 2004 年，这一统计数据达到最高的 142 天，2007 年才逐渐减少到 131 天。2007 年，东莞是珠三角地区所有城市中灰霾天数最多的，为 213 天。

⑥ 《环保民意调查显示广州最严重的污染是尾气》2003 年 6 月 21 日《新快报》，参见 http://www.gzepb.gov.cn/was40/detail? record = 511&channelid = 5785&back = - 5。访问日期：2008 年 3 月 26 日。

⑦ 事实上，2001 ~ 2005 年，广州市民连续 4 年将汽车尾气污染放在环境问题的（转下页注）

表 2　珠三角城市灰霾天的数字

| 地区 \ 年份 | 2001 | 2002 | 2003 | 2004 | 2005 | 2006 | 2007 |
|---|---|---|---|---|---|---|---|
| 广　州 | 56 | 65 | 87 | 142 | 132 | 123 | 131 |
| 深　圳 | 95 | 82 | 133 | 176 | 135 | 151 | 159 |
| 佛　山 | 174 | 123 | 159 | 170 | 130 | 152 | 146 |
| 东　莞 | 32 | 35 | 154 | 190 | 165 | 203 | 213 |
| 肇　庆 | 88 | 63 | 85 | 91 | 86 | — | — |
| 中　山 | 26 | 37 | 26 | 17 | 14 | — | — |
| 惠　州 | 3 | 1 | 6 | 5 | 19 | 9 | 11 |

注："—"无法获得。

资料来源：Huang,"Smog Will be Included in Air Quality Assessment"。

　　在公众日益关注珠江三角洲地区机动车辆尾气排放问题的背景下，本文将以广州市作为个案研究，探索若干个相互关联的问题：广州市政府为解决日益严重的机动车辆排放问题采取了哪些排放控制措施？针对公众健康的考虑对采取这些措施有什么影响？鉴于这些措施到目前为止已经实施了若干年，它们控制机动车辆尾气排放以及臭氧等相关污染物的成效如何？

　　中国城市的空气污染管制措施主要依据国家环境保护部所制定的空气污染监控制度，但这个监控制度却一直有意或无意地忽略、淡化了机动车尾气排放对环境影响的严重程度。通过对广州市空气污染控制措施的范围、目标以及工作重点的详细分析，我们查证到广州市空气污染控制战略的总主旨被国家环保部所制定的监控制度无意地误导了。在制定相关政策和措施时，广州市很少考虑到城市空气污染特征的变化。因此，现时广州市的空气污染监控政策未能有效针对日益严重的机动车尾气污染的问题。广州市所采取的一系列监控空气污染的措施并没有紧扣该市机动车尾气排放日趋严重的情况，即所谓的"政策输出/结果"（policy output）没有紧扣"政策问题"（policy problem）。这两个环节之间的薄弱关系说明了中国在界定环境污染问题和制定相对应的政策时所存在的普遍失误。在

（接上页注⑦）首位：《七成市民忧心汽车尾气污染》，金羊网，2005 年 8 月 3 日，参见 http://www.ycwb.com/gb/content/2005-08/03/content_953405.htm。访问日期：2008 年 3 月 26 日。此外，在 2001 年的调查中，市民认为汽车尾气污染危害身体最大的比例为 48.3%，到 2004 年则上升为 66.5%，参见周玉芬、鸣义《调查：汽车已成为新的污染源，市民不满突出》，人民网，2004 年 12 月 24 日，参见 http://202.99.23.208/BIG5/huanbao/1073/3077499.html。访问日期：2008 年 3 月 26 日。

仔细探讨广州市监控空气污染的个案前，我们将评述公共政策研究中有关执行失误这一普遍问题的理论观点和分析架构，以期从中得到启示。

## 一　"执行差距"（implementation gap）的理论框架

政策执行失误和"执法差距"（enforcement gap）是公共政策研究学者关注的主要问题①。一般来说，"执行差距"源于"政策目标"（policy goal）和"政策结果"（policy outcome）两者之间出现的差异②。学界的焦点一直关注政策执行阶段或监管执法的过程，在这一阶段或过程中，由于存在某些制度上的制约，地方行政机构和它们的执法人员无法实现政策和法律制定者的政策目标或管理意图③。

---

① M. Lipsky, *Street-level Bureaucracy* (New York：Sage, 1980); K. Hawkins, *Environment and Enforcement：Regulation and the Social Definition of Pollution* (Oxford：Oxford University Press, 1984); H. S. Chan, K. K. Wong, K. C. Cheung, and J. M. K. Lo, "The Implementation Gap in Environmental Management in China：the Case of Guangzhou, Zhengzhou, and Nanjing". *Public Administration Review* 55 (1995); P. Lowe, J. Clark, S. Seymour, and N. Ward, *Moralizing the Environment* (London：UCL Press, 1997); M. Meyers, B. Glaser, and K. MacDonald, "on the Front Lines of Welfare Delivery：Are Workers Implementing Policy Reforms?" *Journal of Policy Analysis and Management* 17 (1998); A. Weale, *The New Politics of Pollution* (Manchester：Manchester University Press, 1992); S. Fineman, "Street-level Bureaucrats and the Social Construction of Environmental Control". *Organization Studies* 19 (1998); S. Fineman, "Enforcing the Environment：Regulatory Realities". *Business Strategy and the Environment* 9(2000); M. Janicke, "Conditions for Environmental Policy Success：an International Comparison". *The Environmentalist* 12 (1992); L. J. O'Toole, "Implementing Public Programs", J. L. Perry ed., *Handbook of Public Administration* (San Francisco：Jossey-Bass, 1996).

② E. Bardach, and R. Kagan, *Going by the Book：The Problem of Regulatory Unreasonableness* (Philadelphia：Temple University Press, 1982); C. Diver, "A Theory of Regulatory Enforcement". *Public Policy* 28 (1980); Hawkins, *Environment and Enforcement：Regulation and the Social Definition of Pollution*; Fineman, "Street-level Bureaucrats and the Social Construction of Environmental Control"; M. K. Sparrow, *The Regulatory Craft：Controlling Risks, Solving Problems, and Managing Compliance* (Washington, DC：Brookings Institution Press, 2000).

③ J. Firestone, "Agency Governance and Enforcement：the Influence of Mission on Environmental Decision-making". *Journal of Policy Analysis and Management* 21 (2002); Meyers, Glaser, and MacDonald, "on the Front Lines of Welfare Delivery：Are Workers Implementing Policy Reforms?"; Lowe, Clark, Seymour, and Ward, *Moralizing the Environment*; J. P. Richards, G. A. Glegg, A. Cullinane, and H. E. Wallace, "Policy, Principle, and Practice in Industrial Pollution Control：Views from the Regulatory Interface", *Environmental Management* 29 (2002).

环境保护中"执行差距"的现象在过渡型的经济体系中尤为突出和普遍。在新兴快速工业化和城市化的国家，污染类型和结构每每变化迅速，以至于几十年甚至几年前为应对这些问题所设定的整体战略很快就会过时。此外，由于经济发展和环境保护两个经常相互抵触的政策目标所引发的价值观冲突，政策制定者为制定一套具有最佳效益的政策选择时通常都面临很大的困难①。这种严峻的形势由于体制的限制而进一步趋于复杂化，例如政府机关在环境保护方面解决问题的能力有限②；支持环境政策制定和立法的基础设施欠完善③④；公众参与的渠

---

① G. Schramm and J. J. Warford eds., *Environmental Management and Economic Development* (Baltimore：The John Hopkins University Press，1989)；C. Bartone，J. Bernstein，J. Leitmann，and J. Eigen，*Toward Environmental Strategies for Cities：Policy Considerations for Urban Environmental Management for Developing Countries* (Washington，DC：The World Bank，1994)；D. O'Connor，*Managing the Environment with Rapid Industrialization：Lessons from the East Asia Experience* (Paris：OECD，1994)；World Bank，*World Development Report* (New York：Oxford University Press，1992)；G. Hughes，*Can the Environment Wait? Priorities for East Asia* (Washington，DC：The World Bank，1997)；G. T. Kingsley，B. W. Ferguson，B. T. Bower，and S. R. Dice，*Managing Urban Environmental Quality in Asia* (Washington，DC：The World Bank，1994)；M. T. Rock，*Pollution Control in East Asia：Lessons from the Newly Industrializing Economies* (Washington，DC：Resources for the Future，2002).

② W. A. Ross，"Environmental Impact Assessment in the Philippines：Progress，Problems，and Directions for the Future". *Environmental Impact Assessment Review* 14 (1994)；C. Wood，*Environmental Impact Assessment：A Comparative Review* (London：Longman，1995)；J. E. Hardoy，D. Mitlin，and D. Satterthwaite，*Environmental Problems in Third World Cities* (London：Earthscan Publications Ltd，1992)；D. Struligross， "The Political Economy of Environmental Regulation in India". *Pacific Affairs* 72 (1999).

③ S. Pargal，and D. Wheeler，"Informal Regulation of Industrial Pollution in Developing Countries：Evidence from Indonesia". *The Journal of Political Economy* 104 (1996)；U. Desai，ed.，*Ecological Policy and Politics in Developing Countries：Economic Growth，Democracy，and Enforcement* (Albany，NY：State University of New York Press，1998)；N. Dasgupta，"Environmental Enforcement and Small Industries in India：Reworking the Problem in the Poverty Context". *World Development* 28(2000)；M. G. Faure，*Environmental Issues for Environmental Legislation in Developing Countries* (The Netherlands：The United Nations University，1995)；World Bank，*World Development* Report (Washington，DC：Oxford University Press，1995).

④ 这个问题在中国环境风险管理中也很普遍：L. Zhang，and L. J. Zhong， "Integrating and Prioritizing Environmental Risks in China's Risk Management Discourse"，*Journal of Contemporary China* Vol. 19，No. 63，2010 (未发表).

道受到限制①；分管环境保护的政府机构之间相互协调和相互支持的机制
发展不健全等②。因此，政策意图和实际的环保行动之间的差异几乎不可
避免，并且成为一个普遍的现象。

　　自从大约 30 年前中国开始实施经济改革和加快工业增长的战略以
来，已经有大量的文献和研究探讨环境监管执法中执行差距问题③。关注
政策执行和执法行动的一组研究将执法部门未能有效地进行执行和执法
行动的问题主要归咎为缺乏制度上强大的支持和存在植根于中国权力分
割结构的官僚阻力④。另一组研究则将政策执行和监管失败的问题归咎为

---

① J. Boyle, "Cultural Influences on Implementing Environmental Impact Assessment: Insights from Thailand, Indonesia, and Malaysia". *Environmental Impact Assessment Review* 18 (1998); J. O. Kakonge, "EIA and Good Governance: Issues and Lesson from Africa". *Environmental Impact Assessment Review* 28 (1998); A. Cherp, "EA Legislation and Practice in Central and Eastern Europe and the Former USSR: a Comparative Analysis". *Environmental Impact Assessment Review* 21 (2001); H. Weidner, "Capacity Building for Ecological Modernization: Lessons from Cross-national Research". *Amercian Behavioral Scientist* 45 (2002).

② K. Provan, and B. Milward, "Do Networks Really work? a Framework for Evaluating Public-sector Organization Networks". *Public Administration Review* 61 (2001).

③ L. Ross, "The Implementation of Environmental Policy in China: a Comparative Perspective". *Administration and Society* 15 (1984); L. Ross, *Environmental Policy in China* (Bloomington and Indianapolis: Indiana University Press, 1988); D. M. Lampton ed., *Policy Implementation in Post-Mao China* (Berkeley, CA: University of California Press, 1987); L. Ross, and M. Silk, *Environmental Law and Policy in the People's Republic of China* (New York: Quorum Books, 1987); A. R. Jahiel, "The Contradictory Impact of Reform on Environmental Protection in China". *The China Quarterly* 149 (1997); K. E. Swanson, R. G. Kuhn, and X. Wei, "Environmental Policy Implementation in Rural China: a Case Study of Yuhang, Zhejiang". *Environmental Management* 27 (2001); S. Y. Tang, C. P. Tang, and C. W. H. Lo, "Public Participation and Environmental Impact Assessment in Mainland China, Taiwan: Political Foundations of Environmental Management". *The Journal of Development Studies* 41 (2005).

④ Chan, Wong, Cheung, and Lo, "The Implementation Gap in Environmental Management in China: the Case of Guangzhou, Zhengzhou, and Nanjing"; B. J. Sinkule, and L. Ortolano, *Implementing Environmental Policy in China* (Westport, Connecticut: Praeger, 1995); X. C. Ma, and L. Ortolano, *Environmental Regulation in China: Institutions, Enforcement and Compliance* (Lanham: Rowman & Littlefield Publishers Ltd, 2000); S. Y. Tang, C. W. H. Lo, and G. E. Fryxell, "Enforcement Styles, Organizational Commitment, and Enforcement Effectiveness: an Empirical Study of Local Environmental Protection Officials in Urban China". *Environment and Planning A* 35 (2003); 杨伯起、俞伟波、陈水勇、陈焕、吕一锋：《当前环境行政执法中存在的问题及其对策》，《中国环境管理》1999 年第 3 期；B. Rooij, "Implementing Chinese Environmental Law through Enforcement", J. F. Chen, Y. W. Li and J. M. Otto eds, （转下页注）

中国政策和法律的决策全过程均缺乏协商和解决利益冲突的机制，这就造成大多数政策和法规在地方上执行困难①。

第三种对中国"执行差距"的解释指出，尽管有关部门认真执行政策或法规，现有的政策可能仍无法有效地解决相关的问题，因为它未能充分反映问题的变化和结构变化，并进行及时的响应②。这一观点认为，中国环境政策执行失败的困境主要来自对大气污染问题的"政策取向"（policy orientation）和"政策输出"之间的差异③。换言之，早年制定的现有污染控制政策，例如城市排放控制策略，已经不能够充分应对所面临的挑战，因为城市空气污染的结构和特点都在经历迅速的转变或已经经历了一个根本的转变④⑤。

---

（接上页注④）*Implementation of Law in the People's Republic of China*（The Hague：Kluwer Law International，2002），pp. 149 – 78.

① K. G. Lieberthal，and M. Oksenberg，*Policy Making in China：Leaders，Structures，and Processes*（Princeton，NJ：Princeton University Press，1988）；C. W. H. Lo，G. E. Fryxell，and W. W. H. Wong，"Effective Environmental Regulation with Little Effect：the Antecedent of the Perceptions of Environment Officials on Enforcement Effectiveness in China"．*Environmental Management* 38（2006）；B. Rooij，*Regulating Land and Pollution in China：Law Making，Compliance，and Enforcement，Theory and Cases*（Leiden：Leiden University Press，2006）.

② Lo，Fryxell，and Wong，"Effective Environmental Regulation with Little Effect：the Antecedent of the Perceptions of Environment Officials on Enforcement Effectiveness in China"；Rooij，*Regulating Land and Pollution in China：Law Making，Compliance，and Enforcement，Theory and Cases*；Weale，*The New Politics of Pollution*；M. S. Tanner，*The Political of Lawmaking in Post-Mao China：Institutions，Processes，and Democratic Prospects*（Oxford：Oxford University Press，1998）.

③ 政策和问题的不协调可能也是由于出现了一种新的解决问题的政策角度。最值得注意的是，作为环境保护工作首要政策取向的"可持续发展"的普遍采用，使得控制和补救措施为基础的管理制度不适合解决新界定的环境问题，参见 S. Baker，M. Kousis，D. Richardson，and S. Young eds.，*The Politics of Sustainable Development：Theory，Policy and Practice within the European Union*（London：Routledge，1997）。

④ 例如：在快速城市化的国家，主要废水来源由生活废水取代了工业废水，这就使得以工业为主导的污染控制法规对控制和减少水体污染的总体意图没有效力，甚至与之毫不相干，参见 Hardoy，Mitlin，and Satterthwaite，*Environmental Problems in Third World Cities*。

⑤ 这个问题也被中国的环境风险管理部门发现。尤其是用于解决早期风险的传统风险评估和管理方法已经不能应对新近涌现的风险和它们变化的社会环境的日益增长的复杂性，参见 L. Zhang，and L. J. Zhong，"Integrating and Prioritizing Environmental Risks in China's Risk Management"，*Journal of Contemporary China* Vol. 19，No. 63，2010（未发表）。

本文的其余部分将要论证广州市城市排放控制措施与城市快速增长的车辆排放之间的薄弱联系是第三种"执行差距"的生动体现。这主要源于广州市有关当局没能充分认识和接受污染形势变化的事实：车辆尾气已经成为城市污染的一个日益重要和显著的来源。由此导致无法意识到车辆排放对市民健康的影响。事实上，广州只在1988年进行过一次系统性的研究，从流行病学的层面考察车辆排放对健康的影响。鉴于过去10年汽车排放量的大幅增长，在车辆排放对健康影响方面的知识和认识是极其有限和过时的。因此，政府官员在制定舒缓城市日益恶化、变化的空气污染问题的具体措施时，对公众健康问题的考虑往往是出于直觉而不一定是科学结论。在深入探讨广州市解决车辆排放工作中所出现的"执行差距"的原因之前，我们将简略地回顾珠江三角洲地区城市空气污染不断变化的特点。尽管我们现时对城市大气污染变化对健康的影响的了解还很匮乏，本文仍会根据现有的资料简略探讨这方面的情况。

## 二　城市排放量及其对健康的影响

珠江三角洲地区城市快速增长的车辆排放量及其引起的灰霾天的增加对中央和地方政府提出了前所未有的挑战。几十年来，中国大多数城市的空气污染问题都是由工业、市政、公用设施和家庭燃煤引发的[1]。这样的城市空气污染主要是由煤烟组成，悬浮粒子和二氧化硫为空气污染物的主要类型[2]。因此，政府在20世纪80年代决定解决这一问题时，所制定的控制城市空气污染措施的目标，以及落实这些措施的制度安排整体设计，都是着眼于减少发电厂和工厂等固定点源的二氧化硫排放量。通过对污染工业的搬迁、以污染系数较低型的燃料作为替代、加强对分区条例的实施、

---

[1] J. Banister, "Population, Public Health and the Environment in China". *The China Quarterly* (*Special Issue：China's Environment*) 156 (1998)；韩明霞、过孝民：《我国城市的大气污染及其对居民的健康影响》，《城市规划》2006年第6期。

[2] B. H. Chen, C. J. Hong, and H. D. Kan, "Exposures and Health Outcomes from Outdoor Air Pollutants in China". *Toxicology* 198 (2004)；X. P. Xu, L. H. Wang, and T. H. Niu, "Air Pollution and Its Health Effects in Beijing". *Ecosystem Health* 4 (1998).

对流动和固定来源提出更高的排放标准，以及城市规划工作的改善等措施，大多数城市的环境中总悬浮颗粒物和二氧化硫水平都呈现下降的趋势[1]。广州市的二氧化硫排放量在 1998~2005 年间就下降了 67.2%[2]。

然而，尽管总悬浮颗粒物和二氧化硫——与固定点源相关的主要两个污染物——的浓度由于政府的控制措施已经降低，但是氮氧化物和臭氧污染——主要与移动源相关——正在蔓延和恶化[3]。城市空气污染的构成正在发生根本性的转变，尤其是在汽车使用量快速增长的城市更是明显。和煤炭燃烧相关的工业空气污染正越来越多地被车辆排放污染取代或被复杂化[4]。珠江三角洲地区城市的汽车拥有量以两位数的速度增长，车辆行驶里程数的增长率甚至更高，因而这些城市全都处于排放转型的过程中。如图 1 所示，三角洲地区所有城市都在以不同的速度，从非车辆排放量为主的城市空气污染的 A 点，移动到车辆排放占城市排放总数大部分份额的 B 点。鉴于此，就目前而言，虽然二氧化硫和总悬浮颗粒物等以工业为基础的污染物仍然占很大比重，但氮氧化物浓度和臭氧污染的巨大增幅为该地区的决策者提出了一个新的、复杂的问题——风险叠加[5]。

车辆污染与煤炭污染的叠加，使得新近形成的氮氧化物和光化学灰霾与传统的二氧化硫和颗粒污染物产生相互作用，从而导致中国城市的居民要面对一系列复杂、加剧化的公众健康风险[6]。虽然相当数量的文献

---

[1]  Chen, Hong, and Kan, "Exposures and Health Outcomes from Outdoor Air Pollutants in China".

[2]  广州环境保护局，"广州市环境保护'十一五'规划"（2006），参见 http://www.gzepb.gov.cn/hjgl/xmygh/gh/200702/t20070201_46543.htm。访问日期：2008 年 4 月 12 日。

[3]  Chen, Hong, and Kan, "Exposures and Health Outcomes from Outdoor Air Pollutants in China".

[4]  阚海东、陈秉衡：《我国部分城市大气污染对健康影响的研究 10 年回顾》，《中华预防医学杂志》2002 年第 1 期；张远航、邵敏、俞开衡编著《机动车排放、环境影响及控制：以广州市为例》，化学工业出版社，2004；M. P. Walsh, "Can China Control the Side Effects of Motor Vehicle Growth?" *Natural Resources Forum* 31（2007）.

[5]  V. Brajer, and R. W. Mead, "Valuing Air Pollution Mortality in China's Cities". *Urban Studies* 41（2004）.

[6]  R. W. Mead, and V. Brajer, "Rise of the Automobiles: the Cost of Increased $NO_2$ Pollution in China's Changing Urban Environment". *Journal of Contemporary China* 15（2006）；Walsh, "Can China Control the Side Effects of Motor Vehicle Growth?".

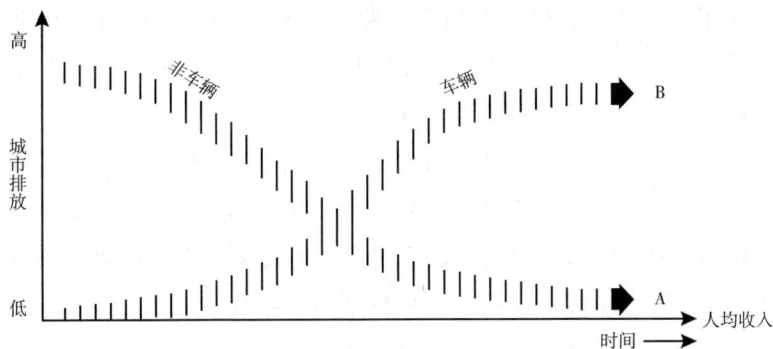

**图1　城市排放的转型**

讨论了城市空气污染对死亡率和发病率的影响，但是大多数研究集中于传统的二氧化硫和总悬浮颗粒物等污染物①。只有少数的研究考察了车辆排放的诸如氮氧化物、一氧化碳和碳氢化合物等污染物对健康的影响②。

---

① Xu，Wang，and Niu，"Air Pollution and Its Health Effects in Beijing"；S. A. Venners，B. Y. Wang，Z. G. Peng，Y. Xu，L. H. Wang，and X. P. Xu，"Particulate Matter，Sulfur Dioxide，and Daily Mortality in Chongqing，China"．*Environmental Health Perspectives* 111（2003）；Y. H. Zhang，W. Huang，S. J. London，G. X. Song，G. H. Chen，L. L. Jiang，N. Q. Zhao，B. H. Hen，and H. D. Kan，"Ozone and Daily Mortality in Shanghai，China"．*Environmental Health Perspectives* 114（2006）；Shanghai Academy of Environmental Sciences，"Transportation Situation and Traffic Air Pollution Status in Shanghai：Vehicle Emissions Control and Health Benefits；Technical and Policy Barriers to Sustainable Transport"（2005），参见 http：//www. efchina. org/csepupfiles/report/2007122104729297. 64926299020726. pdf/ TPO_ situation&TrafficAirPollution_ in_ SH_ EN. pdf. 访问日期：2007 年 8 月 2 日；X. Y. Xu，D. G. Yu，and X. P. Xu，"Air Pollution and Daily Mortality in Shenyang，China"．*Archives of Environmental Health* 55（2000）；徐肇翊、金福杰：《辽宁城市大气污染造成的居民健康损失及其货币化估计》，《环境与健康杂志》2003 年第 2 期；C. Y. Peng，X. D. Wu，G. Liu，T. Johnson，J. Shah，and S. K. Guttikunda，"Urban Air Quality and Health in China"．*Urban Studies* 39 （2002）.

② Mead and Brajer，"Rise of the Automobiles：the Cost of Increased $NO_2$ Pollution in China's Changing Urban Environment"；Shanghai Academy of Environmental Sciences，"Transportation Situation and Traffic Air Pollution Status in Shanghai：Vehicle Emissions Control and Health Benefits；Technical and Policy Barriers to Sustainable Transport"；彭希哲、田文华、梁鸿：《上海市空气污染造成人群健康经济损失的研究》，《复旦学报（社会科学版）》2002 年第 2 期；S. H. Ye，W. Zhou，J. Song，B. C. Peng，D. Yuan，Y. M. Lu，and P. P. Qi，"Toxicity and Health Effects of Vehicle Emissions in Shanghai"．*Atmospheric Environment* 34 （1999）.

同时，也很少有研究去探讨城市中可吸入颗粒物和细颗粒物对健康的影响。一个主要原因属技术原因：中国颗粒物的监测指标历来是总悬浮颗粒物，因此，一直缺乏对细颗粒物级分的测量①。

迄今为止，广州市只在 1988 年进行了一项研究，研究人员通过城市环境监测站来考察车辆排放对健康状况的影响②。以现时的政策制定和评价为目的，这项研究有很明显的局限性，因为它是在车辆排放仍然是城市总排放量的一个次要因素时所进行的。根据市环境监测站的数据，从那时起的 20 年内，广州市只在 2000 年和 2004 年分别进行了两项研究，用来衡量城市整体空气污染对人体健康的影响。然而，这两项研究的报告并没有公布于众。

虽然广州市和中国的其他地区明显缺乏车辆排放对健康的具体影响的科学数据，但是其他国家的研究已经表明，氮氧化物、臭氧和细颗粒物与过早死亡和各种呼吸道疾病及其他疾病相关③，欧洲和美国的空气质量指标测量这些污染物，并为这些污染物设定限制标准④。民意调查收集的证据明确表明，对这种影响的公众意识和公众关注有所增加，而在过去 10 年中，公众意识与三角洲地区汽车数量的指数增长直接成正比。这些对健康问题的公众关注，相对于其他因素，在什么程度上对制定广州车辆废气排放控制措施起了决定性作用？要有效地剖释这个问题就必须探究广州市一直采用的排放监控措施。

## 三　广州市的城市排放控制措施

广州市排放控制措施的范围和重点，受到市政府 1998 年争取"国家

---

① J. Li, S. K. Guttikunda, G. R. Carmichael, D. G. Streets, Y. S. Chang, and V. Fung, "Quantifying the Human Health Benefits of Curbing Air Pollution in Shanghai". *Journal of Environmental Management* 70 (2004).

② 颜丽英、刘振彬、陈旸、黄新民：《广州市汽车尾气污染对居民健康影响研究》，《生态科学》1991 年第 2 期。

③ OECD, *Motor Vehicle Pollution: Reduction Strategies Beyond 2010.* (Paris: OECD, 1995).

④ J. Colls ed., *Air Pollution.* Second Edition (London and New York: Spon Press, 2002); T. Godish ed., *Air Quality.* Fourth Edition (Boca Raton, London, New York, and Washington, DC: CRC Press LLC, 2004); M. L. Williams, "Patterns of Air Pollution in Developed Countries", S. T. Holgate, J. M. Samet, H. S. Koren and R. L. Maynard, eds., *Air Pollution and Health* (London and San Diego: Academic Press, 1999), pp. 83 – 104.

环保模范城市奖”的决定的深远影响。截至 2007 年，共有 72 个城市和直辖市获得“环保模范城市”的荣誉称号①。广州于 2006 年 11 月符合所有评估要求，并于 2007 年 2 月成为“环保模范城市”②。1998～2007 年，广州市政府制定了一系列短期、长期的环境目标，以推动城市实现与 27 个“环保模范城市”评估指标相关的基本要求③。例如 1999 年确定了 2941 个工业企业排放的 12 种空气和水污染物，市政府要求这些企业在 2000 年之前，按照省级标准和国家“环保模范城市”评估标准的规定，来降低污染物的排放水平④。

在市一级，作为系统的持续工作的一部分去引导城市环保绩效实现所有 27 个“环保模范城市”评估标准，2005 年制定了 9 个主要规划目标，并于随后实施了 7 个重点环保项目，以帮助实现这些目标⑤。在七个重点环保工程中，只有一个把重点放在空气质量方面。它被称为“蓝天项目”，并确定了广州市最新城市排放控制措施的总体方向和内容。需要指出的是，这些控制措施也不例外的旨在减少二氧化硫的排放量，皆因二氧化硫长期被中央和地方政府作为城市地区优先进行处理的污染物。

---

① 国家环境保护总局在全国开展了创建国家环境保护模范城市活动，目的就是要“建成若干个经济快速发展、环境清洁优美、生态良性循环的示范城市”，树立一批经济、社会、环境协调发展的城市典范，探索城市实施可持续发展战略的有效途径。“创模十周年：创建国家环境保护模范城市活动”（2007），参见 http：//big5. mep. gov. cn/gate/big5/www. sepa. gov. cn/ztbd/cm10/。访问日期：2008 年 7 月 7 日。

② 广州市创建国家环境保护模范城市领导小组：《广州市 2007 年度国家环境保护模范城市可持续改进工作报告》（2008），参见 http：//big5. mep. gov. cn/gate/big5/www. mep. gov. cn/cont/mhcity/2007mfcs/guangzhou/200805/t20080506_ 122160. htm. 访问日期：2008 年 6 月 30 日。报告发布于 2008 年 4 月。国家环境保护总局：《关于授予广州市国家环境保护模范城市称号的决定》（2007），参见 http：//www. sepa. gov. cn/info/gw/huangfa/200702/t20070214_ 100918. htm。访问日期：2008 年 7 月 10 日。

③ 广州环保模范城市规划组：《广州市创建国家环境保护模范城市规划纲要》，2006。

④ 优先考虑控制二氧化硫排放量，保持水中有机污染物的最大化学需氧量（COD）。袁丁、李慧燕、卢真伟：《古城谋变提出“创模”求解困，广州告别灰色经济》，2006 年 11 月 21 日《南方日报》，参见 http：//city. finance. sina. com. cn/city/2006 - 11 - 21/77487. html. 访问日期：2008 年 4 月 18 日。

⑤ 广州市人民政府：《广州市创建国家环境保护模范城市工作报告》（2006），参见 http：//www. mep. gov. cn/cont/mhcity/cmcsxx/gzbg/200612/t20061213 _ 97277. htm. 访问日期：2008 年 6 月 30 日。广州环保模范城市规划组：《广州市创建国家环境保护模范城市规划纲要》。

　　在"蓝天项目"的旗帜下，广州市政府为解决城市排放问题采取了五套措施，第一套措施，2003～2005 年，市政府共投资 12 亿元人民币，为 38 个企业装备了脱硫技术，以达到每年减少 4.6 万吨二氧化硫排放量的目标。要求燃煤电厂必须安装烟气脱硫系统，规定 56 个工业企业定期接受政府的检查，以确保其排放量不超过规定的限度。据报道，这些措施已促成二氧化硫排放量持续降低，从 2005 年的 14.9 万吨降至 2007 年的 10.05 万吨，降幅为 33%[①]。除了技术革新之外，将工厂迁至市郊的规划也使得二氧化硫排放量大幅削减的目标成为可能。为了减少制造商的总数，以及促进市中心内第三产业的发展，1998～2005 年底，市政府强制关闭了 147 个高污染行业，或将其迁至城市建成区以外[②]。

　　车辆尾气是第二套城市排放控制措施的重点。1998 年，广州市率先在全国颁布了防止和控制机动车排放的市级法规。于 2004 年制定了致力于控制车辆排放量的详尽的管理计划，并付诸实施，为市政府提供了到 2010 年为止解决这一问题的路线图。这一管理计划所取得的成效包括：公共巴士及出租车大规模转用液化石油气，以及车辆废气排放路边检测结果的改善，其通过率从 2000 年的 74.8%，上升至 2005 年的 85.4%[③]。

　　第三套措施的目的是控制悬浮粒子的排放，主要对象是来自建造业的扬尘。市政府加强了经营者对裸露地面的管理办法，包括建筑工地及专门用于存放建筑材料的露天场地等。这些场地都要实施扬尘缓解措施，如喷水、表面覆盖等。交通繁忙的街道也要在白天定时清扫，以消除道路交通所产生的粒子[④]。

　　第四套控制措施针对的是整个城市的餐馆所产生的油烟排放。虽然

---

① 广州市人民政府：《广州市创建国家环境保护模范城市工作报告》；广州市创建国家环境保护模范城市领导小组：《广州市 2007 年度国家环境保护模范城市可持续改进工作报告》。

② "'青山绿地蓝天碧水'工程回眸：'绿色广州'脱颖而出"，新华网（2006 年 9 月 20日），参见 http://news.xinhuanet.com/environment/2006 – 09/20/content_ 5112699. htm。访问日期：2008 年 7 月 8 日。

③ 广州市人民政府：《广州市创建国家环境保护模范城市工作报告》。

④ 广州市人民政府：《广州市创建国家环境保护模范城市工作报告》。

这种类型的排放主要影响的是街道层面的空气质量，但是它们却排在居民投诉榜的首位。1998 年启动的一个全市范围的工程项目，为商业企业提供管道天然气，到 2006 年底，促成 8532 家餐馆改用诸如天然气和液化石油气等清洁燃料①。更重要的是，到 2006 年，对餐馆厨房的排气扇系统实行了严格的检测计划，包括在大约 150 个"关键点"的餐馆安装在线监测机制，以确保其符合排放标准，从而使得市民对此类企业的投诉减少了 42%②。

市政府采取的第五套城市减排行动与整个城市推广使用清洁能源有关。1998 ~ 2006 年期间，广州市政当局投资了 12.4 亿人民币，建设必要的基础设施，例如生产、储存和运输设施，以协助城市建成区的个体住户推广使用清洁燃料。到 2003 年，91.9% 的市区家庭已经安装了城市天然气的供应系统。同时，又安装了集中水暖系统，取代并淘汰了城市高密度住宅区小型燃煤锅炉。据市政府有关当局的报告，截止到 2005 年，广州每年减少的二氧化硫排放量相当于 11.5 万吨的煤炭消耗③。

当 2007 年广州被授予"环保模范城市"荣誉称号时，市政府仍然深信，城市排放控制战略的重点，应当继续围绕着减少二氧化硫的排放量④。虽然他们已经开始认识到，一氧化碳、二氧化氮和氮氧化物等汽车排放正在增加，并且需要关注，但是，他们仍然将二氧化硫排放的控制放在优先地位。针对固定点源的二氧化硫排放控制措施仍然优先于针对移动源的其他措施。虽然越来越多的证据表明，汽车排放已经成为城市排放的一个主要来源，但是，广州的环境管理人员仍然坚持认为，二氧化硫排放量的减少应当继续成为城市排放控制措施的重中之重，究其原因，我们有必要探讨这些官员制定决策的关键考虑因素。

---

① 广州市人民政府：《广州市创建国家环境保护模范城市工作报告》。
② 广州市人民政府：《广州市创建国家环境保护模范城市工作报告》。
③ 广州市人民政府：《广州市创建国家环境保护模范城市工作报告》。
④ 广州市创建国家环境保护模范城市领导小组：《广州市 2007 年度国家环境保护模范城市可持续改进工作报告》。

## 四　形成广州市城市排放控制策略的因素

全面评估广州市城市排放控制措施的有效程度超出了本文的讨论范畴。然而，为了研究广州市城市排放控制措施和车辆排放之间的联系，我们有必要对制定一套以科学为基础的城市空气污染控制策略的基本要求有一些初步了解。一个控制城市排放的科学驱动的策略，需要建立一个城市空气质量模型。相应的，建立一个城市空气质量科学模型的第一步包括：（1）汇编空气质量数据以突显其整体特性；（2）建立一个空气污染物排放清单。排放清单的一大特色是全面性，它覆盖了所有主要空气污染物，并确定所有主要排放源。利用这两套数据而产生的科学模型才能够使决策者了解城市空气污染控制措施的优先次序和战略重点。

然而，广州甚至整个三角洲地区都没有建立排放清单。[①] 能够从公开途径获得的中国城市排放资料，并没有提供全面的市级空气污染的构造和成分。而从研究报告中也只能找到中国城市排放的零碎数据。例如一项研究表明，20 世纪 90 年代末，在中国典型城市，车辆排放占氮氧化物排放量的 45%～60% 以及一氧化碳的 85%[②]。根据各类来源的信息，表 3 汇总了中国几个主要城市车辆产生的排放量占城市总排放量的比例。

珠江三角洲地方政府官员是如何在没有空气污染物排放清单作为参考的情况下制定城市空气污染的控制措施的呢？我们发现，广州市过去10 年左右采取的城市排放控制措施，明显受到两个方面力量的影响：自上而下的力量——从前的国家环境保护总局，以及自下而上的力量——市民群众。

---

① Liu, Shao, Lu, Chang, Wang, and Fu, "Source Profiles of Volatile Organic Compounds (VOCs) Measured in China; Part I".

② M. P. Walsh, "Transportation and the Environment in China". *China Environment Series* No. 3 (1999).

**表3　路面交通的排放量在城市总排放量中所占的比例（部分城市）**

单位：%

| 城　市 | 年　份 | 一氧化碳 | 碳氢化合物 | 氮氧化物 |
|---|---|---|---|---|
| 北　京 | 1995 | 76.8 | — | 40.2 |
| | 1997 | 63.4 | 73.5 | 46.0 |
| | 1998 | 82.7 | — | 42.9 |
| | 2000 | 76.8 | 78.3 | 40.0 |
| | 2002 | 63.4 | 73.5 | 46.0 |
| 重　庆 | 1997 | 79.5 | 42.0 | 77.0 |
| | 2002 | 85.8 | 36.6 | 86.3 |
| 广　州 | 1995 | 84.8 | — | 42.3 |
| | 2000 | 83.8 | 50.0 | 45.0 |
| | 2002 | — | — | 53.0 |
| 上　海 | 1995 | 76.0 | 93.0 | 44.0 |
| | 1997 | 86.0 | 96.0 | 56.0 |
| | 2002 | 87.0 | 97.0 | 74.0 |
| 深　圳 | 1999 | — | — | 64.9 |
| | 2004 | 94.5 | 70.6 | 64.9 |
| 西　安 | 1999 | — | — | 69.7 |
| | 2002 | 98.6 | — | 69.7 |

注："—"无法获得。

资料来源：J. M. Zhao. "Can the Environment Survive China's Craze for Automobiles?", *Plunging into the Sea: the Complex Face of Globalization in China*. The University of Montana, 2004; K. B. He, H. Huo, and Q. Zhang, "Urban Air Pollution in China: Current Status, Characteristics, and Progress". *Annual Review of Energy and the Environment* 27 (2002); K. Jraiw. "Clearing the Air: Vehicle Emission in the PRC" (2006), 参见 http://www.adb.org/AnnualMeeting/2002/media/vehicle_ emissions.asp. 访问日期: 2006 年 12 月 18 日; "70% of Chinese Cities Fail to Meet the Air Quality Standard, Motor Vehicle as the Main Source of Pollution", *Xinhua Net*(4 July 2004), 参见 http://news.xinhuanet.com/newscenter/2004 – 07/04/content_ 1569562. htm. 访问日期: 2007 年 7 月 6 日; 徐晓玲: 《国内机动车排气污染及防治对策》, 《能源工程》2000 年第 3 期; 关共凑等: 《佛山市禅城区机动车排放污染分担率研究》, 《佛山科学技术学院学报: 自然科学版》2006 年第 1 期; 陈长虹、方翠贞、戴利生: 《上海市机动车排污状况与污染控制战略》, 《上海环境科学》1997 年第 1 期; 王立柱等: 《济南市机动车污染物排放量及分担率计算分析》, 《山东内燃机》2003 年第 2 期; 王亚娥等: 《机动车尾气排放对兰州市大气环境影响分析》, 《环境工程》2003 年第 3 期; 张丹宁等: 《南京市机动车排气污染现状分析》, 《环境监测管理与技术》2004 年第 5 期; 珠海环境保护局, "The Vehicle Emission Pollution Status of Zhuhai City, and Control Measures/ Tentative plan" (2004), 参见 http://www.cse.polyu.edu.hk/ ~ activi/MoVE2004/pub_ frame. htm. 访问日期: 2006 年 11 月 15 日; 陈清泰、冯飞等: 《迎接中国汽车社会（前景·问题·政策）》, 中国发展出版社, 2004。

　　如前所述，2001～2005 年，广州市民连续几年将车辆排放列为首要的环境问题。具体来讲，20 世纪 90 年代末，市民对公共汽车排气管排出的尾气深恶痛绝，并将排气管戏谑为"移动烟囱"。虽然公共汽车仅占城市机动车辆的 1.15%，它们的尾气排放却占城市污染物排放约一半①。20世纪 90 年代后期以来，广州市连续几任市长对公共汽车排放所引发的强烈公众舆论作出了直接回应，将包括公共汽车、出租车在内的公共交通工具尾气排放的控制作为重点任务。到 2006 年初，由于政府的行动主要针对公共汽车公司、出租车公司，72% 的公共汽车和 65% 的出租车被转换为以液化石油气为燃料的车辆②。换言之，在广州市公共交通部门所实施的燃料转换方案主要是市高级政府官员对公众舆论默认的结果。没有任何证据表明，这一决策是完全或部分基于公共交通尾气排放占城市总排放量的科学分析。

广州市城市排放控制策略形成的过程中，比公众压力更强大的一个因素，可以追溯到 1998 年，市领导作出报名参加国家环保总局"国家环境保护模范城市方案"（以下简称"模范城市方案"）的决定。自从广州市致力于实现"模范城市"的目标以来，这座城市的整体环境方案和项目都不可避免地要去符合"模范城市方案"评价参数的基本要求。在总共 24 个指标中，有一个指标——在总体环境质量的综合分类下形成——规定可以接受的城市空气质量门槛标准为"一年中空气污染指数的数值低于 100 的天数不低于 80%"③。但是，机动车尾气排放总量并没有被列入"模范城市方案"的评价框架之内。

城市环境空气质量这一唯一指标——空气污染指数的数值——规范了广州市环保局的资源调配和政策构思，使其将重点放在解决城市环境空气污染问题方面。各项城市排放缓减措施都集中去实现同一个目标：将每天的空气污染指数数值控制在 100 以下。空气污染指数的数值在国家层面上是由国家环境保护总局界定的，它只包括城市空气质量的三个

① W. M. Yang, "A Special Report on Guangzhou's Efforts to Become a National Environmental Protection Model City". *Zhujiang Environment News*, 2006.

② W. M. Yang, "A Special Report on Guangzhou's Efforts to Become a National Environmental Protection Model City". *Zhujiang Environment News*, 2006.

③ 《广州市创建国家环境保护模范城市规划纲要》（2004），参见 http：//www.gzepb.gov.cn/hjgl/xmygh/200402/t20040210_40799.htm. 访问日期：2008 年 4 月 12 日。

细分指标：即二氧化硫、二氧化氮及可吸入悬浮粒子的环境浓度，鉴于此，整治工作只集中于降低这三类空气污染物的数值。换言之，在"模范城市方案"评价框架的规定下，广州市的整体城市空气污染控制策略已经受到空气质量指数化的严重影响。对空气污染指数数值的关注，使得政府官员的注意力仅仅局限于二氧化硫、二氧化氮和可吸入悬浮粒子的浓度。因此，不经意地，迅速出现的车辆造成的污染问题，如氮氧化物、一氧化碳和臭氧等，实际上几乎完全被整个控制政策体系忽略了。

广州市城市环境综合质量定量自我评估的年度工作进一步加强了对三个指定空气污染物的关注。国家环保总局规定，广州市环保局需要每年根据 28 个指标对其业绩进行自我评估[①]。这些指标中的前四个指标，涉及每天的空气污染指数数值和二氧化硫、二氧化氮、可吸入悬浮粒子的浓度数值，基本上与"模范城市方案"评价框架的参数相同。因此，从广州市环保局的角度来看，它所采取的环境空气污染控制措施，实现规定的数值目标，如每天的空气污染指数、二氧化硫、二氧化氮、可吸入悬浮粒子浓度的数值，是最为重要的。事实上，在制定未来环保行动的第十一个五年规划（2006～2010）时，广州再一次为自己定下了相同的指标——全年空气污染指数数值小于 100 的天数——以制定其城市排放控制计划[②]。

广州市环保局有选择性地仅仅对三种类型的空气污染物进行监测和报告，给不知情的普通居民带来了一个有趣而又令人费解的现象：虽然广东省气象局报告，最近几年各大城市灰霾天的数量不断增加，表明环境空气质量正在恶化，然而广州市环保局却称，该市的空气质量在近年来不断改善！根据官方的空气污染指数统计数据，2006 年，广州市该年度 90% 以上的天数的空气质量被评定为"良好"或"优秀"（表4）。但是，根据省气象局的数据，广州市在同一年内有 1/3 左右的天数实际上是被笼罩在灰霾中的。

---

① 《广州市 2007 年城市环境综合整治定量考核结果公示》（2008），参见 http://www.gzepb.gov.cn/hjgl/sqsyck/200804/t20080410_ 51710.htm。访问日期：2008 年 4 月 12 日。

② 《广州市环境保护"十一五"规划》。

表4　依据空气污染指数（API）统计计算出来的广州市的空气质量

单位：天

| 年　　份 | 2001 | 2002 | 2003 | 2004 | 2005 | 2006 |
|---|---|---|---|---|---|---|
| 优　　秀 | 90 | 75 | 61 | 38 | 76 | 114 |
| 良　　好 | 263 | 255 | 253 | 266 | 256 | 220 |
| 微　污　染 | 12 | 31 | 40 | 60 | 29 | 30 |
| 轻度污染 | 0 | 4 | 8 | 2 | 4 | 1 |
| 中度污染 | 0 | 0 | 2 | 0 | 0 | 0 |
| 高度污染 | 0 | 0 | 1 | 0 | 0 | 0 |

资料来源：广州市环境保护局，《广州环境质量统计报告》，2007。

　　城市空气质量的这两项评定办法——空气污染指数数值和灰霾天数量——之间的矛盾，在省气象局2006年中期正式启动公共预警系统报告"气象卫星紧急情况"之后更加突显出来。2006年9月20日，省气象局第一次发出"黄色"灰霾警报——表明该市空气中细颗粒物的浓度级别非常高——警告居民采取措施，避免过多的户外活动。然而，这一警告被广州市环保局的官员立刻驳回。他们称灰霾主要是一种气象现象，试图否认灰霾与空气污染之间的任何联系，进而很自然地利用官方的空气污染指数数值断言，广州市的总体环境空气质量为"良好"[①]。

　　2008年10月，由于广东省政协委员会行使其权力，以舆论向有关当局施压，在一个委员会的重要成员的质询下，广东省环保局终于承认，环保局的城市空气质量监测系统把灰霾造成的污染原因排除在外[②]。这是环保官员第一次公开承认，他们的空气质量监测系统在监测范围、内容和技术能力上是有缺陷的。为了消除政协成员的忧虑，他们承诺将与省气象专家紧密合作，建立一个新的、综合监测系统，提供全面、准确的广州市城市空气质量的信息。新的、综合监测系统的详情仍未披露。然而，该综合监测系统据称将监测广州市所有主要的空气污染物，包括固定源和移动源的空气污染物，显然，所建议的这一系统最终将会消除两个政府机构所发布的两套空气质量数据相互抵触的问题。

①　Yuan, Li, and Lu, "'Model City Program' Saves Guangzhou from the 'Grey' Economy".
②　黄蓉芳：《灰霾将纳入空气质量评价》，2008年10月8日《广州日报》A2版。

# 结　论

广州市日益增多的车辆排放和城市排放控制措施之间关系的分析表明，国家和城市层面上的环境管理体制变革大大滞后于珠江三角洲地区已经发生，而且仍在发生的社会和环境的快速变化。1996年，工业污染是中国许多城市主要的大气污染原因，中央政府监测及控制城市空气污染导向系统恰当地选出三种类型的空气污染物——二氧化硫、二氧化氮以及可吸入颗粒物——责令地方当局处理。国家环保总局当时规定的，并应用于全国的城市环境空气质量标准已变相成为实际上的评价参数，对地方政府的环境规划产生了很大的影响。

然而，20世纪90年代中期以后，迅速增长的机动车带来新的空气污染问题，例如氮氧化物、一氧化碳、挥发性有机化合物和臭氧。不幸的是，到目前为止，它们都不在政府城市的空气质量监测网络之内。地方当局未能认识到，或不愿意接受这类新空气污染日益增强的重要性，是导致中国城市排放控制措施执行差距的一个关键因素。虽然一些中国的研究人员最近指出，大都市地区的大气污染形势已经发生了很大变化[①]，因此，国家环保总局的城市空气质量标准已经过时，甚至可能很快就与城市空气质量保护行动无关，但是，至今为止，仍然没有实际的行动去修改或更新现时的标准和措施。

广东省环保局最近承认，鉴于车辆排放增加，它的空气质量监测系统在范围和覆盖面上存在不足之处，这标志着地方当局为补救系统缺陷迈出了重要的第一步。将新的源于机动车的空气污染物全数纳入改善后的城市空气质量监测网络，人们就有望获得城市污染物排放的准确和全面的信息，更好地评估其对健康的潜在影响，调整控制策略的总体目标。这意味着，在充裕的时间下，如果公众舆论能够继续直接或间接地影响控制措施的制定，政策问题和政策成果之间的执行差距将会逐步缩小。

---

① 姚忆江等：《城市灰霾天年夺命三十万，专家吁严防雾都劫难重演》，2008年4月3日《南方周末》，参见 http://magazine.sina.com.tw/nfweekend/20080404/2008-04-03/ba50402.shtml。访问日期：2008年4月6日。

　　目前，由于受到具有高度选择性，并有些过时的城市空气质量监测和评价制度的误导，广州市的城市空气污染控制的总体战略在解决由发动机产生的新型污染物方面不是非常有效。在 2006 年，广州市环保局庆祝广州市实现了空气污染指数数值小于 100 的天数大于全年天数的 90%，并且利用这一统计数据去证明广州的空气质量有所改善。实际上，即使他们不是完全否认，也是在逃避一个事实，即城市的总体环境空气质量由于汽车污染的增加其实已经恶化了。广州市的车辆排放和城市排放控制措施之间的脱节，表明中央政府所制定的空气质量监测方法能够深深地影响地方政府的政策取舍和具体措施，甚至奉行到了即便出现了地方情况变化的明显证据也会置之不理的地步，当然也不会针对变化的情况制定有效的相关政策。

## 致　　谢

　　本文的研究由香港理工大学"香港与广东省的跨界环境保护"的项目资助（项目 a/c 号码：1 - BB05）。邓浩名协助研究。

# 环境健康与法律：美国经验借鉴

Alex Wang<sup>*</sup>

2007 年 11 月 21 日，中国正式发布了《国家环境与健康行动计划
（2007～2015）》，该行动计划提出了一系列的目标以建立一个节约能源、
环境友好的社会，解决危害人类健康的环境问题，推动可持续的经济与
社会的发展。[①] 在这些目标当中，第一条就是创建一套更完善的法律、法
规和标准体系，为加强政府监督，社会行为标准化，和支持百姓权利的
保护提供一个良好的法律支持。[②] 行动计划呼吁全面评估在 2007～2010 年
执行的现有与公众健康有关的法律、规定、条例和标准，以及在 2010～
2015 年生效的关于环境与健康的法律、规定、条例和标准。

初步研究表明中国目前的环境法律框架在大多数情况下并没有明确地
把环境污染与健康联系起来，也没有把保护公众健康当作一个首要目标。
从建立一个良好的法律框架、解决环境健康问题的优先事项安排以及行动
计划等方面也间接反映了上述问题。尽管如此，需要说明的是，中国环境

---

\* 美国自然资源保护委员会中国环境法项目主任，高级律师。
  通信地址：北京市朝阳区建外永安东里甲 3 号院通用国际中心（100022）；电子邮箱：
  awang@ nrdc. org。

① 参见李虎军（2007）；也可参见《国家环境与健康行动计划（2007～2015）》（以下简称
  "行动计划"）。

② 参见"行动计划"。

法律框架在减少环境污染方面具有保护人类健康免遭环境污染影响的可能性，这是通过中国现有环境法框架所规定的各类环保机制实现的，其中包括旨在减少大气、水、废物和噪音污染的特定法律规定。一些程序法，如《环境影响评价法》等，也用来评估（和减少）工业项目和政府规划的环境影响。一些非专门的环境法律也可能对环境健康产生影响。例如，《中国节约能源法》具有减少能源需求，减缓导致严重空气污染和健康风险的燃煤电厂的增长等的作用。《中国可再生能源法》有助于减少中国对燃煤电厂的依赖，并转向使用其他对环境健康影响更小的能源（如水电、太阳能、风能等）。

目前中国大多数环境法规对人体健康缺乏针对性，这是导致对环境健康关注不足且力度不够的一个可能原因。这一点也体现在中国要求进行监管的污染物以及监管程度方面。对中国环境管理制度的一个普遍看法是中国环境法律框架相对完善（在中国文献中也经常指出这一点），但是实施却有问题。这种说法只对了一部分。事实上，很多环境法规都充满了缺陷，所以即使执法充分，这些漏洞也会严重破坏法律。比如，法规中缺乏惩罚措施就难以引导工程在竣工前进行环境影响评价；又如，即便执行违反水污染防治法规的最高惩罚，都难以令违法成本高于守法成本。

毫无疑问，不遵守中国环境法的行为严重也是一个主要问题。中国的环境法是否能够产生实在的环境效益将取决于守法和执法的力度，而这两点正是中国非常薄弱的环节。环境执法机构面临的困境包括：工作人员严重缺乏、缺少资源、权力有限、地方政府施压、不允许环保限制经济发展等。同时，由于缺乏司法独立，投诉和信访热线负担过重使得公众很难摆脱各类违反环境法的行为的不利影响。更有甚者，一些专家质疑法律在中国近期内能否成为一种有效的工具，因为政府规划作为一种管理工具和这种结构内的激励机制仍在发挥主导作用。① 尽管如此，有关环境管理和法律实施的内容不属于本文讨论的范畴。

鉴于中国正在考虑创建一个促进健康保护的环境法律框架，因此，本文试图探讨中国可否以及如何借助法律框架的建立，促进环境健康。为此，需要对中国的法律体系进行更深层次的研究以识别其存在的差距

---

① 参见 Guttman（2007）。

和缺陷，进而提出有效的改革建议。本文是中国环境健康与法律国际交流项目的一部分，该项目的实施时间是 2007～2009 年。本文将初步讨论中国现有环境与健康法律机构，但是重点将是在美国使用的法律/监管机制的"工具箱"，这是在以后和中国法律体系作比较的基础。对中国现有的环境健康法律框架的研究是与本文包括的研究平行的，在本文写作时尚未结束。

## 一 "行动计划"的背景介绍

"行动计划"由卫生部和环境保护部（前国家环保总局）领导，由18 个部委和其他政府机构共同完成。世界卫生组织、联合国环境署和其他国际机构的呼吁是创建该计划的动力之一，另外一个主要的推动力是中国政府越来越认识到环境污染对健康带来的严重影响，以及这些影响对社会稳定的威胁。在行动计划的正式启动仪式上，卫生部监督局局长赵同刚发言时强调：在中国，有近 10 亿人居住地方的总悬浮颗粒物超过了世界卫生组织的标准，有超过 3 亿农村居民无法获得安全饮用水。前环保总局副局长吴晓青也指出与环境有关的投诉和所谓的"群体性事件"的增长速度在 30% 左右[1]。2007 年，卫生部宣布由于空气和水污染（以及食物添加剂和农药）导致的癌症死亡人数最高[2]。除了计划开展研究，建立环境与健康的法律框架外，行动计划也提出了建立公众健康体系的主要设想和计划，如建立环境健康监督和信息网络系统，风险警告和紧急事件警告系统，提高科研能力、全面协调能力和其他组织能力，以及加强公众意识等。

## 二 美国环境健康"工具箱"

约 23 个联邦环境法构成了美国环境健康法的基本框架。本文将考查一些重点的环境法令。美国经验被包括中国在内的众多国家采纳（结果有好有坏），因此可以通过对美国的实践经验和教训的总结，为中国进行

---

[1] "群体性事件"包括以下事件：向上级官员寻求帮助（上访）、集会、请愿、游行、示威和罢工。参见于德宝（2006）。

[2] Xie（2007）。

相关的法律框架完善提供参考和借鉴。比如，1970 年美国《国家环境政策法案》（NEPA）首次建立了环境影响评价的概念和流程，现在已经被100 多个国家采用。美国的经验在于它成功地减少了过去 40 年公众对一系列的空气传播、水传播和其他途径传播的暴露风险（比如，自从 1970 年以来，按照 6 个主要的标准，空气污染物数量减少了 50% 多）。同时，在这 40 年中，美国大多数的环境健康法在某些方面也仍然有严重的违规现象，执法困难仍然很大（比如，空气和水的质量远未达到目标，未能成功利用有毒物质控制法的工具），这些都对中国有指导性意义，借鉴美国的经验和教训有助于中国避免美国存在的问题。

为了回应民众日益提高的环境健康风险意识，也由于对环境风险的公众健康评估的推动，美国环境健康框架在过去的半个世纪内建立起来。一方面，学术界进行了很多针对具体的环境影响的科学研究，评估了环境变迁对公众健康的影响，推动了基于科学研究结果的公众健康影响的共识，并建立了识别和控制风险的方法[1]；另一方面，美国发生了一些激起民众关切的灾难性事件，如 1948 年宾夕法尼亚州多诺拉小镇大规模污染事件导致居民死亡；上述两方面因素推动了对空气污染监管的研究和发展。印度博帕尔毒气泄漏事件（导致 2000 多人死亡），以及之后的西弗吉尼亚联合碳化物公司的工厂事件，这两起事件促成了 1986 年《应急计划和社区知情权法案》的通过，以及由工业源有毒物质排放到环境的有毒物质排放清单数据库的建立。

在美国，专家和公众就最严重的环境健康风险是什么这个问题经常产生分歧[2]。例如，在一个排名比较中，美国环保署的专家把"有害废物场所"对人类健康的风险评为"中级至低级"，而民众却把这项评为最高级。某些特殊利益，比如工业或者公众利益，其影响立法的能力也会影响到哪些环境健康风险需要进行监管。在中国，针对环境健康风险的监管也将由一系列各不相同的势力和利益群体的影响来决定。鉴于发达国家已经积累了大量的处理工业社会的环境健康风险的历史资料，此外，

---

[1]  Johnson （2007），第 149 页。

[2]  Breyer （1993）.

**1948 年宾夕法尼亚多诺拉某个中午街上的烟雾**
( Pittsburgh Post-Gazette, all rights reserved. )

有关各种物质的健康影响方面的信息也广泛存在（例如世界卫生组织下属的国际癌症研究机构对人类恶性肿瘤风险评估的专题研究）①，所以现在的决策者不会像美国在监管早期那样缺乏有关潜在风险的科学信息。但是，需要认识到，政策制定者和立法界缺乏认识和处理环境健康事务的能力也许会限制中国专家和政府官员获得国际文献的能力，并可能成为对环境健康风险进行有效监管的一个障碍。因为政治体制、教育水平、经济发展程度以及通过媒体、网络、学校等渠道获得信息的情况不同，中国民众和政府的环境健康风险意识对环境健康法律法规的制定的影响方式可能与美国有所不同。此外，不同的行业影响水平（和政府或者政府官员的投资或者他们在工业中的经济利益）以及国际影响（例如，政府以及多边、学术、民间组织等）也会对环境健康的法律框架和行动计划的制定产生影响。所有这些因素也许会给中国的环境健康监管带来一个非常不同的环境。

---

　　① 参见示例 http：//monographs. iarc. fr。

# 三 美国环境法

美国的法律制度主要是通过监管各种媒介（如空气，水和食物）中的污染物以及有害物质或产品本身（如农药、有毒化学品和固体有害废物）来解决环境健康风险。

本文讨论的适用法律如下：

- 《清洁空气法》Clean Air Act（CAA）；
- 《清洁水法》Clean Water Act（CWA）；
- 《安全饮用水法》Safe Drinking Water Act（SDWA）；
- 《联邦杀虫剂、杀真菌剂和灭鼠剂法案》Federal Insecticide, Fungicide, and Rodenticide Act（FIFRA）；
- 《有毒物质控制法案》Toxic Substances Control Act（TSCA）；
- 《资源保护和恢复法案》Resource Conservation and Recovery Act（RCRA）；
- 《综合环境反应、赔偿和责任法》Comprehensive Environmental Response, Compensation, and Liability Act（CERCLA）；
- 《应急计划和社区知情权法案》Emergency Planning and Community Right to Know Act（EPCRKA）。

这一系列法律提出了一套广泛的法律工具以降低污染并减少人类健康风险，下述的一些特点值得注意。首先，在联邦一级发布的标准主要在州一级实施。此外，这些法律利用了各种机制和政策。有些利用了"以风险为基础的标准"，标准的设定是出于保护健康的必要，而不是考虑其他如成本或者可用技术等因素。有些则要求"以技术为基础的标准"，主要是考虑通过具体的技术可以实现的控制水平是什么。有些法案通过平衡物质的环境健康影响与监管的经济成本之间的关系来防止"不合理的风险"。另外还有"市场手段"，比如《清洁空气法》下规定的二氧化硫排污权交易制度等。污染控制投资是另外一个重要的机制，如《清洁水法》对废水处理设施的大型投资进行了规定。在某些情况下，"信息手段"也是一种方法，例如《应急计划和社区知情权法案》要求行业披露有毒排放信息，《安全饮用水法》要求把饮用水质量信息公布给公众。在有些情况下，某些物质是完全禁止的，比如禁止在汽油中使用铅，禁止在新的饮用水系统中使用铅管和焊料等。此外，这些法案的一个共同特点就是通过提供研究资金来促进对这些问题的了解和认识。

# 四　空气

美国《清洁空气法》是美国环境法律框架内解决公众健康环境威胁的主要工具之一。《清洁空气法》的一个明确的宗旨是：保护提高国家的空气资源质量，以改善公众健康与福祉，提高公众的生产能力①。

在选择受控的污染物以及监管水平过程中，该法案对公众健康给予了充分的关注②。该法案要求环保署确定"有证据危害公众健康或者福祉"的空气污染物，实现保护公众健康的目标。目前，有 6 种"标准"污染物：二氧化硫、二氧化氮、颗粒物（$PM_{10}$ 和 $PM_{2.5}$）、臭氧、一氧化碳和铅③。之后环保署被要求制定这些污染物的国家环境空气质量标准（NAAQS）。该法案要求制定两种不同的国家空气质量标准。基本标准制定的水平是要能够保护公众的健康，提供足够的安全保障，包括敏感人群的健康，如儿童、老年人和哮喘病患者。二级标准则要求能够保护公众的福祉，防止能见度降低、建筑损坏等。值得注意的是这些标准的制定并不是依据经济可行性和现有技术。

各州对达到以上标准负有主要责任。法案要求各州制定各州的实施计划（SIPs），并提出本州如何达到空气质量标准的方案。各州实施计划把各州划分为不同的空气质量控制地理区域。然后对各区域排放实施限制，使之符合空气质量标准。具体手段可以包括给固定的空气污染源，如工业烟囱、焚烧炉、工业锅炉、家用暖气炉等发放排放许可，同时也对各类移动源，包括汽车的排放等进行限制。

---

① 《清洁空气法》101（b）（1）。

② 《中华人民共和国大气污染防治法》中提到"保护人类健康"的目标时也包括类似的陈述，但它并不要求规范可能危及公众健康的所有污染物。该法中另外唯一一款提及人类健康的规定是要求如果发生危害人类健康的中毒或放射性事故时要采取相关的控制和通告措施（第 20 款）。

③ 参见 http：//www.epa.gov/air/urbanair。在自然资源保护协会（NRDC）法庭判决的命令下，EPA（美国环保署）于 1970 年代后期将铅增列为标准污染物。

法案包括一些针对超过国家标准的地区且空气质量严重恶化以及对没有达到国家空气质量标准的地区（非达标地区）的特殊限制和规定的条款。

除了 6 种标准污染物外，法案也对 188 种有害空气污染物（HAPs）提出了控制要求，包括苯、四氯乙烯、二氯甲烷等①。法案要求这些有害空气污染物来源使用最大可控制技术（MACT），这有助于新污染源和已有污染源能够在最大程度上减少空气污染②。在实践中，环保署考察每个工业部门表现最好的污染源的排放控制水平，这些污染源所使用的控制手段各异，如清洁工艺、控制设备和工作设备等，之后环保署将确定排放底线。如果 MACT 控制仍然对受风险影响最大的个人（与大多数人不同）产生超出相对严格水平的风险，那么则要求其采取额外的措施。这些以技术为基础的标准是在 1990 年作为修正案加入法案的，之前授权的是以风险为基础的两步走流程，也就是环保署首先确定在环境水平中有可能对健康有害的污染物，然后确定接受监管的排放来源，但是这种方法非常耗时，结果在 10 年中只对非常有限的有害空气污染物制定了监管条例。

除了为空气污染物和有害空气污染物设置以风险为基础的标准和以技术为基础的标准外，《清洁空气法》1990 年修正案建立了一个以市场为基础的"减限排"机制，为二氧化硫的排放创造了可交易的"配额"。这样一来，那些可以减排的电力公司就可以出售其未用完的配额，而其他的公司可以购买这些配额从而达到排放限制的要求。

对于移动污染源，《清洁空气法》规定了燃料的成分以及汽车等各类机动车辆的排放控制措施。1990 年修正案新加入了主要固定污染源——如制造商、电力公司和炼油厂——的操作许可要求。《清洁空气法》也禁止使用一些特别有害的物质，如用四乙铅做汽油添加剂。

《清洁空气法》的遵守情况低于预期。1977 年和 1990 年的两次重大修正就是为了解决持续不断的严重违规现象。到 2000 年，美国仍有一亿多人生活的县的臭氧或 $PM_{2.5}$ 超过了国家空气质量标准③。即使如此，《清洁空气法》中的 6 种标准污染物的总排放在 1970 ~ 2005 年间下降了 53%

---

① 参见 http：//www.epa.gov/ttn/atw/orig189.html。
② 《清洁空气法》112（d）（2）。
③ 美国环保署：《国家空气质量最新调查结果——2006 年年度数据和趋势》。

（见图 1 和图 2），而 GDP 在同期增长了 195%，汽车行驶里程增加了 178%，能耗提高了 48%，人口增长了 42%[1]。虽然部分排放的降低要归功于经济结构的改变、能效的提高和其他因素，但是人们普遍认为《清洁空气法》在其中发挥了重要的作用[2]。

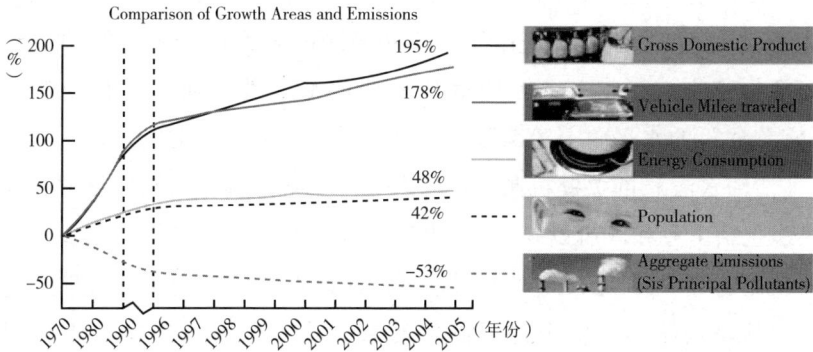

Comparison of Growth Areas and Emissions

**图 1　美国排放比较（1970～2005）**

资料来源：http：//www. epa. gov/airtrends/econ-emissions. html。

U. S. National Air Pollutant Emissions Estimates，1970 – 2005（fires and dust excluded）（millions of tons per year）。

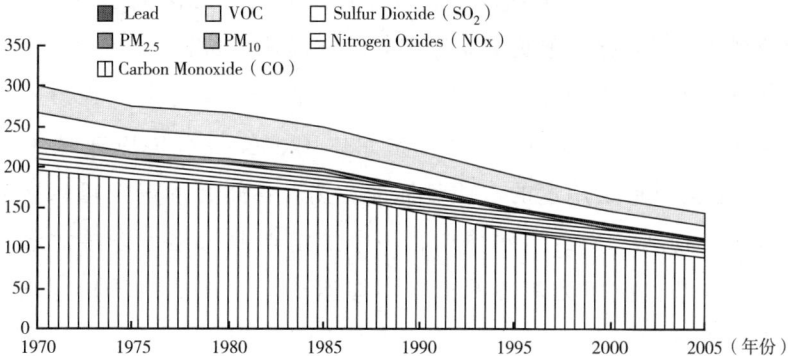

**图 2　美国排放预计（1970～2005）**

资料来源：http：//www. epa. gov/airtrends/econ-emissions. html。

---

① 尽管混合工业向轻工业的结构调整和向其他国家转移污染工业起到了相当大的作用，但这一成绩应主要归功于执法的强化。

② 参见 Johnson（2007），第 197～211 页。

# 五　水

影响公众健康的水传播污染物主要通过美国《清洁水法》和《安全饮用水法》进行规定和限制。《清洁水法》（CWA）是对排放到水域的污染物进行规定的最重要的法律。1972 年的修正案规定：（1）在 1985 年实现污染物零排放；（2）在 1983 年中期使水质量达到"适宜钓鱼"和"适宜游泳"的水平。上述期限早已过期，但目标仍未实现。

《清洁水法》的关键机制是控制点源污水向可航行的水域排放，这些污染源包括工业和政府设施，在 1987 年的修正案中又包括了工业和城市雨水溢流。CWA 规定：除非得到许可，任何点源污水向美国可航行的水域排放都是违法的。整个许可制度的名称是美国国家污染物排放削减（NPDES）许可证制度。排放标准是结合以技术为基础的标准和以风险为基础的标准规定的。起初，直到 1977 年，工业部门才利用最佳实用控制技术对排放进行了一般程度的控制。在 1989 年后，工业部门被规定使用可得的最佳可行技术（BAT），这种技术同时在经济上也是可行的。这些标准是一种基础。每一个点源污染许可将按照污染源的大小、毒性、可得的控制技术以及接收航道的水质和规模进行具体规定。

在决定每一个污染源可以排放多少污染物的问题上，各州首先被要求确定某一水体的具体用途（比如休闲、公共水供应或者工业水体），确定实现指定用途的水质量标准。然后各州必须确定可以排放多少某种污染物到一个给定水体中，一个给定点源污染可以排放多少污染物等。如果以技术为基础的标准不够达到已制定的水质量标准，各州则被要求设置一个最大日负荷量（TMDL），以保障可以达到水质量标准。点源污染许可配额要根据水质标准的要求从严制定。同时可以要求城市和工业污水处理厂安装新的污染控制技术以达到最大日负荷量要求。

《清洁水法》的另一个关键的污染控制机制就是废水处理系统的"大型联邦投资计划"——从 1972 年开始约 3000 亿美元（定值美元）。

尽管非点源水污染也是水污染的主要来源，如农业、矿业和建筑的溢流水，或者灌溉回流水等，但都不受到《清洁水法》的许可制度的控制，这些非点源排放占美国其余水质问题的 50%[①]。1987 年的修正案没有对非点源污染源做规定，但是要求各州开发和实施相关项目控制非点源污染[②]。

《安全饮用水法》（SDWA）涵盖了各种水体，专门规定饮用水的使用，包括河流，湖泊，水库，温泉和为 25 人以上供水的地下水井。该法案的目的是防止化学品、动物粪便、农药、人类粪便等注入地下的废物，以及对自然产生的物质等污染物的不合理处置，所产生的健康风险。该法授权环保署以保护健康和可得的技术为基础制定并发布基于健康的国家标准。该标准必须最大限度地实现减少健康风险带来的益处，且所需成本是物有所值的。该法也提出了水源保护、操作人员培训、水系统改进资助和饮用水质量信息公开规定等要求。

到 2006 年 1 月，环保署公布了 87 种水污染物的标准，包括 11 种微生物、3 种消毒剂、16 种无机化学物、53 种有机化学物和 4 种放射性核素。该法案也禁止在新的饮用水系统中使用铅管和铅焊锡。

## 六　杀虫剂和有毒物质

《联邦杀虫剂、杀真菌剂和灭鼠剂法案》（FIFRA）对杀虫剂及其使用进行了相关规定。FIFRA 要求禁止在美国销售任何未注册、未标明许可使用和限制标签的杀虫剂。环保署获得授权注册许可使用的杀虫剂，且如果杀虫剂使用方法不符合标签使用规定则属于违法行为。如果一种杀虫剂被认为对公共健康和/或环境有危险，那么坏保署应采取行动，把该杀虫剂清除出市场。按照 FIFRA 的要求，生产和销售杀虫剂产品的公司必须在环保署注册，公司经理也须进行相关备案。目前在美国注册的大多数杀虫剂都是没有接受现代安全审查的老杀虫剂。FIFRA 要求对约3.5 万种老杀虫剂产品进行再注册。然而，这个过程非常耗时，且成本

---

① Claudia Copeland, *CRS Issue Brief for Congress*（August 15, 2001）< http: //www. cnie. org/ nle/crsreports/water/h20 - 15, cfmJHJ_ 1_ 1 >.

② 参见 Johnson（2007），第 212 ~ 229 页。

高，许多注册者拒绝再注册[①]。

《有毒物质控制法》（TSCA）于1976年通过，以回应人们关于有毒化学污染的关切，如哈德逊河的多氯联苯（PCB）污染[②]。法案授权环保署，让其（1）要求制造商和加工商进行现有化学品的毒性测试；（2）进行市场前筛查，铲除未来的风险，跟踪所有新的化学产品；（3）控制已知的或者在现有化学品中发现的不合理风险；（4）搜集并传播关于化学生产、使用以及对于人类健康和环境可能产生消极影响等方面的信息。

TSCA没有实现其目标。在过去20多年的时间里，在属于该法覆盖范围内的8万种化学品中，TSCA只给5种化学品制定了规则。其中一个原因是若环保署要求一家生产商依照该法进行毒性测试，环保署必须证明该化学品存在不合理的风险，且这样的风险超出了化学品使用的经济和社会价值。缺少毒性数据以及价值的不确定性使得环保署非常难确定这种"不合理的风险"[③]。

# 七　固体和有害废物法

《资源保护和恢复法案》（RCRA）通常被看做是对有害废物进行"从摇篮到坟墓"式的控制的法律，也就是说该法的要求针对的是有害废物的产生者和传播者，以及废物处理、储存和弃置设施的所有者和操作者。RCRA按照有害废物对人类健康和环境的影响对有害废物作出定义，法案包括了一系列国会关于环境与健康的研究成果，这些都更明显地表明了有害废物和人类健康之间的关系。RCRA要求环保总署建立有害废物管理标准，建立一个有害废物处理、储存和弃置设施的许可项目。该法禁止未经事先处理的有害废物在陆地弃置，给有害废物焚烧和地下储存

---

[①] 参见 7U.S.C.A.136~136y（《联邦杀虫剂、杀真菌剂和灭鼠剂法案》）；Johnson（2007），第261~268页；美国环保署网站 http://www.epa.gov/lawsregs/laws/fifra.html.

[②] 参见 Johnson（2007），第272~280页。

[③] 参见 15 U.S.C.A.2601~2692（《有毒物质控制法案》）；Johnson（2007），第272~280页；美国环保署网站 http://www.epa.gov/lawsregs/laws/tsca.html.

箱，并要求对陆地弃置设施使用特定技术①。

《综合环境反应、赔偿和责任法》（CERCLA，或称《超级基金法》）处理的是责任问题以及与关闭、无人照管、无人控制的有害废物丢弃场所有关的清理工作，或如法案的宗旨中所说的"旨在对释放到环境中的有害物质规定责任、补偿和紧急反应，并清理闲置有害废物弃置场所"。该法的通过是因为当时公众发现被弃的垃圾填埋场内排放的有害物质进入到了纽约州的爱渠居民区，引起当地居民的强烈反对。

CERCLA 的关键创新是建立了一种新的过程，包括界定、监察、恢复和关闭列入国家优先项目列表的未受控制的有害废物弃置场，还建立了一个广义的责任机制，界定了承担弃置场恢复成本的相关方。一个场所列入国家优先项目列表的主要途径之一就是在有害排名系统中获得高分，这个系统考察该场所是否有可能或者已经排放了有害物质，并考察废物的质量和毒性以及受影响的人数。

该法创建了一个基金（"超级基金"），以期在无法获得其他资金来源的时候支付相关费用。广泛的潜在责任方（PRPs）包括某一场所的过去和现在的所有者或者操作者、向场所运送物质的人以及那些负责处理或弃置物质的人，这些责任方都要遵守"严格的联合和若干"责任。换句话说，即使其他方也负有责任，任何 PRP 都可以对整个恢复的成本负经济责任。鉴于很多 PRP 都已经离开相关业务，或者不能追溯，这个计划降低了由政府承担恢复成本的财政风险②。

## 八　信息公开

信息公开是美国大多数环境法的主要特点，一个强大的公众环境信息公开制度可以向大众提供环境健康风险方面的知识、曝光工业企业行

---

① 参见 42 U. S. C. A. 6901 ~ 6992（《固体废弃物处理法案》；《资源保护和恢复法案》）；Johnson（2007），第 285 ~ 297 页；美国环保署网站 http：//www. epa. gov/lawsregs/laws/rcra. html。

② 参见 42U. S. C. A. 9601 ~ 9675（《综合环境反应、赔偿和责任法》）；Johnson（2007），第 297 ~ 310 页；美国环保署网站 http：//www. epa. gov/lawsregs/laws/cercla. html。

为，让公众监督，创造减少污染的威慑力和动力。因为公开了相关信息，环保组织和社区就可以监督企业的环境表现，报告违规现象或者寻求公民执法（如通过公民诉讼），或给政府施压，敦促其加快行动步伐，提高环境质量。

要求公开的环境信息包括由政府监控的环境质量数据、许可证发放条件和违规情况、饮用水质量等。最全面的环境信息披露法当属 1986 年的《应急计划和社区知情权法案》（EPCRA）。EPCRA 建立了有毒物质排放清单（TRI），清单要求有关组织和机构向环保署提供有关 600 多种有毒化学品的年度报告。TRI 信息须通过一个全国电脑化数据库向公众公开。美国国会建立了这个清单，认为公开有关有毒化学品排放的信息将提高公众意识，让公众有依据向公司施压，要求他们减少有毒化学品的使用和排放。从很多方面来看，清单的作用达到了预期的效果。社区组织和普通公民利用相关数据提出了加强监管的要求。公民组织，如自然资源保护委员会和国际野生动物联合会，利用公开数据找到并公开了国内污染最严重的企业。

# 九　执法措施

### 1. 政府执法

环保署获得相关授权，可以使用各种行政和司法手段执行环境法律法规。环保署可以对违法行为采取行动，向违反环境法的个人或者公司下达守法命令。环保署可借由该授权对违法者进行民事处罚并要求其归还因违法而获得的经济利益，也可以要求其纠正违法行为。在某些情况下（根据 CAA 规定，对于罚款超过 20 万美元的），民事执法必须通过法庭进行，对于违反了固定源要求、燃料要求或者大汽车排放要求（公司或者交易商违反）的，环保署可以对每一次违法行为（每一天或者每一辆车）进行多达 27500 美元的罚款①。对于情节轻的违法行为，环保署也有权力进行不超过每天 5000 美元的"现场罚款"。根据《清洁水法》规

---

① CWA Sec. 309, 33 USC 1318.

定，对于违反了许可限制，或者没有许可就排放污染物到美国境内水域中的行为，环保署可以对每次违规施加 27500 美元/天的罚款。FIFRA 规定，环保署有权下达停止销售、使用或取消的命令（SSURO），若拥有或控制某种杀虫剂或仪器的人或对其有保管权的人违反了 FIFRA，则被要求停止销售、使用或者取消该产品，除非符合 SSURO 的规定。

若出现最严重的环境违法行为，以及有故意忽视法律的严重疏忽或严重行为，可以进行刑事执法[①]。

**2. 公民执法[②]**

在美国，联邦和各州的环保署对执行联邦环境法律负有主要责任。然而，政府往往缺乏足够资源，无法把违法者告上法庭。此外，在一些情况下，政府也许会因为排放者的政治和经济实力强大而缺少执法的意愿。

在认识到这些政府执法的局限之后，国会授权允许个体的"公民诉讼"以阻止违反诸多环境法的现象。公民诉讼让那些受污染伤害最严重的人，亦即那些在违法地点顺风或顺流地区生活、工作或者休闲的人，可以在政府不采取行动的情况下通过诉讼保护自己、家庭和社区。

美国很多联邦环境法律都是可以通过公民诉讼执行的。尽管这些法律的具体规定都不一样，但都有三个共同特点。第一，这些法律都授权两个非常不同的诉讼类别：（1）一种诉讼是针对污染者采取的行动，执行被告方的排污限制，此限制由一家监管机构制定；（2）另外一种诉讼是针对相关联邦环保署的，控告它没能依照环境法承担非自由决断责任。

第二，对于公民诉讼，法律上是设置了重要限制的，这样就可以有效地保证政府部门在执法中发挥主导作用，保证公民不能因为不合理的个人利益而滥用执法权力：（1）如果联邦或州级政府已经采取了执法行动，且正在认真开展自己的执法起诉，公民原告通常来说不可以再针对污染者通过公民诉讼来采取执法行动。不过，如果联邦或者州级执法行动仍在进行中，原告可以干预。（2）通常情况下，公民原告必须在起诉

---

① 美国环保署网站 http：//www.epa.gov/compliance/criminal/index.html。
② 这一部分针对公民的规定主要摘自 M. Wall，A. Wang，《兰得洛案例与环境公民诉讼》，《世界环境》2006（6）。

前书面通知被告方、联邦政府和州政府。通知的要求可以让机构决定是否自己就此案件争讼，也可以让相关方在诉讼前进行谈判（让被告守法）。（3）根据一些法律规定，公民诉讼的司法解决也必须提前通知联邦政府。（4）通常情况下私人原告不能获得补偿性的损害赔偿金，相反，民事处罚金必须支付给联邦财政部。

第三，美国宪法对环境法公民执法施加独立的"常设"限制。

公民诉讼只占了美国整个环境执法诉讼的一小部分。例如，1995 ~ 1998 年间，全美公民诉讼人根据《清洁水法》提出了 216 件控诉（平均每年 54 件），根据《清洁空气法》提出了 12 件控诉（平均每年 3 件）。

然而，公民执法仍然发挥了重要的作用，当政府未能采取行动时，它保证了美国环境法律得到严格的落实。在 1993 年 1 月 20 日到 1995 年 5 月 5 日间（该时段是可获得最近数据的时期），借由《清洁水法》公民诉讼的结果让当事者支付给财政部 300 万美元的民事罚款，付给州政府 1000 万美元的罚款，并获得了 6100 万美元的可以量化的命令性救济金用来解决环境危害问题，其他的一些额外的命令性救济虽然重要性要大得多，但是从来没有量化过。

中国目前的法律框架在操作性规定方面则显得很弱，也缺乏对解决环境健康影响的明示。所提到环境和健康的相关规定往往都是一些激励性的话或者原则声明。例如，中国环境保护法仅在第一条中提到了"健康"，声明说："为保护和改善生活环境与生态环境，防治污染和其他公害，保障人体健康，促进社会主义现代化建设的发展，制定本法"。民法总则第 98 条规定："公民享有生活和健康的权利。"

美国诸多环境法律明确指出提高公众健康水平是目标，要把健康目标纳入设置标准和其他要求中（如美国《清洁空气法》），相比之下，中国的环境法则较少提到公众健康。中国立法如果能更明确针对环境健康问题，那么将会产生一些非常积极的效果，例如，推动那些更能保护公众健康的标准的制定，促进对影响健康物质的有关规定的制定。在任何情况下，都必须解决严重的违法和执法不力的现象，这样才能实现法律法规的宗旨。我们未来的研究将着眼于加强中国环境健康法律法规的方法和加强中国环境守法和执法的体系的方法。

## 参考文献

《国家环境与健康行动计划（2007～2015）》，＜http：//www. gov. cn/zwgk/2007 - 11/16/content_ 807439. htm＞．

Breyer Stephen，"Breaking the Vicious Circle：Toward Effective Risk Regulation." R. Revesz ed.，*Foundations of Environmental Law and Policy*，1997．

Guttman Dan，"Making Central-local Relations Work：Comparing America and China Environmental Governance Systems." *Front. Environ. Sci. Engin. China* 2007，1（4）．

李虎军：《〈国家环境与健康行动计划〉正式启动》，《财经》2007 年 11 月 21 日＜http：//magazine. caijing. com. cn/2007 - 11 - 21/110065879. html＞。

Johnson，Barry L.，*Environmental Policy and Public Health*. New York：CRC Press，2007．

于德宝：《当前群体性事件的特点和原因》，《中国党政干部论坛》2006 年 6 月 21日＜http：//theory. people. com. cn/GB/49154/49156/4511453. html＞。

Xie Chuanjiao，"Pollution Makes Cancer the Top Killer." *China Daily*. May 21，2007. ＜http：//www. chinadaily. com. cn/china/2007 - 05/21/content_ 876476. html＞．

# 中国环境侵权诉讼
# （健康损害类）实例分析

张兢兢*

中国政法大学污染受害者法律帮助中心（以下简称"中心"）是中国唯一一家专门从事环境领域的法律援助的环境法律研究和服务机构，从 1999 年成立迄今，已经在近 120 起诉讼案件中，为因污染而遭受财产权和人身权损害的当事人提供了民事侵权诉讼的法律援助。其中在 1/3 的案件中，当事人提出了健康权损害的赔偿请求。以下为三个比较有代表性的污染侵权之诉的案情简介及主要法律文书。这三个案例可以折射出中国环境侵权诉讼（健康权损害）的法律制度现状。

侵权行为是指"行为人由于过错，或者在法律特别规定的场合不问过错，违反法律规定的义务，以作为或不作为的方式，侵害他人人身权利和财产权利及其利益，依法应当承担损害赔偿等法律后果的行为"[1]。对于侵犯公民财产权和人身权的污染行为，《环境保护法》第四十一条规定："造成环境污染危害的，有责任排除危害，并对直接受到损害的单位

＊ 中国政法大学污染受害者法律帮助中心律师；公益法研究所副主任。
通信地址：北京市东城区安德路甲 10 号 3 - 2311（100011）；电子邮箱：zhjjzh @ gmail. com。
本文所涉诉讼法律文书，若需引用请征得同意。
[1] 杨立新：《侵权行为法专论》，高等教育出版社，2005。

或者个人赔偿损失。" 这是污染受害者提起民事诉讼、要求损害赔偿和其他民事救济的最基本的法律依据。

# 一　河北刘洪奎等 118 名原告诉唐山焦化厂大气污染致人身损害案

1. 案件背景：河北省唐山市路北区 78 号小区紧邻唐山市焦化厂。该厂以煤为主要原料，自 1996 年 7 月起唐山市煤焦化厂二期工程使用后，生产时排出的废气、烟尘使 78 号小区的 2 万多居民中许多人感觉身体不适，并有多人患病。该小区居民多次向唐山市政府反映情况，政府提出的解决方案是搬迁；但政府不承担搬迁费用，小区居民无力自行承受这样的搬迁费，问题也就一直被拖延。2002 年 3 月小区居民向唐山市中级人民法院提起了民事诉讼，要求唐山市焦化厂 "停止污染侵害，消除危险，并赔偿损失 2502126 元"。唐山市中级人民法院以该污染案已经行政机关处理不宜再经司法机关审理为由驳回了居民的起诉。居民不服，以一审法院使用法律不正确为由，向河北省高级人民法院提起上诉。2002 年 12 月 20 日河北省高级人民法院就该上诉作出裁定：撤销唐山市中院驳回起诉的裁定，要求唐山市中院立案受理该案。2004 年 3 月 23 日，唐山市中级人民法院再次作出驳回诉讼请求的判决，居民不服提出上诉，河北省高级人民法院于 2004 年 9 月 15 日再次作出裁定：撤销唐山中院判决，发回重审。2005 年 5 月 25 日，唐山市中级人民法院作出判决：被告唐山市焦化有限责任公司赔偿原告刘洪奎等 118 人 250.2126 万元。但是由于被告公司在诉讼过程中破产，该案原告未能按判决拿到赔偿。

2. 污染类型：大气污染，即被告唐山焦化厂排放的含有 $SO_2$、$H_2S$、TSP 的有害废气，其中含有强致癌物质——苯并（a）比。

3. 诉讼中体现的主要的法律问题：

（1）污染受害者的诉权的保障不充分。法院以原告和被告的争议已经通过政府的行政途径处理为由，拒绝受理案件。这表现出了中国法院对于环境侵权类案件，特别是涉及人数众多和涉及人身健康损害赔偿的案件持回避受理的态度，本案原告两次被唐山市中级法院驳回起诉，在律师帮助下两次上诉到河北高级人民法院，案件才最终被唐山市中级法院受理。

（2）本案进行实体审判的法官正确适用了环境侵权案件的举证责任倒置原则，即要求被告证明原告所受损害和被告排放的工业废气没有因果关系。这是本案原告能够获得胜诉判决至关重要的因素。审判过程中，法官并未对工业废气和原告的疾病之间进行流行病学调查，而是要求被告证明原告所受损害和被告排放的工业废气没有因果关系。被告无法提供证据证明，因此败诉。

4. 法律文书：

（1）起诉状

### 民事诉状

原告人：刘洪奎等118人（名单附后）

代表人：

刘洪奎　男　75岁　住78#小区08 – 1 – 102

于富廷　男　67岁　住78#小区19 – 1 – 301

杨素芝　女　55岁　住78#小区22 – 5 – 403

艾　青　女　47岁　住78#小区20 – 4 – 402

被告人：唐山市唐山焦化厂

法定代表人：刘子成　厂长

地址：唐山市缸窑路41号

电话：3271491

诉讼请求：

一、判令被告停止污染侵害，消除危险。

二、判令被告赔偿损失2502126元。

三、承担本案诉讼费等一切费用。

事实与理由：

原告均是居住在路北区缸窑路78#小区的居民，距离被告最近为20余米，最远100余米，被告是一大型焦化厂，1970年投产能力为20万吨，1988年开始技改，1992年技改开始动工建设，1996年7月在没做到三同时，在煤气净化系统尚未竣工的情况下投入试运转而成为当年唐山市地震 20 周年的"献礼工程"之一。

正是这一"献礼工程"自试运营开始，每天排放更多大量（约 6.5 万 $m^3$）含有 $SO_2$、$H_2S$、TSP 等的有害废气，其中还含有强致癌物质——苯并（a）比。这样大量的有毒有害废气，把许多小孩熏得流鼻血，一些老人被熏倒，几乎所有的人在夏天因出汗接触空气中的有害废气而患上皮肤病。此外，原告都不同程度患上与大气污染有关的呼吸道病，以及头晕、耳鸣等。更可怕的是几年来原告居住的小区患肺癌、肝癌等疾病的人数急剧增加，远远超出了正常的发病率。

由于被告排的废气有强烈的刺激性，常人难以忍受，因此，原告一直在要求被告停止侵害，但被告以种种理由拒绝。无奈之下，原告找过环保部门，找过市政府，找过媒体反映，总之能找的都找了，但至今原告依然生活在这种严重污染的环境之中。

被告的行为不仅违反环境保护法的规定，严重污染环境，使原告的身体健康受到严重影响，而且违反了《焦化安全规程》的规定，即被告的厂边缘与原告的居住区边缘距离仅仅 20 余米，更谈不到 1000 米。被告使原告的生命、财产安全受到严重威胁，现承受巨大的打击和痛苦。许多与原告一起受害的居民以及一些原告的成年子女，因实在承受不了被告排放的废气污染而迁到其他地方。原告许多是下岗职工，无力搬到其他地方，因此只有依法维护自己的合法权益。

河北省环境保护局 1997 年 9 月对被上诉人进行了行政处罚，唐山市人民政府也于同月对被上诉人下达了限期整改命令。但是此两项集体行政行为者未涉及上诉人因损害所应获得赔偿的问题，也未解决被上诉人污染上述居住环境的问题。

此外，唐山市人民政府 2000 年 5 月 18 日提出了要求上诉人所在小区的居民搬走，纯粹是商业行为，受到污染的上诉人仍需花费大笔资金才能搬走，同时该方案仍未解决上诉人因被污染所受到的损害赔偿问题。

2001 年 3 月 13 日唐山市政府梁朝群副市长承诺给 78#小区 6000
万元赔偿损失的钱未到位，2001 年 3 月 30 日受害居民到市政府询问
这笔钱的去向，市城建局郑处长说给开发商了，市政府作出的决定
没有一个落实兑现。

原告虽然多少年来到处奔走、上访，被告对原告的污染、对原
告的威胁都没有得到解决，但原告相信法律是公正的，故特向贵院
起诉，请求依法支持原告的诉讼请求。

此致
唐山市中级人民法院

起诉人：刘洪奎

于富廷

杨素芝

艾　青

2002 年 3 月 12 日

附：78#小区居民参加民事诉讼状名单 118 人

（2）法院终审判决

## 河北省唐山市中级人民法院民事判决书

（2004）唐民初重字第 14 号

原告刘洪奎等 118 人，住唐山市路北区 78 号小区。

诉讼代表人刘洪奎，男，1928 年 9 月 15 日生，汉族，住唐山市
路北区 78 号小区 8 - 1 - 102。

诉讼代表人杨素芝，女，1949 年 6 月 18 日生，汉族，住唐山市
路北区 78 号小区 22 - 5 - 403。

诉讼代表人孙桂荣，女，1949 年 3 月 4 日生，汉族，住唐山市
路北区 78 号小区 22 - 5 - 503。

委托代理人许可祝，中国政法大学副教授。

委托代理人刘湘，河北秦皇岛法润律师事务所律师。

被告唐山市焦化有限责任公司。

法定代表人刘子成，董事长。

委托代理人郭建荣，该公司职员。

委托代理人白林，该公司法律顾问。

原告刘洪奎等118人与被告唐山市焦化有限责任公司停止污染，消除危险，赔偿损失一案，河北省高级人民法院发还重审后，本院依法组成合议庭，公开开庭进行了审理。本案当事人及其委托代理人均到庭参加诉讼，本案现已审理终结。

原告诉称：刘洪奎等118人均居住在路北区78号小区，距被告厂区最近的有20米，最远的有100米。被告系一大型焦化厂，每天排放大量有毒有害废气，致使小区居民染上各种疾病，癌症病患急剧增加，远远超出了正常的发病率，为此我们进行上访，环保局进行了处罚，唐山市政府限期整改，但至今未得到解决，请求法院依法判决被告停止污染侵害，消除危险，赔偿损失2502126元，并承担本案诉讼费用。

被告辩称：原告诉请被告停止污染侵害，消除危险及关、停、并、转、迁是不现实的。被告生产的煤气关系到唐山市广大居民的生活用气，市政府为解决污染问题给78号小区居民造成的影响，已在关于焦化厂附近居民搬迁协调会议纪要中作出了符合实际的解决方案，但原告以种种理由拒绝搬迁，是造成污染侵害，不能消除危险的主要原因，故而请求法院依法驳回原告诉请。

原、被告双方争议焦点问题是：

一、刘洪奎等118人入住78号小区的历史背景

二、环境污染的事实是否存在

三、原告受损害的事实及赔偿的法律依据

四、原告的损害后果与被告环境污染之间有无因果关系

经审理查明：原告方自1963年始即居住在唐山市路北区半壁店西新村。1979年唐山市政府在该区域建设78号小区，原告等人分批入住，至1985年入住完毕。唐山市焦化有限责任公司前身为唐山市焦化厂，始建于1969年，1970年正式投产。1980年该厂立项二期技术改造工程，并于1996年竣工生产。1998～2001年住在焦化厂附近的部分居民为解决焦化厂污染问题不断上访，唐山市政府办公厅于

2000 年 8 月 3 日召开焦化厂附近居民搬迁协调会议，并制定了搬迁安置实施方案。78 号小区搬迁范围为 17 楼至 22 楼，共有住房 450 个单元，现已搬迁 132 个单元。原告刘洪奎等人以搬迁方案不符合自己要求拒绝搬迁，遂诉至本院。要求被告停止污染，消除危险，赔偿损失。经庭审查明，被告唐山市焦化有限责任公司对其环境污染问题不予否认，且不能举证造成环境污染后没有侵害周围居民身体健康的证据。

上述事实由原被告陈述，唐山市政府为解决污染及搬迁的有关文件，原告要求赔偿的相关证据在卷证实。

本院认为，因为在 2000 年 8 月 3 日唐山市政府为解决环境污染问题已经制定了搬迁方案，部分居民已经迁出污染区，刘洪奎等 118 人以搬迁安置不当为由拒绝搬迁，是造成继续污染侵害，不能消除危险的直接原因，故而原告诉请停止污染侵害，消除危险的理由不能成立。但其在唐山市政府作出搬迁方案前，因被告环境污染造成原告损害，被告应予赔偿，故而根据《中华人民共和国民法通则》第 124 条之规定，判决如下：

一、被告唐山市焦化有限责任公司赔偿原告刘洪奎等 118 人 2502126 元。

二、驳回原告刘洪奎等 118 人其他诉讼请求。

一审案件受理费 22510 元，二审案件受理费 22510 元，由唐山市焦化有限责任公司承担。

如不服本判决，可在判决书送达之日起十五日内，向本院递交上诉状，并按对方当事人人数提出副本，上诉于河北省高级人民法院。

审　判　长
审　判　员
代理审判员
二〇〇五年五月二十五日（院章）

本件与原本核对无异

书　记　员

## 二 河南省开封市李芳兰诉二十五中大气污染致人体损害案

### 1. 案件背景：

原告李芳兰1974年到被告单位工作。1975年2月，李芳兰的女儿吴红莉（当时5岁）、儿子吴红卫（当时8岁），随李芳兰来到被告单位生活。当时学校给李芳兰安排的宿舍住房离校办工厂电镀车间5米。1978年4月被告又新建一个半环形电镀车间，离原告住房东边一墙之隔，北边1米之远，车间靠近原告住房的南墙是油毛毡墙，车间西墙离原告住房窗户仅27厘米。1980年，被告又在原告门口1米处增加毒性更大、对空气污染更严重的油漆、喷漆作业。有毒气体从原告住房的窗户和门口进入房内，发出刺鼻难闻的怪味，放在房内的白纸、白色衣服一天之内就变成黄色。原告在1974~1981年长达七年之久的时间里，承受着这样的污染。原告原来身心健康，没有任何疾病，自从住房被校办工厂包围以后，原告全家慢性中毒，普遍出现头晕、脸肿、眼肿、牙床出血等症状。李芳兰因污染致支气管炎、鼻炎、胃炎等病，吴红卫、吴红莉患神经性皮炎、鼻炎、胃炎、肺炎、"空气污染慢性中毒精神障碍"，原告吴红卫、吴红莉成为终生残废。

十多年来，原告一直向中央、省市领导要求解决此事，国家环保总局历任局长李超伯、曲格平、解振华都对此案进行过批示。开封市政府分别于1983、1984年下发文件对此案进行处理，只赔偿500块钱。原告不服，于1999年5月18日向开封市中级人民法院提起诉讼，但被法院以证据不足为由裁定驳回起诉。原告不服，上诉至河南省高级人民法院，高院经过公开审理，于1999年12月13日作出裁定，撤销了一审裁定，发回重审。开封市中级人民法院重审后，于2001年10月作出判决，认为污染与疾病没有直接因果关系，对原告的诉讼请求不予支持。原告于2002年1月9日又向河南省高级人民法院提起了上诉。

2002年5月14日李芳兰向中心申请法律援助。中心委托律师代理此案。2002年7月河南省高级人民法院开庭审理此案。2002年11月28日河南省高级人民法院作出终审判决，撤销开封市中级人民法院的一审判决，判决被告"补偿"原告损失 15 万元。

2. 污染类型：大气污染，即由被告校办工厂电镀车间排放的工业废气。

3. 法律争议：本案的争议要点是污染事实和原告健康损害之间的因果关系。一审判决法院开封市中级人民法院根据鉴定报告的结论，认定污染和疾病没有直接因果关系。原告上诉到河南省高院后，该二审法院采取了一种折衷的方式认定因果关系，即"不能排除因果关系"，相应的，法院判决被告"补偿"而非"赔偿"原告的损失。

4. 法律文书：

法院判决（终审）：

### 河南省高级人民法院民事判决书

（2002）豫民一终字第 244 号

上诉人（原审原告）：李芳兰，女，汉族，1939 年 12 月 19 日生，开封市第二十五中学退休教师，住开封市内环东路北段 148 号 2 单元 5 号。

委托代理人：黄蓉良，北京致衡律师事务所律师。

上诉人（原审原告）：吴红卫，男，1966 年 11 月 16 日生，汉族，无业，住址同上，系李芳兰之子。

委托代理人：黄蓉良，北京致衡律师事务所律师。

委托代理人：吴永衡，1929 年 2 月 17 日生，住址同上，系吴红卫之父。

上诉人（原审原告）：吴红莉，女，1969 年 6 月 11 日生，汉族，无业，住址同上，系李芳兰之女。

委托代理人：黄蓉良，北京致衡律师事务所律师。

委托代理人：吴邵红，男，1965 年 2 月 7 日生，住郑州市中原区百花路 43 号楼 2 单元 19 号，系吴红莉之兄。

被上诉人（原审被告）：开封市第二十五中学。

法定代表人：张谦，该校校长。

委托代理人：许远涛、王黎明，顺河律师事务所律师。

上诉人李芳兰、吴红卫、吴红莉因环境污染损害赔偿纠纷一案，不服开封市中级人民法院（2000）汴民初字第047号民事判决，向本院提起上诉。本院受理后依法组成合议庭，公开开庭进行了审理。李芳兰及其委托代理人黄蓉良，吴红卫、吴红莉委托代理人黄蓉良、吴永衡、吴邵红；被上诉人开封市第二十五中学（以下简称二十五中）校长张谦及委托代理人王黎明到庭参加诉讼。本案现已审理终结。

　　原审法院审理查明：二十五中校办工厂电镀车间始建于1972年，停产于1979年9月，1984年被拆除，现已作他用。二十五中原址在学院门路北，现属开封市第七中学校园，二十五中现已迁到黄河大街。电镀车间使用的工业原料主要有氰化钠、硫酸、硝酸、盐酸、锌板、铬酸等。李芳兰一家的原住所距二十五中校办工厂电镀车间距离较近，后李芳兰、吴红卫、吴红莉出现各种疾病症状。李芳兰所患疾病及诊断时间：1980年4月17日开封市二院胸透为支气管炎；1980年12月9日四院诊断为大脑功能紊乱；1981年12月19日四院诊断为胃病痛、气管炎、血小板减少；1982年12月1日四院诊断为乳腺增生；1983年10月14日省中医院诊断为血小板减少性出血；1984年3月14日四院诊断为左右肌痉挛；1986年2月4日诊断为上呼吸道感染；1986年10月16日省肿瘤医院诊断为左甲状腺肿瘤。吴红卫所患疾病及诊断时间：1981年1月4日开封四院诊断为血小板减少；1981年12月28日四院诊断为鼻窦炎、过敏性鼻炎、咽炎、喉炎、淋巴结炎；1982年2月20日省医学院诊断为精神分裂症；1982年3月9日省精神病院出院证写明儿童精神分裂症；1985年3月22日南京精神病院诊断为精神分裂症；1995年5月14日北京医科大学精神病研究所诊断为强迫症；1997年5月2日郑州红十字医院诊断为空气污染慢性中毒精神障碍；1998年12月17日开封市精神病院病例本记载精神病强迫症。吴红莉所患疾病及诊断时间：1981年1月22日开封四院诊断为鼻炎；1981年5月22日开封顺河区医院诊断为血小板减少；1987年6月19日南京精神病院诊断为精神障碍；1995年5月16日北京安定医院诊断为精神分裂症；1995年3月10日河南医学院诊断为中毒性精神障碍。另查明：二十五中提供的现存于开封市档案馆的有关处理此事的调查报告、文件等。其中调查报告有：1982 年 4 月 5 日开封市职业病防治研究所的调查报告。报告提出了以下看法：1. 李芳兰住房距原电镀车间较近，仅一墙之隔，电镀车间产生的有毒气体，有可能对李的房间造成空气污染，但由于车间于 1979 年停产，现无法测量毒物的浓度。2. 我们调查访问了 10 名同志，除一人提到李芳兰等人的患病与电镀影响有关外，其他同志没有人提出李全家患病是因电镀造成。3. 李及其家属所患病，经市第一人民医院检查主要为慢性鼻炎、支气管炎、副鼻窦炎、鼻前庭炎、慢性咽炎等上呼吸道疾病，有的症状较重，以上病症若是因为电镀污染所致，直接从事电镀作业的工作人员，接触的毒物浓度和时间之长应更为严重，病情及发病人数应较李及其家属更加突出，但我们调查中没有发现从事电镀作业的工作人员中有像李芳兰及其家属那样严重的疾患。4. 有害气体所致人体的毒物反应性疾患，当脱离接触毒物后，一般症状逐步减轻或消失。李芳兰及其家属的疾病与此情况不符。有氰电镀锌的有害气体所引起的病情也与李及其家属的病情不同。文件有开封市人民政府办公室文件：汴政办（1983）13 号，李芳兰同志来信处理的报告。主要内容如下：河南省人民政府办公厅并报城乡建设环境保护部、河南省人民政府办公厅、原国务院环境保护办公室，分别于 1982 年 2 月 2 日、2 月 6 日将我市二十五中教师李芳兰要求解决其全家被电镀污染致病的申诉信转交我市处理。我市有关部门对此问题很重视，做了大量的调查研究工作，并取得了一致的意见。现将市政府办公室信访科"关于李芳兰同志申诉全家受电镀污染致病的调查情况及处理意见"随文附上，是否妥当，请审阅复示。处理意见结论为：李芳兰在申诉中提出的全家因电镀污染致病的说法是没有充分根据的。开封市人民政府办公室汴政办（1983）56 号，关于李芳兰同志上访问题复查情况的报告，送省委、省人民政府来访接待室。处理意见为：维持原处理意见。开封市人民政府办公室汴政办（1984）73 号，关于李芳兰反映问题复查处理意见的通知，送开封市教育局、开封市二十五中，抄报国务院办公厅信访局、国家环境保护局、省委省政府办公厅信访处、省城乡建设环境保护厅、环境保护局，抄送市委信访办公室、市环境保护办公室、市职业病防治研究所。处理意见：1. 二十五中校办工厂在进行电镀生产期间对环境确有一些污染，但由于电镀生产早已于1979年9月停产，调查证实，李一家特别是其次子吴红卫1979年7月来汴，接触污染时间很短，而且据电镀车间工人们体检结果和周围居民的走访调查，均没有电镀污染致病的现象。所以，不能认定电镀污染是李芳兰一家所患疾病的致病原因，故不能按污染致病给予补偿。2. 鉴于李家五口人不同程度患病，为照顾其家庭生活中的实际困难，可酌情给予困难补助。根据会议精神，经过有关部门协商，由市教育局、开封市二十五中在认真做好李芳兰同志思想工作的基础上，按特殊情况给予一次性补助500元，以示组织上的关怀照顾。本案审理期间，经二十五中申请，原审法院委托北京市精神病司法鉴定委员会北京安定医院对吴红卫、吴红莉所患疾病进行了法医学鉴定，分别作出了2000195、2000196号精神病司法鉴定书，鉴定结论为：吴红卫、吴红莉临床诊断精神分裂症，与开封市第二十五中学校办工厂释放污染物无直接因果关系。

　　原审法院认为：北京市精神病司法鉴定委员会北京安定医院精神病医学鉴定结论吴红卫、吴红莉临床诊断为精神分裂症，与开封市第二十五中学校办工厂释放污染物无直接因果关系。李芳兰等所举证不能推翻北京市精神病司法鉴定委员会北京市安定医院精神病法医学鉴定，对李芳兰等主张要求二十五中赔偿的请求，不予支持。原审法院审判委员会讨论决定，判决：驳回李芳兰、吴红卫、吴红莉的诉讼请求。案件受理费19196元，由李芳兰、吴红卫、吴红莉承担，鉴定费2000元，由开封市第二十五中学承担。

　　李芳兰、吴红卫、吴红莉不服原审判决，向本院提起上诉称：1. 北京安定医院不具有司法鉴定资格，鉴定程序违法、鉴定材料不实，且鉴定报告未经质证，不能作为定案依据。2. 鉴定结论不能证明吴红卫、吴红莉所患疾病不是二十五中校办工厂排放污染的行为造成的，被上诉人应承担举证不能的法律后果。请求撤销原判，支持其诉讼请求。

　　被上诉人二十五中答辩称：1. 北京市安定医院是北京市人民政府指定的有权对精神疾病进行司法鉴定的医院，且鉴定程序合法，依法应当作为本案定案依据。2. 鉴定结论确定，被上诉人已依法完成举证责任。请求驳回上诉，维持原判。

　　二审查明的事实与一审基本相同。二审期间，本院将上诉人对鉴定结论的异议及提供的其认为足以影响鉴定结论的材料一并寄给鉴定单位北京安定医院，要求其对异议作出书面答复，并结合补充的鉴定材料对原鉴定尽量进一步明确。鉴定单位北京安定医院司法鉴定科于 2002 年 9 月 16 日向本院出具了质询意见及补充鉴定意见，补充鉴定意见内容为：精神分裂症的病因尚不清楚，目前发现与发病有关的因素有遗传因素，环境中的社会心理因素和生物学因素，神经生化病理因素以及大脑解剖结构的病理因素，尚无证据证明工业毒物中毒能导致或诱发精神分裂症。

　　本院认为：精神分裂症的病因尚不清楚，目前发现与发病有关的因素有遗传因素，环境中的社会心理因素和生物学因素，神经生化病理因素以及大脑解剖结构的病理因素。吴红卫、吴红莉所患精神分裂症是由何因素造成并不清楚，但李芳兰一家原住处离二十五中原电镀车间较近，电镀车间产生的有毒气体可能对李芳兰家的房间造成空气污染，1982 年 4 月 5 日开封市职业病防治研究所的调查报告、开封市人民政府办公室汴政办（1984）73 号文件也承认此点。虽无证据证明单纯接触工业毒物可导致精神分裂症，但不能排除工业毒物中毒和其他因素相互作用能够致病的可能性，即可能存在多因一果的情况。因而，本案中虽然空气污染和精神分裂症的损害后果之间的因果关系的程度无法确定，但尚不能排除二者之间的因果关系。根据《民法通则》第一百二十四条之规定，因环境污染引起的损害赔偿适用无过错的归责原则，作为污染制造者的二十五中，不考虑其主观上的有无过错，应对上诉人的损失给予一定的经济补偿。开封市人民政府办公室汴政办（1984）73 号文件也体现了这种补偿的精神。综合考虑各种因素，本院酌情确认补偿额以 15 万元为宜。原审以未经质证的鉴定结论作为定案依据，判决驳回原告诉讼请求，应予纠正。根据《中华人民共和国民事诉讼法》第一百五十三条第一款第（二）项之规定，判决如下：

一、撤销开封市中级人民法院（2000）汴民初字第047号民事判决。

二、开封市第二十五中学在判决生效后十日内补偿李芳兰、吴红卫、吴红莉损失15万元。

二审案件受理费各19196元，由李芳兰、吴红卫、吴红莉负担。李芳兰、吴红卫、吴红莉申请免交，本院批准免交。一审鉴定费2000元，由开封市第二十五中学负担。

本判决为终审判决。

审　判　长：陈书金
审　判　员：宋丽萍
代理审判员：王　静
2000年11月28日
书　记　员　刘路清

# 三　湖南刘德胜诉湖南省吉首市农机局苯污染致健康损害之诉

**1. 案件背景：**

原告刘德胜居住在被告吉首农机局的宿舍中，该宿舍院子也是农机局对农用车辆进行年检和喷漆的地方。每年6、7、8月这3个月中每天都有十几台，高峰时有三四十台的农用机械前来喷漆。而这个小院只有一二百平方米，四面都是楼房，空气流动很慢。1998年7月，吉首市环保局曾向农机局发出了整改通知书，要求农机局一个星期内将喷漆业务搬离居民区。但事后农机局并没有理睬环保局的这份整改通知书，多年来一直还在小院里给农用机械喷漆。在这种环境中生活了几年后，2000年10月刘德胜被确诊患上淋巴癌，他认为是被告使用的油漆中的苯污染了空气环境，并造成了他的疾病。2002 年 7 月，他将吉首市农机局告到了吉首市人民法院，要求农机局将喷漆的业务迁走并赔偿自己的损失。但吉首市人民法院和湘西中级人民法院两级法院审理后，一、二审法院都没有支持刘德胜要求农机局赔偿的请求。从两级法院的判决书上看到，法院认为农机局的喷漆行为对小区的居民造成了一定的污染损害，应当搬迁，但原告患癌症存在多种可能性，他没有提交证据证明自己患病就是由于农机局喷漆所致。

其后原告刘德胜开始了漫长的申诉，中心帮助他向最高人民检察院提起申诉；在申诉过程中，他因淋巴癌不治而于 2005 年 11 月去世。虽经过两级检察院两次抗诉，县、地区和省三级法院的四次审理，原告刘德胜及其诉讼权利继承人还是没有获得胜诉判决。

2. 污染类型：油漆中的苯造成的空气污染。

3. 法律争议要点：该案是中心案件中所经历诉讼程序最为复杂的一个案件，也是最高人民检察院在环境侵权诉讼领域进行的第一个抗诉案件。案件反映的最重要的争议点就是苯和原告的健康损害——淋巴瘤——之间的因果关系。虽然原告刘德胜和中心委派的律师向法院提交了多种科技文献证明苯和淋巴瘤的相关性，但是法院认为没有鉴定报告显示原告刘德胜的疾病和苯之间有因果关系。在最高检抗诉后，最高人民法院指定湖南省高级人民法院审理本案，其判决书中称"以市农机局举证不能为由推定本案所涉市农机局环境污染行为与刘德胜患癌症损害结果之间存在必然的因果关系，缺乏事实依据"。

法院的该判决，不仅没有正确适用环境侵权案件的举证责任倒置原则，而且也混淆了事实上的因果关系和法律上的因果关系，导致法官未能正确适用《关于民事诉讼证据的若干规定》第四条规定的因果关系推定规则。本来应由被告承担证明其喷漆排放的苯和原告的疾病之间没有因果关系，在本案中，法院却以原告对此举证不能而判决原告败诉。

4. 法律文书：

### 中华人民共和国最高人民检察院民事抗诉书

高检民抗〔2006〕2 号

刘德胜因与湖南省吉首市农机局环境污染损害赔偿一案，不服湖南省湘西土家族自治州中级人民法院（2004）州民再终字第 13 号民事判决，向检察机关申诉。湖南省人民检察院向我院提请抗诉。现已审查终结。

（略）

我院认为：湖南省湘西土家族自治州中级人民法院（2004）州民再终字第 13 号民事判决书在认定事实和适用法律方面存在错误。

（一）终审判决认定刘德胜没有提出环境污染事实，认定事实错误。

1. 从 1982 年起刘德胜一直生活在环境严重污染的范围中。刘德胜居住在市农机局家属院，四周是楼房，院内没有一点绿化，中间为一坪场，是作为拖拉机的训练场、修车场、停车场。从 1982 年起，每年的七、八、九月，吉首地区的拖拉机年检就在受害人家正下方吉首市农机公司的坪场进行喷漆。喷漆的气体充斥整个院内，尤其刮风时喷漆的气味随风就飘到刘德胜所住的楼房内。喷漆所产生有毒、有害漆雾弥漫在这个狭小的空间中，并且每天拖拉机及农用运输车进进出出，发动机的轰鸣声、喷漆用的空气压缩机的隆隆声，加上来往人流的大声说话声，时不时地汇成刺耳的噪声和污浊的空气就在这个坪场四周都是楼房，面积仅 363 平方米的院内回旋，对周围居民产生严重污染。

2. 吉首市环境保护局分别于 1998 年 7 月和 2001 年 8 月下发的"两个通知"说明了环境污染的事实存在。吉首市环境保护局于 1998 年 7 月向吉首市农机局发出的"吉环治字（1998）第 007 号"《城市环境管理限期治理通知书》，内容为："根据《中华人民共和国环境保护法》以及省、州、市有关城市环境管理有关法律和法规，依法对你单位进行城市环境管理检查，经检查你单位有下列行为违反城市环境管理有关法规：'在生活区、办公区实行有毒、有害作业（喷漆）'，为此，限期在 1998 年 7 月 21 日以前进行治理，治理工作完成及时通知我局进行验收。逾期不治理或治理不达标的我局将根据有关法规处以罚款，或者责令停业、关闭。治理措施为搬迁。"并于 1998 年 7 月 14 日吉首市环境保护局对吉首市农机局下发了环境保护行政处罚预通知；2001 年 8 月 28 日吉首市环境保护局又下达了"吉环违改字（2001）05 号"《环境违法行为改正通知书》，内容为："经调查核实，你单位（或者个人）的以下行为：在单位宿舍院内进行喷漆活动，产生含苯有毒气体，对周围居民造成影响；违反了下列环境保护规定：《中华人民共和国大气污染防治法》第二十八条和《中华人民共和国环境保护法》第二十四条。现根据《中华人民共和国行政处罚法》第二十三条的规定，责令你单位（或者个人）改正以上环境违法行为。1. 喷漆过程在室内进行，尽量减少恶臭气体溢出。2. 尽快重新选址，使喷漆活动不在院内进行。"上述情况说明，针对居民的强烈反映，吉首市环境保护局于 1998 年 7 月向吉首市农机局发出的"吉环治字（1998）第 007 号"《城市环境管理限期治理通知书》指出了吉首市农机局"在生活区、办公区实行有毒、有害作业（喷漆）"，但吉首市农机局并未按照吉首市环境保护局的要求进行治理，而是在其后的 3 年多时间内继续实行有毒、有害作业，导致吉首市环境保护局又于 2001 年 8 月 28 日下达"吉环违改字（2001）05 号"《环境违法行为改正通知书》，在该通知书中明确指出吉首市农机局"在单位宿舍院内进行喷漆活动，产生含苯有毒气体，对周围居民造成影响"的事实。

以上事实说明，不仅刘德胜提出了环境污染事实存在，而且吉首市环保局也认定了有环境污染的事实的存在。再审判决认定刘德胜没有提出环境污染的事实，显属错误。

3. 农机局承认自 1982 年起开始就在院内喷漆作业；多名证人证实"（农机局）院内烟雾弥漫，油漆的臭味随风四处流动，让人望而却步"；"家具只要用擦布一擦，就有一层绿色的漆，人只要走进院内，就能闻到一股漆的臭味"。

4. 原一审判决认定"吉首市农机局在生活区院内坪场进行农用机动车培训、维修、年检及喷漆作业，客观上对刘德胜及附近居民的生活环境造成了一定的污染损害"；原二审判决认定"吉首市农机局从 1982 年以来，均在其坪场内进行农用车的培训、维修、年检及喷漆作业，而喷漆过程中，使有害物质'苯'混浊于空气中，对刘德胜等住户及周围环境客观上造成了一定影响"，再审判决在刘德胜已举证证明吉首市农机局有污染环境行为且确认原一、二审法院已查明的吉首市农机局对刘德胜及周围环境造成了影响的同时，又认为刘德胜没有提出环境污染的事实，显属认定事实错误。

5. 2000 年 10 月，刘德胜被确诊为恶性淋巴癌。教科书《肿瘤学》在"化学致癌物与癌基因"一节中指出：肿瘤的发生发展和环境因素密切相关，70% 肿瘤是由环境因素引起的，环境因素中 90% 为化学因素。苯化合物已经被世界卫生组织确定为强烈致癌物质。人在短时间内吸收高浓度的甲苯、二甲苯时会出现中枢神经系统麻醉的症状，轻者头晕、头痛、恶心、胸闷、乏力、意识模糊，严重的会出现昏迷……《恶性淋巴癌的诊断与治疗》一书中指出：苯对造血和网状内皮有广泛的损害作用，有可能通过抑制免疫功能而引发淋巴瘤。什么样的人易患淋巴癌，长期接触苯的工作人员。包括职业性接触者和非职业性接触者，非职业性接触者，由于没有防护，其损害程度远远大于职业性接触者。

（二）略

（三）再审判决认定本案"即使有损害结果的出现，也不能适用举证倒置的举证责任分配原则"，无法律依据。

根据《关于民事诉讼证据的若干规定》第四条第一款第三项的规定："因环境污染引起的损害赔偿诉讼，由加害人就法律规定的免责事由及其行为与损害结果之间不存在因果关系承担举证责任"。上述规定并没有规定受害人有举证证明污染单位的污染程度和污染范围的责任，而是要求加害人承担举证的责任，而再审判决在引用该规定后，判令由"受害人刘德胜应当举证出污染事实存在和损害结果的存在"，即混淆了加害人与受害人之间的关系，也显属适用法律错误。本案中刘德胜已经证明农机局有污染事实存在且吉首市环保局已认定有污染事实的存在。其污染造成的损害已有受害人的事实证明；原一、二审法院对吉首市农机局污染环境的行为与刘德胜患的恶性淋巴癌的事实均已认定。而再审判决认定本案"即使有损害结果的出现，也不能适用举证倒置的举证责任分配原则"，无法律依据。

根据《最高人民法院关于适用民事诉讼法若干问题的意见》第七十四条规定："在诉讼中当事人对自己提出的主张有责任提供证据，但在下列侵权诉讼中，被告否认的，由被告负责举证：（三）因环境污染引起的损害赔偿诉讼。"这说明加害人就行为与损害结果之间不存在因果关系承担举证责任。在本案中，再审判决并没有依法律规定让农机局负举证责任，农机局没有举出自己没有造成污染的证据，也没有证明其喷漆的行为与淋巴癌之间没有因果关系。根据《民法通则》第一百二十四条违反国家保护环境防止污染的规定"环境污染造成他人损害的，应当依法承担民事责任"和《中华人民共和国大气污染防治法》第三十六条规定"造成大气污染危害的单位，有责任排除危害，并对直接受损失的单位或个人赔偿损失"，吉首市农机局对造成的环境污染且造成人身损害，应当依法承担民事责任。

综上所述，湖南省湘西土家族自治州中级人民法院（2004）州民再终字第13号民事判决在认定事实和适用法律上均存在错误。依据《中华人民共和国民事诉讼法》第一百八十五条第一款第一项、第二项的规定，向你院提出抗诉，请依法再审。

此致

中华人民共和国最高人民法院

二〇〇六年三月十一日

附：检察卷宗一册

从上述三个案件的审判来看，污染事实和损害事实（健康损害和疾病）之间的因果关系，是法官审理环境侵权（健康损害类）案件审查的重点。在中国的司法实践中，各地法官对《关于民事诉讼证据的若干规定》第四条第三款的理解各不相同①，在上述三个案件中，就出现了"直

---

① 《最高人民法院关于民事诉讼证据的若干规定》第四条 下列侵权诉讼，按照以下规定承担举证责任：（三）因环境污染引起的损害赔偿诉讼，由加害人就法律规定的免责事由及其行为与损害结果之间不存在因果关系承担举证责任。

接因果关系"、"必然的因果关系"等对因果关系的不同表述，表现的是法官对因果关系的不同认识和理解。限于法官对法律原则的理解偏差和地方行政权力对司法审判的干预，污染受害人的诉讼得到公正审判并获胜的案例远远少于受害人败诉的案件，更有大量的环境纠纷被拒之于法院大门之外。

侵权行为的归责原则和因果关系规则，实际上体现了立法者对于该类侵权行为的价值判断。《环境保护法》第四十一条确定的环境侵权行为的无过错归责原则；《关于民事诉讼证据的若干规定》第四条和修改后的《水污染防治法》第八十七条①确定的由污染者承担证明因果关系的规则，都体现了立法者保护相对弱势的污染受害者权利的倾向性。

"法律上因果关系无论采取何种学说，事实上均不免于法律政策之影响，盖因果关系既为被告责任限制之问题，应属于法律规范之判断，考量之因素非系事实上因果律，而系被告之责任范围，为符合公平争议之要求，在个案判断被告责任范围时，当参酌法律、社会或经济政策，妥为决定。"② 鉴于中国的环境恶化的现状以及污染造成物质损害和人身损害事件高发，但受害人却很难获得司法救济的现状，应该在规制法律上因果关系时，扩大作为被告的污染者的责任范围，而不应对受害人一方设置过高的证明责任要求。而且法官在审判中应当区分事实上的因果关系和法律上的因果关系，要求原告（受害人）一方证明事实上的因果关系是完全和环境法现有的规定以及立法者的价值取向相悖的。原告（受害人）的健康损害和被告（污染者）的排污行为之间只要存在相关性，而被告不能提出证据否定这种相关性或提出的证据不能否认这种相关性，法院即应作出健康损害和排污行为存在法律上因果关系的判断。

---

① 《水污染防治法》第八十七条　因水污染引起的损害赔偿诉讼，由排污方就法律规定的免责事由及其行为与损害结果之间不存在因果关系承担举证责任。

② 陈聪富：《因果关系与损害赔偿》，北京大学出版社，2006，第141页。

# 建立中国环境与健康的纽带：
## 公共领域内的事件经营者

杨国斌<sup>*</sup>

2005 年 11 月 2 日的《中国经济时报》（*China Economic Times*）刊登了一则关于江苏省杨集乡几个"癌症村"的报道，报道的开头是一封村民写给时报的求助信，信中村民呼吁"请救救我们"。这封信上还有三百多位村民的签名，内容主要讲述了当地一家化工企业如何污染环境以及在过去的五年内当地有一百多位村民相继罹患癌症甚至因此去世。该报随即派记者前往当地调查事实真相。这篇报道正是新闻调查的产物。

这则报道提出了环境与健康的重要问题。对我们而言，报道里最引人关注的环节是村民们写给报社的求助信，他们为什么不向当地政府或是司法机构寻求帮助呢？从报道中我们得知，他们事先曾为此事接触过化工厂的老板，也曾向当地政府请愿，均无功而返，最后不得已只好直接向报社求助。这反映了当今中国生活的两大特点：（1）利益表达的官方渠道时常失效；（2）在这种情况下媒体曝光在解决公民问题方面发挥

* 本文作者杨国斌是哥伦比亚大学巴纳德学院亚洲与中东文化系副教授，兼社会学系教授。作者在此感谢詹妮弗·霍达威、阿瑟·摩尔以及 2008 年 4 月香港大学 SSRC 中国环境与健康国际研讨会的参与者，感谢他们的建设性意见。本文中有一部分是作者在新加坡国立大学东亚研究所作访问研究员时完成的。

作者通信地址：Asian/Middle Eastern Cultures, Barnard College, Columbia University, 3009 Broadway, New York, NY 10027；电子邮箱：gyang@ barnard. edu。

重要作用①。

在中国，媒体虽然受到政治和制度上的限制，但也逐步经历改革与开放的过程②。在这一进程中，新闻与媒体专业人士在有限的政治空间内熟练地进行社会商洽③。中国媒体不仅比过去揭露更多的社会问题，而且正如利伯曼所言，媒体"已经成为公民纠正社会偏差最重要、最有效的渠道之一"④。尽管如此，媒体对具体问题的报道程度如何以及到底选择哪些种类的具体问题进行报道等一系列问题仍有待研究。假如确如传媒学者艾伦·马祖尔所言，相比对于环境危机和技术危机究竟做了哪些报道而言，报道的数量是影响这些威胁传播的主要手段，而且读者的信任程度取决于报道的力度和密集度⑤；就环境对健康的影响以及人们对其认知和反应而言，要理解媒体在这方面的影响，首先要了解媒体对具体环境和健康问题的报道数量。同时，作为新闻机构，媒体有自己的偏见和侧重点，所以有必要考察是哪些问题在媒体中曝光更多，原因是什么。

---

① 污染受害者能否诉诸集体行动，参看本书中 Benjamin van Rooij 的论文《人民对抗污染之战：认识中国公民的反污染行动》，发表于 *Journal of Contemporary China*，Vol. 19，No. 63，2010（未出版）。

② Guoguang Wu，"One Head，Many Mouths：Diversifying Press Structures in Reform China."
C. C. Lee ed.，*Power*，*Money*，*and Media*：*Communication Patterns and Bureaucratic Control in Cultural China*，Evanston，IL：Northwestern University Press，2000，pp. 45 – 67. Roya Akhavan-Majid，"Mass Media Reform in China：Toward a New Analytical Framework." *The International Journal for Communication Studies* Vol. 66，No. 6（2004）：553 – 565. Joseph Man Chan and Jack Linchuan Qiu，"China：Media Liberalization under Authoritarianism." Monroe E. Price，B. Rozumilowicz and S. G. Verhulst eds.，*Media Reform*：*Democratizing the Media*，*Democratizing the State*，London：Routledge，2002，pp. 27 – 46. Stephanie Hemelryk Donald and Michael Keane，"Media in China：New Convergences，New Approaches." S. H. Donald，M. Keane and Yin Hong eds.，*Media in China*：*Consumption*，*Content and Crisis*，Routledge Curzon，2002，pp. 3 – 17.

③ Zhongdang Pan，"Media Change through Bounded Innovations：Journalism in China's Media Reform." Angela Rose Romano and Michael Bromley eds.，*Journalism and Democracy in Asia*，London：Routledge，2005，pp. 96 – 107.

④ Benjamin L. Liebman，"Watchdog or Demagogue：The Media in the Chinese Legal System". *Columbia Law Review* 105，No. 1（2005）：1 – 157.

⑤ Allan Mazur，"Nuclear Power，Chemical Hazards，and the Quantity of Reporting." *Minerva* 28（1990）：295.

　　环境与健康涉及大量问题①，其中有很多已经受到中国媒体的关注。中国媒体对敏感问题的一些报道反映了国内新闻职业化程度的提高和专业新闻工作者对新闻自由更高的追求②。虽然商业和政府势力有相互勾结的倾向，但商业化和市场化仍然起到一定的杠杆调节作用，迫使新闻机构相互竞争，通过报道公众普遍关注的题材来赢得更多的读者③。外界压力，比如，外国政府和非政府组织的游说活动以及国际性媒体上的曝光等，也在影响中国媒体的开放程度。互联网和其他新信息技术的便利，为曝光真相提供了更多机会，增加了封锁信息的成本。另外，中国媒体有意忽略的敏感问题经常在国际媒体上亮相。虽然中国政府对互联网控制较严，但网民仍然能够在网上对热点问题进行讨论，引发有影响的网络事件。有的网络事件还导致了政府政策与行为的改变④。就环境问题而言，阿瑟·摩尔曾指出，新信息和传播技术的发展使"环境治理的新信息模式"应运而生，在这一模式下，"信息的生成、处理、传输和使用成为环境变革的基本动力来源"⑤。

　　本文将在这样一个复杂的政治制度背景下探讨媒体对环境与健康报道过程中的某些具体问题，揭示媒体对不同题材的报道数量的差异，分析事件经营者在报道过程中的作用。

　　事件公开的过程，我称之为事件的生成过程。事件的生成靠的是事件经营者的策略与资源。事件经营者指促进事件生成的行动者。环境社会学家把媒体工作者、科学家、律师和政府官员视为环境政治学中最有

① 要了解事件的大致情形，参看 Judith Banister 的文章 "Population, Public Health and the Environment in China." *Managing the Chinese Environment*, edited by Richard Louis Edmonds, Oxford: Oxford University Press, 2000, pp. 262 - 291。

② Zhongdang Pan, "Improving Reform Activities: The Changing Reality of Journalistic Practice in China." *Power, Money, and Media: Communication Patterns and Bureaucratic Control in Cultural China*, edited by C. C. Lee, IL: Northwestern University Press, 2000, pp. 68 - 111.

③ Yuezhi Zhao, *Media, Market, and Democracy in China*, Urbana: University of Illinois Press, 1998.

④ Yongnian Zheng, *Technological Empowerment: The Internet, State, and Society in China*, Stanford: Stanford University Press, 2008.

⑤ Arthur P. J. Mol, "Environmental Governance in the Information Age: The Emergence of Informational Governance." *Environment and Planning C: Government and Policy* 24 (2006), 497 - 514.

影响力的事件经营者①。为了讨论中国发生的由环境引发的健康事件，我将分别论述四种事件经营者，即职业媒体工作者、非政府环保组织、村民和网民②。这里强调村民主要是因为农村地区的严重污染直接威胁到村民的生活乃至生命，而强调网民则是因为他们在大众传媒受到压制时能利用其他传媒渠道将事件公开。

我认为基于中国的政治环境和事件经营者所享有的资源，政治上保险或无害的事件以及对城市公众有意义的事件更有可能进入公共领域。与强势的经济和政治利益集团相关的争议性事件，在超常的情形中（如有突发事件、灾难和流行病时）能得以公开，标明外部冲击力量能起到震撼性作用。某些与环境相关的健康事件，比如因污染引起的癌症，属于高危事件，时常危及中国民众中的弱势群体。然而尽管这些问题很严重，它们进入公共领域的几率却很低。

## 一　2000～2007 年媒体对环境与健康问题的报道

人们已充分认识到媒体在中国环境保护运动中的重要性。早在 1995 年，中国最主要的非政府环保组织"自然之友"在其成立后不久就开始调查报纸对国内环境问题的报道。到 2000 年一共进行了 6 次调查，一项主要的发现是报纸对环境问题的报道数量在逐年增加。例如，在 1994 年，调查到的报纸平均每三天刊登一篇有关环境的报道。到 1999 年，达到报纸平均每天有两篇关于环境的报道③。

另外，对关键词的研究证明报道涉及的范围日渐扩大。1997 年，中国报纸环境报道的三大关键词按出现频率由高到低依次是植树绿化、环境卫生和政府环保行为。到 1999 年，最常见的关键词按出现频率由高到低依次为：促进环保意识、植树绿化、野生动植物保护、大气污染及治

---

① John Hannigan, *Environmental Sociology: A Social Constructionist Perspective*, London: Routledge, 1995.

② 我用"网民"这一称谓不仅仅表示网络使用者，还强调他们的公民身份。

③ "自然之友"公布我国报纸环境意识调查结果。"自然之友"《通讯》2000 年第 3～4 期，网址：< http://www.fon.org.cn/content.php? aid = 7259 >，访问时间：2008 年 8 月 22 日。

理、法规政策与执法、政府环保行为、固体废弃物、环境卫生、水污染
治理和城市环境问题①。

在下文中我将指出，中国媒体对环境问题的报道虽然仍带有某些偏
颇，但是所涉及的范围到目前为止一直在扩大。

另外，随着环境报道数量的增加，调查还发现报道的效率越来越高。
有研究表明媒体在中国非政府环境组织发起的反筑坝活动中发挥了非常
重要的作用②。另有对近来四次环保运动的研究发现，中国非政府环境组
织所采用的媒体战略是它们整个活动的重要组成部分③。

目前研究文献中所缺少的是关于媒体自 2000 年以来对环境及健康事
件报道的实证性考察。将这些事件联系起来非常重要，因为环境问题，
包括贫困情况在内，对大部分中国人的健康构成威胁④。为了研究媒体对
中国事件的报道，我对清华同方公司出品的中国核心报纸数据库进行了
一项统计。当时这个数据库包括 2000～2008 年头几个月之内中国大陆
的 1000 家国家级和省级报纸的文章。对环境及健康关键词的统计是在
2008 年 3 月 28 日进行的，涉及的报道始于 2000 年，止于 2007 年，考
察的数据库是"全文本"、"精确对应"，而非"模糊对应"。鉴于本研
究处于初步探索阶段，我在研究时没有强调不同种类报纸报道数量的区
别⑤。

① "自然之友"公布我国报纸环境意识调查结果。"自然之友"《通讯》2000 年第 3～4 期，网址：< http://www.fon.org.cn/content.php? aid = 7259 >，访问时间：2008 年 8 月 22 日。

② Guobin Yang and Craig Calhoun，"Media, Civil Society, and the Rise of a Green Public Sphere in China." *China Information* 21 (2007)：211 – 236.

③ 曾繁旭：《中国环保 NGO 议题背后的博弈：国家控制、媒体策略以及 NGO 的合法性建构》，中国传媒大学 2007 年博士论文。

④ Jennifer Holdaway，"Environment and Health in China：An Introduction to an Emerging Research Field." *Journal of Contemporary China*，Vol. 19，No. 63，2010（未发表）。意识到这一重要性以后，中国政府在 2007 年下半年宣布了一项《国家环境与健康行动计划（2007～2015）》。根据这个文件，"政府应该致力于改善对于环境与健康的管理和研究，为了维护公共健康尽量减少环境引起的疾病，提高应变能力，提供优质服务，促进两者之间的和谐发展。"网址：http://english.sepa.gov.cn/News_ service/media_ news/200801/t20080108_ 116052.htm.访问时间：2008 年 8 月 22 日。

⑤ 中央、省级和地方报纸之间存在差别。参见 Xiaoling Zhang 所著 "Seeking Effective Public Space：Chinese Media at the Local Level." *China：An International Journal* Vol. 5，No. 1 (2007)：55 – 77。

这项研究包括三个步骤①：第一步我考察了一般性环境事件的关键词，包括污染、空气污染、水污染、噪音污染、全球变暖和动物保护等，数据详见表1。

表1　2000～2007年报纸对所选环境问题的报道

| 年份＼关键词 | 污　染 | 动物保护 | 全球变暖 | 噪音污染 | 空气污染 | 水污染 | 土壤污染 |
|---|---|---|---|---|---|---|---|
| 2000 | 21672 | 386 | 131 | 138 | 1199 | 860 | 72 |
| 2001 | 21198 | 452 | 206 | 152 | 1568 | 946 | 87 |
| 2002 | 27400 | 510 | 305 | 176 | 1786 | 1188 | 126 |
| 2003 | 40055 | 1177 | 398 | 285 | 2348 | 1754 | 161 |
| 2004 | 47610 | 954 | 430 | 325 | 3242 | 2023 | 223 |
| 2005 | 72324 | 1033 | 606 | 557 | 6006 | 2687 | 373 |
| 2006 | 77670 | 958 | 630 | 557 | 6869 | 2616 | 671 |
| 2007 | 82435 | 798 | 1832 | 627 | 8570 | 2996 | 705 |

信息来源：基于清华同方"中国核心报纸数据库"的调查统计。

第二步是考察与环境和健康相关的三个关键词并与其他环境问题相比较，详情见表2。

表2　2000～2007年报纸对所选环境与健康问题的报道

| 年份＼关键词 | 环境与健康 | 污染与健康 | 食品安全 | 饮水安全 |
|---|---|---|---|---|
| 2000 | 23 | 4 | 277 | 21 |
| 2001 | 34 | 5 | 840 | 55 |
| 2002 | 65 | 2 | 2162 | 52 |
| 2003 | 116 | 0 | 3473 | 165 |
| 2004 | 91 | 0 | 6356 | 318 |
| 2005 | 91 | 13 | 12301 | 2314 |
| 2006 | 144 | 13 | 13129 | 4736 |
| 2007 | 123 | 15 | 23359 | 6144 |

信息来源：基于清华同方"中国核心报纸数据库"的调查统计。

第三步，我想考察报道中涉及的问题是否存在城乡差别。在农村问题方面，我选择了农村污染、癌症村和农药污染等关键词作为考察对象。

---

① 在此笔者感谢詹妮弗·霍达威建议使用这一方法。

在城市方面，则选择了城市污染、动物维权、业主维权和民间环保组织
等。之所以选择业主维权是因为这一问题与业主房产的环境状态有关，
而且近年来这一问题变得很突出①。同样，民间环保组织的参与是城市里
重要的社会进步之一。详情见表 3。

表 3    2000～2007 年报纸对所选环境问题的报道：城乡对比

| 年份＼关键词 | 农村污染 | 城市污染 | 癌症村 | 农药污染 | 业主维权 | 动物维权 | 民间环保组织 |
|---|---|---|---|---|---|---|---|
| 2000 | 13 | 128 | 3 | 217 | 1475 | 6 | 36 |
| 2001 | 39 | 169 | 3 | 236 | 2110 | 8 | 45 |
| 2002 | 37 | 216 | 1 | 296 | 2773 | 18 | 60 |
| 2003 | 40 | 213 | 7 | 344 | 3965 | 27 | 92 |
| 2004 | 68 | 301 | 32 | 289 | 5267 | 36 | 142 |
| 2005 | 144 | 443 | 48 | 435 | 8595 | 34 | 223 |
| 2006 | 228 | 524 | 34 | 342 | 9071 | 31 | 211 |
| 2007 | 245 | 560 | 32 | 298 | 8223 | 40 | 248 |

信息来源：基于清华同方"中国核心报纸数据库"的调查统计。

研究结果反映出三种趋势。第一，环境问题的报纸报道频率总体上
有所增长，这也进一步证明了 20 世纪 90 年代后期由自然之友组织取得的
研究结果是正确的。自 2000 年以来，每年都有更多的含所选关键词的新
闻报道出现，只有极少数例外情况，比如 2003 年涉及健康与环境和动物
保护的报道数量的明显增长和 2005 年关于动物保护的报道数量的增长。
这些增长反映出那几年最主要的健康危机：2003 年的 SARS 危机和 2005
年的禽流感以及松花江流域的污染。

第二，研究结果表明对环境和健康问题的媒体报道不太平衡，因为
报道向政治上保险和容易吸引公众注意力的问题严重倾斜。正因为如此，
全球变暖和动物保护在报道中的出现频率远远高于"污染与健康"、"环
境与健康"等话题。全球变暖和动物保护的报道，因为没有具体的所指
对象在政治上显然更为保险。即使有针对者，也不会是政府领导。全球

---

① Yongshun Cai, "China's Moderate Middle Class: The Case of Homeowners' Resistance." *Asian
Survey* 45: 5 (2005): 777 - 99.

变暖作为世界范围内的时髦词语经年已久，这一话题在媒体上的频频亮相也反映出中国媒体紧跟世界潮流的强烈愿望。而对于环境与健康话题的有限报道或许是因为大家对这两者之间的关系缺乏理解，也许因为与这一话题有关的题材颇具争议性。一般来说，有争议性的话题是大众媒体尽量回避的[①]。例如，对于 2005 年在浙江乡村由污染引起的骚乱西方媒体有大量报道，而在我研究的清华同方"核心报纸"数据库中却找不到任何这方面的报道。

第三，媒体报道对于和中国社会中最为弱势的群体——农民群体——有关的问题持有偏见。农村污染问题程度深、范围广，而媒体对此的报道却很少见[②]。近年来，许多村里的村民因环境被污染而患癌症去世，这样的村子被称为"癌症村"[③]。而对这种危及生命的话题的媒体报道还比不上对动物权利的关注。这种对农村问题的忽视也可以看做是对于城市富人群体的青睐。动物权利作为一个指标主要是中产阶级关心的话题，另一个类似的指标是对业主权益的维护，这也是一个主要与城市业主相关的问题。

如何解释环境问题在媒体报道中的不平衡呢？究竟是什么因素决定了是这些而不是其他事件被报道？事件经营者在其中到底起了什么作用？

## 二 政治机会的复杂结构

集体行为的动员受到政治条件的制约。在政治条件更为开放的地方，动员更容易发生，因为开放的政治结构能带来更多的政治机会。近来，

① 这一点在中国和其他地方是一样的，关于媒体与抗议之间的关系，参见 Harvey Molotch, "Media and Movements." *The Dynamics of Social Movements: Resource Mobilization, Social Control, and Tactics*, edited by Mayer N. Zald and John D. McCarthy, Cambridge, Mass.: Winthrop Publishers, Inc., 1979, pp. 71 – 93。

② 中国大陆学者注意到曾经有一度人们花费大量精力来保护城市环境，不仅农村的污染无人问津，甚至城市的发展也以牺牲农村环境为代价。参见邓清波《环保城市 VS. 污染农村》，2005 年 6 月 7 日《中国经济时报》。

③ 参见 Anna Lora-Wainwright, "An Anthropology of 'Cancer Villages': Villagers' Perspectives and the Politics of Responsibility." *Journal of Contemporary China*, Vol. 19, No. 63, 2010（未发表）。

有些学者认为政治机会结构（POS）这一概念过于笼统，难以涵盖复杂的政治现实。他们提出政治结构对某些事件也许更为宽容，这取决于这些事件的相关性和社会大背景，所以政治机会这一概念应该进一步细化。

政治机会可以从两方面来看，一是不同的因具体事件而异的机会，政治结构对某些事件也许更为宽容，因此围绕这些事件的动员有更大的空间。比如，有人提出"社会运动的不同领域有各自特定的 POS……运动涉及的事件在政治领域内有不同的意义"①。正如社会学家梅尔和明科夫所论，"如果一种政体允许某一类参与，它或许会同时禁止其他形式的参与"②。

社会行动者能否抓住政治机会取决于他们的认识和智慧。在与媒体的接触方面，村民与市民相比处于劣势，这不仅是因为后者更接近媒体机构，或者媒体工作者本身就是市民，而且也因为村民几乎总被看做是中国宣传机器的被动的受众。正如奥布莱恩和李明江所指出的，村民在认识和利用政治机会方面很困难，即便是涉及他们自身利益的人所共知的政策信息，他们也常常不了解，因为这类信息常常被当地领导封锁起来③。

在中国的政治领域，很多事情具有清楚的等级结构，国家对某些事件比对其他事件更为宽容，因此大众冲突面临着自己独特的机会。最难以容忍的是挑战政党及国家安全的事件；反之，不构成挑战的事件则有可能被包容，甚至得到鼓励。一般来说，与环境有关的事件在政治意义上是无害的。即使是最严厉的政体也不会否认优良的环境给公民带来的实惠。这也能说明为什么世界各地的大众传媒都会去报道环境问题。④ 环

---

① Hanspeter Kriesi, Ruud Koopmans, Jan Willem Duyvendak, and Marco G. Giugni, *New Social Movements in Western Europe: A Comparative Analysis*, Minneapolis: University of Minnesota Press, 1995, p. 96.

② David S. Meyer and Debra C. Minkoff, "Conceptualizing Political Opportunity." *Social Forces* 82, No. 4 (2004), p. 1463.

③ Kevin O'Brien and Lianjiang Li, *Rightful Resistance in Rural China*, Cambridge: Cambridge University Press, 2006.

④ Russell Dalton, *The Green Rainbow: Environmental Groups in Western Europe*, New Haven: Yale University Press, 1994.

境问题在中国具有政治意义上的安全性，因为如果有了环境问题而不去解决会构成对国家安全的更严重的威胁。

在同一事件领域内，不同的附属事件享有不同的政治机会。在中国，虽然一般来讲环境事件在政治上是安全的，但是安全的程度有所不同。比如，几乎没有任何一个非政府环境组织会反对民用核能，另一方面，正如伊丽莎白·伊科诺米所指出的那样，与物种、自然保护和环境教育相关联的事件在政治上可接受程度更高[①]。

中国的媒体报道也反映出这些复杂的政治现状。虽然媒体正逐步经历改革开放，但中国媒体仍处于政治控制之下，在报道上还不能随心所欲。张晓玲（音）指出，在选择报道题材时，电视记者和制作人不能报道无法尽快解决的问题，以及会影响国内稳定、会引起境外媒体攻击的话题[②]。因此对于那些正在试图超越政治制度严格限制的媒体工作者而言，选择报道环境问题能为他们赢得一定程度的报道自主权，同时也不至于直接危及国家安全[③]。然而，尽管环境事件具有新闻价值，但价值仍有高下之分。中国媒体对环境事件的报道也不平衡，它们歧视农村污染问题，虽然这一问题相当严重。这种时候我们就必须分析事件经营者的资源和战略。

## 三　穷人的运动

世界各地的环保运动大体可分为两类——穷人的运动和中产阶级的运动[④]，中国也不例外。在中国，穷人的环保运动主要发生在农村，村

① Elizabeth C. Economy, *The River Runs Black: The Environmental Challenge to China's Future*. Ithaca, NY: Cornell University Press, 2004, p. 145.

② Xiaoling Zhang, "Reading between the Headlines: SARS, Focus and TV Current Affairs Programmes in China." *Media, Culture & Society* Vol. 28, No. 5 (2006): 731.

③ 关于媒体工作者如何讨论政治环境，参见 Zhongdang Pan, "Media Change through Bounded Innovations: Journalism in China's Media Reform." Angela Rose Romano and Michael Bromley eds., *Journalism and Democracy in Asia*, London: Routledge, 2005, pp. 96 – 107。

④ Ramachandra Guha and Juan Martinez-Alier, *Varieties of Environmentalism: Essays North and South*, Earthscan Publications Ltd., 1997.

民是挑战者兼事件经营者，针对的事件主要是水污染、空气污染和土地污染，这些问题的严重性对公民和政府来说丝毫不陌生。至少从2000年开始，官方发行的《中国环境年鉴》记录了国民针对农村环境工业污染的主要投诉和请愿，批评对象是作为污染源的工业企业和当地政府机关。

　　鉴于农民在社会结构中的地位，他们相对于企业和政府来说处于弱势，因此他们一般会采取"合法抗争"而尽量避免和强大的对手发生正面冲突①。在2005年，浙江省有两个被污染的村子在爆发激烈冲突之前都曾通过官方渠道进行了多年抗议。比如，新昌的村民曾派出代表索赔。在2005年7月4日，他们曾派出一个团体希望和工厂的主管进行沟通②。东阳的村民付出的努力更为长久。早在2001年当地的化工厂一动工，他们就开始向政府请愿。他们通过写公开信来表示自己的不满，村民们在公开信上集体签名，复制后广为散发。运动中的积极分子的活动受到干扰，有的被指控扰乱社会治安而遭逮捕③。

　　在农村，试图通过官方渠道表示不满的努力有时能解决问题，有时则无法解决④。当官方渠道行不通时，村民可能不得不采取更为激烈的手段。如同社会学家派文和克劳沃德所提出的，在穷人缺乏组织资源的情况下，这些过激进行为就是他们的资源⑤。在中国，这些行为的有效性体现在两个方面：一是会因此赢得中央政府的关注，而穷人通过其他方式一般是无法直接接触到中央政府的。二是引起国际媒体的注

①　Kevin O'Brien and Lianjiang Li, *Rightful Resistance in Rural China*, Cambridge：Cambridge University Press, 2006.

②　Howard W. French, "Anger in China Rises over Threat to Environment." *New York Times*, July 19, 2005.

③　郎友兴：《商议性民主与公众参与环境治理：以浙江农民抗议环境污染事件为例》，"转型社会中的公共政策与治理"国际学术研讨会论文，2005年11月19～20日，广州。网址：< http：//www. chinaelections. org/readnews. asp？ newsid = % 7B997159BE － D604 － 480C － 912E － 383795D4E581%7D >。下载时间：2006年1月10日。

④　Kevin O'Brien and Lianjiang Li, "The Politics of Lodging Complaints in Rural China." *China Quarterly* 143（1995）：756 － 783.

⑤　Frances Fox Piven and Richard A. Cloward, *Poor People's Movements：Why They Succeed, How They Fail*, New York：Vintage Books, 1979.

意，再通过国际回旋原理在一定程度上使事件得以公开①。2005 年在浙江省发生的针对污染的抗议活动正属于这一类。我刚才也提到，虽然中国国内的媒体对此保持沉默，西方国家的媒体却抓住这一问题大肆报道。

当通过官方渠道表达诉求的努力行不通时，农民可能会转向与大众媒介接触，让媒体报道自己的遭遇。我在文章开始时谈到的例子就是这样一种尝试。但即使有媒体进行报道，问题可能仍然得不到解决。一般只有通过集中报道，问题才会受到举国关注，解决的可能性才更大。集中报道一般要满足三个条件：（1）当政府鼓励报道时；（2）当有创意的事件经营者成功地发起媒体运动时；（3）当外界的变化，如自然灾害或其他突发事件以及信息时代控制信息的难度迫使政府放松对舆论的控制时。

由于政府对媒体活动的支持和外界变化都是难以控制的变量，对我们而言，关键的条件就是有必要资源的事件经营者是否能够以及如何能够通过媒体的运作揭露问题。下面我将首先通过回顾环境新闻来考察媒体工作者所起的作用。

## 四　中国环境新闻

根据本文对中国报界环境报道的统计，可以看出环境类新闻在中国传媒界正处于增长期。为了说明原因，我们先来了解一下环境类新闻的特点以及造成这些特点的一些因素。

中国报道环境问题的媒体通常有两类。一是普通报纸和电视广播节目，包括全国性媒体，如《人民日报》、《光明日报》、《中国青年报》、中国中央电视台、中国中央人民广播电台等。这些都是中国最有影响力的媒体。虽然环境报道不是它们的工作核心，但其中很多媒体都有与环境相关的栏目或节目，因此也有专门报道环境问题的记者。由于它们在

---

① Margaret E. Keck and Kathryn Sikkink, *Activists beyond Borders：Advocacy Networks in International Politics*, Ithaca：Cornell University Press, 1998.

中国传媒界的地位举足轻重，它们对环境问题的报道也会产生重大影响。

　　另一类报道环境事件的新闻媒体包括环境专业类的报纸和杂志，比如《中国环境报》、《中国绿色时报》、《中国林业报》，还有文学期刊《绿叶》等。其中最早的《中国环境报》创刊于 1986 年。据估计，在 2002 年约有 407 家这一类的报纸和杂志关注环境问题。其中，有 121 家关心造林和生态问题，31 家涉及环保问题，203 家关注自然资源问题，还有 52 家涉及一般性环境问题①。考虑到与农民有关的报纸数量的萎缩，环境类报纸的增加很耐人寻味。如赵月枝所言，在媒体商业化的进程中，农民正渐渐出局，因为他们不是商业广告争夺的主要对象②。至于为什么环境方面的新闻有商业价值，我下文将专门进行论述。

　　在 20 世纪 80 年代，最有影响的环境问题报道来自于报告文学，其中最有名的作品是徐刚发表于 1988 年的《伐木者，醒来!》③。自 1990 年以来，环境类新闻的发展要适应复杂的新形势的需要。这种形势与摩尔和卡特所提出的四种环境改革的推动力在一定程度上有关联，即政治结构的变化与环境政府的兴起、经济和市场动力、新兴的市民社会及国际化的进程④。这四个因素对环境新闻的兴起起到同样重要的作用。基于环境法的推行和政府掌控措施之上的环保运动的发展促进了与环境问题有关的普通媒体讨论的发展。它提供了一定的政治机会。媒体领域的市场竞争机制鼓励社会普遍关注的环境问题的报道，这一点体现在一个新的题材，即"民生新闻"的发展上。都市环境新闻也可归入这一类别。关心环境问题的民间社会组织侧重于了解媒体对于实现其组织功能的意义。正如我下面要讲到的，它们采用的媒体战略通常会带来大规模的媒体报道，国际间的整合或全球化对于中国环境新闻报道有几方面的意义，一

---

① 高立鹏、唐秀萍：《中国环境新闻的现状及趋势》，《新闻记者》2002 年第 9 期。

② Yuezhi Zhao, *Media, Market, and Democracy in China*, Urbana: University of Illinois Press, 1998, p. 69.

③ 关于 20 世纪 80 年代的报道文献，参见 Rudolph Wagner, *Inside a Service Trade: Studies in Contemporary Chinese Prose*, Cambridge: Council on East Asian Studies, Harvard University, 1992。

④ Arthur Mol and Neil Carter, "China's Environmental Governance in Transition." *Environmental Politics* Vol. 15, No. 2 (2006), pp. 149 - 170.

是将全球性的环境话语、价值观和事件引入中国公共视野，如中国媒体对全球变暖的报道就反映出全球环境话语的影响。另一种全球化的影响表现在有越来越多的国际环境组织和民间社会组织出现在中国，很多这样的组织直接从事环境方面的项目，另外一些组织则通过资金赞助和职业培训为他们在中国的合作伙伴提供支持①。最后一种全球性的影响是政治学家科克和锡金克所说的所谓回旋原理②。国际媒体不仅报道中国环境问题，有的还在网络版中提供汉语服务，从而比过去更容易接触到中国国内的读者。它们经常报道中国国内媒体忽视的问题，从而成为一种来自外部的压力。

　　除了上述四个因素以外，还有两个条件也影响中国的环境类新闻，即互联网的发展和风险社会的状况。尽管政治方面对互联网的管制日益加强，自 20 世纪 90 年代后期以来，互联网就成为民众交流的新的平台。一方面，公民和民间社会团体利用网络推广激进的环保主义，另一方面官方的媒体也开设了自己的网站和针对环境问题进行讨论的网上论坛。随着民众交流渠道的拓展，对交流的需求也逐步增加。而刺激交流需求增长的是大家身边的危机事件。灾难、突发事件、环境方面的挑战、工业事故以及各类危机以前都发生过，但过去的 10 年里这些都变得更为频繁和严重，1998 年夏天的水灾、2003 年的 SARS 危机、2005 年松花江流域的化学污染、2007 年太湖水域的蓝藻事件③以及 2008 年的雪灾和地震只是其中破坏性最强的一部分事件。四川大地震之后的情形表明，对这些危机的处理有赖于公开的信息渠道，信息公开不仅能帮助公民了解情况，对于动员公共力量解决危机也很有必要④。

---

① 例如，一个国际性非政府组织和几个中国合作者联合促进法制建设与环境新闻报道，参见 http://mlrc.cuc.edu.cn/。

② Margaret E. Keck and Kathryn Sikkink, *Activists beyond Borders: Advocacy Networks in International Politics*, Ithaca: Cornell University Press, 1998.

③ 太湖蓝藻的发生与工业污染有直接关系，这一危机影响了无锡城区大约两百万居民的饮水安全。参见《人民日报》的报道"总理要求彻查太湖事件"June 12, 2007. 网址：<http://english.peopledaily.com.cn/200706/11/eng20070611_383097.html>，访问时间：2008 年 8 月 30 日。

④ Yang Guobin, "Sichuan Earthquakes and Relief Efforts: The Power of the Internet." *Background Brief* No. 389, East Asian Institute, National University of Singapore, June 25, 2008.

## 五　作为事件经营者的非政府组织

我的网上调查结果无法说明非政府环保组织是否能够或是如何扩展媒体对事件的报道以及会侧重报道哪些环境事件，但是，现有的研究表明，非政府环保组织会赋予动员媒体力量从事报道活动以特殊意义。非政府环保组织和媒体工作者在各自追求独立的过程中，在与国家的关系上处境相似，因此他们之间存在着一定程度上的相互依赖①。在怒江反筑坝行动中，非政府环保组织广泛利用大众传媒和互联网，发动民众抵制修建大坝②。曾繁旭对保护藏羚羊活动的分析说明，各类媒体，如传统的政党领导下的机关报纸、专业性报纸、市场化的报纸以及行业类报纸对同一个问题的报道方式不同③。谢磊（音）对辽宁省保护鸟类的一个个案研究着重揭示了新闻工作者和环保主义者的网络在增强社会关注事件的公开性方面的特殊意义④。

非政府组织显然会推动媒体对环境事件的报道。它们在环保行动上的成功在很大程度上依赖于媒体的公开与动员。非政府组织在动员媒体方面有一项特殊的优势。从上述案例中可以看出，大多数有影响的非政府组织，他们的创始人、领导或是核心骨干多为媒体工作者。研究中涉及较少的是非政府环保组织究竟关注哪些类别的环境事件。非政府环保组织关心的事件和大众媒体经常报道的事件多有重叠。我所进行的网上数据库调查发现，对于政治上较为保险的事件以及城市环境事件的重视不仅存在于大众媒体中，也存在于非政府环保组织的活动范围内，这主要集中在环境教育、自然保护、城市更新和保护濒危物种等一些方面。

---

① Guobin Yang, "Environmental NGOs and Institutional Dynamics in China." *The China Quarterly*. No. 181 (2005): 46 – 66.

② Guobin Yang and Craig Calhoun, "Media, Civil Society, and the Rise of a Green Public Sphere in China." *China Information* 21, No. 2 (2007): 211 – 236.

③ 曾繁旭：《中国环保 NGO 议题背后的博弈：国家控制、媒体策略以及 NGO 的合法性建构》，中国传媒大学 2007 年博士论文。

④ Lei Xie, *Environmental Activism in Urban China: The Role of Personal Networks*, Ph. D. dissertation, Wageningen University, 2007.

例如，2000 年一项关于学生环保组织的调查表明，53% 的组织活动集中在环境教育方面，而且只有 29% 的活动属于某些类型的环保行为；在四类环保行为中，资源与生态保护占 58%，其他的属于污染预防与解决，但这项调查并未说明学生参与的究竟是哪些污染预防与解决活动[1]。2005 年一项关于中国某知名非政府环保组织成员的调查说明，该组织成员最乐于参加的有以下活动：（1）环境教育，（2）讲座，（3）成员的社会活动，（4）培训，（5）植树，（6）看林，（7）推广活动，（8）观鸟，（9）看电影，（10）参观展览，（11）办公室志愿者，（12）合唱[2]。总之，中国的非政府环保组织主要从事政治上较为保险和城市大众关心的活动。

中国非政府环保组织的活动倾向以及它们在媒体上的成功有其政治和社会原因。政治上的解释是，中国非政府环保组织与媒体工作者一样，策略地应对环境事件特有的政治机会。城市环境工作者作为组织成员的合法性需要得到国家认可，而对国家安定有威胁的团体是得不到认可的。因为对国家不会构成威胁，环保组织在挑战地方政府和企业时经常会得到中央政府官员的直接支持。用霍和埃德蒙兹的话来说，这种"嵌入性"与其说是限制倒不如说是有利条件[3]。同时环保组织的处境很微妙，有的组织虽然在运转但并没有正式注册，即使注册了的机构也如同走钢丝一般在它们有能力做的事情和允许它们做的事情两者之间尽量保持平衡。在这种情形下，它们的战略是通过在可能的范围内从事经营活动而获得组织的发展。总之，中国非政府环保组织之所以关注政治上比较保险的问题，是因为它们的生存依赖于自己的政治合法性，这也在一定程度上解释了为什么很少有非政府组织关心像癌症村这样的爆炸性环境新闻[4]。

从社会学意义上来说，中国环保主义者大多数是受过良好教育的都

---

① 卢红雁等：《中国高校环保社团现状调查与分析》，网址：< http：//www. greensos. org/mess_ org/report/view/html/content/ >. 访问时间：2002 年 4 月 6 日。

② 自然之友：《2004 年自然之友会员调查结果分析报告》，网址：http：//www. fon. org. cn/index. php? id = 4839. 访问时间：2005 年 1 月 25 日。

③ Peter Ho and Richard Louis Edmonds，"Perspectives of Time and Change：Rethinking Embedded Environmental Activism in China." *China Information* 21，No. 2（2007）：331 – 344.

④ 除了政治限制以外，还有能力问题。非政府组织经常由于其组织方面的局限性，工作只能涉及某些领域而无法顾及其他，比如农村污染。感谢詹妮弗·霍达威为我指出这一点。

市职业人。他们在新兴的中产阶级①中代表了更注重知识的社会群体，但是又不同于商业精英和政治精英。上文提到北京的某非政府环保组织，它的成员调查反映出中国环保主义者的大致构成。在 1500 名受调查者中，总共收到 607 人的反馈，其中 95% 的成员有大学或研究生学历。从职业构成来看，大学生占成员总数的 34%，教师占 15%，记者和编辑占 6%。换言之，这个组织里有 55% 的人属于传统意义上的知识分子。成员中还包括科学家、会计师、经理人、医生、律师、工程师、销售人员和公司职员。618 人中只有 13 个人认为他们自己属于工人阶层②。

　　中国非政府环保组织的社会特点影响到它们的行为，它们的都市性和中产阶级性对它们而言既有有利的一面又有不利的一面。一方面中国环保主义者的中产阶级背景、教育背景、职业素养和经验都是基本的文化和社会资源，这些资源使他们能与国内和国际媒体沟通。另一方面，这些特点又能够解释为什么非政府环保组织更愿意关注城市环保问题而不是更有挑战性的农村污染问题。它们的地理环境决定了它们的社会定位和行动范围。

　　虽然中国非政府环保组织面临很多政治和社会的制约，但仍有少数组织愿意致力于应对具有挑战性的污染问题。最有名的例子是污染受害者法律援助中心（CLAPV），这个中心会帮助受害者起诉和维权。其他公益行动的事例包括"淮河卫士"事件，由公众环境研究中心（IPE）绘制的水污染地图，还有云南思力生态替代技术中心（PEAC）也经常参与一些公益行动。③ 这里面除了 CLAPV 是 1998 年设立的，其他都是近些年才建立的。PEAC 成立于 2002 年，淮河卫士始于 2003 年，IPE 建于 2006 年。

---

① 中国城市中产阶级并不完全等同于西方工业化社会中的中产阶级，中国和西方学者都曾强调指出这一新兴的中产阶级主要由领薪职业者组成。参见 Luigi Tomba，"Creating an Urban Middle Class: Social Engineering in Beijing." *The China Journal*, No. 51（2004），pp. 1 – 26。

② 自然之友：《2004 年自然之友会员调查结果分析报告》，网址：http://www.fon.org.cn/index.php?id=4839. 访问时间：2005 年 1 月 25 日。

③ 最后这个案例，参见 Katherine Morton，"Transnational Advocacy at the Grassroots: Benefits and Risks of International Cooperation." Peter Ho and Richard Edmonds eds., *China's Embedded Activism: Opportunities and Constraints of a Social Movement*, London: Routledge, 2008, pp. 195 – 215。

虽然针对污染问题的非政府组织远远少于其他领域内的非政府组织，但它们的存在和经营意味着少数积极分子在不断推进环保事业并承担起与环境、健康相关的挑战。在这方面，有创新精神的领导作用非常关键。IPE 的案例和它的创始人马军的名人地位直接相关。2006 年他因为在处理中国水资源危机方面所作的突出贡献被《时代周刊》评选为影响世界的百位名人之一。除了创业精神以外，很多像淮河卫士的创始人霍岱山这样的非政府组织领导人表现出了非凡的公民勇气。摄影记者出身的霍岱山 1998 年在他 46 岁时辞去记者工作，从此全身心地投入对他家乡的这条河流的保护工作当中。其间经历了财政方面的困境，也曾因揭露当地污染工厂而遭受恐吓胁迫，但他从不放弃。最后，他在 2003 年成立了自己的非政府组织，凭借自己的勇气与坚韧赢得了公众的认可①。

## 六 作为事件经营者的网民

考虑到大众传媒所受的政治上的限制，我们有必要在此探讨一下其他与新闻事件产生有关的媒体形式。近年来，重要的公共意见大多通过互联网为大家所了解。中国的网民对于环境引发的健康事件又作何反应呢？网民在将这些事件引入公共领域的过程中又会起到什么作用呢？

近年来频繁发生的网络事件说明中国网民愿意对公众广泛关注的事件发表意见。每天有大量的新闻事件进入网络空间，成为讨论的话题。但只有一小部分帖子能在公众中激起反响。一般来说，有反响的事件或是与大众的日常经验关系较为密切，或是诉诸情感、触及道德底线，或是有明确的追究对象②。以最近出现的几起事件为例，2005 年松花江流域化学污染事件一经曝光即引起公愤，还有 2007 年的"黑砖窑"事件和

---

① 关于霍岱山的工作及其组织的简介，参见网址：http：// www. greengo. cn/company. php？comid＝21. 访问时间：2008 年 8 月 30 日。

② 关于框架共鸣，参见 David A. Snow and Robert D. Benford, "Ideology, Frame Resonance, and Participant Mobilization." *International Social Movement Research* 1 (1988)：197 – 218。关于事件共鸣，参见 Margaret E. Keck and Kathryn Sikkink, *Activists beyond Borders*：*Advocacy Networks in International Politics*, Ithaca：Cornell University Press, 1998。

2008 年的"牛奶污染"事件。这些事件的发生过程中都有大量的网民参与。他们在网上社区和留言版中热议这些话题，并使讨论偏离官方引导的主流媒体的报道倾向①。

　　在这方面"黑砖窑"事件带给我们很多启示。这一事件中涉及的奴隶劳工问题在河南电视台报道播出后得以揭露，但真正在全国引起轰动却是在天涯论坛的帖子发表之后②。这些帖子之所以引起广泛关注，一方面是因为它们所揭露的事实真相令人发指，另一方面帖子的描述图文兼有，极具情感冲击力。帖子的标题是"谁来救救我们的孩子？"，文中写了当地警察不愿意协助失踪孩子的家长解救孩子，表达了家长在发现了自己孩子身陷困境时的愤慨与无奈。帖子中写道："我们是这些失踪孩子的家长，我们想找到并救出自己的孩子……但我们觉得自己无能为力。我们的孩子此时此刻正面临生命危险……这是个生死攸关的问题。谁能帮帮我们？"③

　　"牛奶污染"事件中的一个细节从另一个角度反映出互联网的重要性。根据媒体报道，三鹿公司——污染奶的生产者之一——曾试图向中国最大的搜索引擎百度提供 50 万元的公关费，条件是百度删除所有与三鹿有关的负面报道④，百度声称自己拒绝了这笔交易，但是网民说 2008 年 9 月初的一段时间之内，在百度上很难找到关于三鹿的负面报道⑤。

　　网络事件有些是有组织的，有的则没有组织。有些事件没有组织，表现在网民自发地表达意见或是抗议某些严重的社会问题。那些能在大

---

① 关于大众媒体对紧急情况的引导性报道，参见 Xiaoling Zhang, "Reading between the Headlines: SARS, Focus and TV Current Affairs Programmes in China." *Media*, *Culture & Society* Vol. 28, No. 5 (2006): 715 – 737。

② 师曾志、杨伯溆：《近年来我国网络媒介事件中公民性的体现与意义》，载高丙中、袁瑞军主编《中国公民社会发展蓝皮书》，北京大学出版社，2008。

③ 参见 http://cache.tianya.cn/publicforum/content/free/1/935630.shtml。访问时间：2008 年 1 月 30 日。

④ Ariana Cha, "Public Anger over Milk Scandal Forces China's Hand." *The Washington Post*, September 19, 2008, A13.

⑤ Fu Jianfeng, "Let Me Skin Sanlu Alive: The Notes of a News Editor about the Sanlu Tainted Milk Powder Case." September 14, 2008. 网址：http://zonaeuropa.com/20080920_ 1. htm. 访问时间：2008 年 10 月 15 日。

众中产生共鸣或是引起公愤的事件，容易成为自发性事件。说某些事件是有组织的，主要是指它们有这样那样的组织背景，尤其是网络社区这类非常规组织。近年来几乎所有的大事件皆是如此。网民通过网上社区动员大家参与其中，因此这些社区本身也发挥了巨大作用。管理这些网上社区的商业公司会引导、修正社区里的文字。这样做经常是出于商业和政治的双重考虑，因为它们必须要遵守国家政策和规章制度。网民将与环境有关的健康事件曝光的程度一方面取决于事件的性质是否严重，另一方面取决于管理网上社区的公司自身的利益。

## 结论：建立环境与健康的纽带

本文的主要观点是事件的产生取决于事件经营者的资源与战略以及事件本身特有的政治机会。我在文中言及四种事件经营者，即媒体工作者、城市非政府组织、网民和村民。显然，村民的处境最为不利，占有的资源也最少。上述前三种经营者享有更多的资源，但行为都受到政治条件和社会条件的限制。国家对媒体和非政府组织的限制束缚了它们的手脚，它们要保持政治上的合法性也就意味着它们在行动时要利用这一事件所特有的政治机会。另外，它们的都市色彩和中产阶级的定位意味着它们关心的事件必然是与中产阶级而非社会底层或弱势群体息息相关的。网民在表达自己意见时有更多的自由，但同时网络本身的开放性和事件能否产生共鸣也是不可忽视的要素。

本研究表明，当今中国环境保护的主要障碍之一是信息鸿沟。这一鸿沟存在于很多层面上，如城乡人群之间、地方政府与中央政府之间、公民与政府之间，以及媒体与公民之间。不同事件之间（如环境事件与健康事件之间）也有鸿沟存在。媒体对"环境与健康"事件的报道不足，以及媒体工作者和非政府环保组织对与健康无关的环保事件的关注，也是这一断层的表现形式。村民们在保护自己和家人免受环境侵害时的绝望同样反映了这一鸿沟的存在。事件经营者和整个中国社会所面临的巨大挑战，就是如何消除这些信息鸿沟。

# 人民对抗污染之战：
# 认识中国公民的反污染行动

Benjamin van Rooij*

## 引　言

自 1978 年以来，中国已逐步建立起污染防治法律法规体系。虽然多年来立法已得到进一步的完善，但仍存在许多问题，如继续采用含糊不清、矛盾、薄弱或不切实际的规范①。然而，目前中国污染监管面临的真正挑战却不是立法本身，而在于执法。违反环境法仍然是一个普遍存在的问题，执法力度虽有所改善但依旧薄弱②。违法企业在经营过程中，常

---

* 阿姆斯特丹法学院，荷兰中国法律研究中心教授、主任。
通信地址：Oudemanhuispoort 4 - 6, Kamer G - 202b, 1012 CN Amsterdam；电子邮箱：
b. vanrooij@ uva. nl。

① W. P. Alford and B. L. Liebman, "Clean Air, Clean Processes? The Struggle Over Air Pollution Law in the People's Republic of China." *Hastings Law Journal* 52 (2001): 703 - 748; X. Ma and L. Ortolano, *Environmental Regulation in China*, Landham: Rowman & Littlefield Publishing Group, 2000; B. van Rooij, *Regulating Land and Pollution in China*, *Lawmaking*, *Compliance*, *and Enforcement: Theory and Cases*, Leiden: Leiden University Press, 2006.

② Carlos W. H. Lo et al., "Effective Regulations with Little Effect? The Antecedents of the Perceptions of Environmental Officials on Enforcement Effectiveness in China." *Environmental Management* 38 (2006): 388 - 410; Ma and Ortolano (2000); OECD, *Environmental Compliance and Enforcement in China*, An Assessment of Current Practices and Ways Forward, Paris: OECD, 2006; B. van Rooij, *Regulating Land and Pollution in China*.

常绕开正当的法律审批，不使用或不持续使用国家规定的减少污染的设施。它们还采取夜间偷排或破坏监测设备等非法行为。因为缺乏发现并惩治违法行为的资源、权威和地方行政支持，执法人员的执法效力受到挑战[①]。

虽然国家难以控制污染违法行为，但是人们日益认识到，中国公民在敦促企业遵守环境法方面可以发挥重要作用。在过去 10 年里，一些学者认为，公民中的活跃分子促使企业更遵守环境法，也提高了执法的有效性，而其中的非活跃分子则是纵容了企业的违法行为，并且削弱了执法力度[②]。越来越多的证据表明，尽管政治自由也受到一定限制而且不采用独立的司法制度，但居住在污染企业附近的中国公民已变得日益活跃，部分原因可能是因为中国日益壮大的非政府组织环境运动[③]。例如：公民起诉污染其鱼塘的化工厂。他们进行正式投诉，要求环保部门加强执法行为。他们到地方直至中央的政府机构进行上访。最后，公民也会组织大规模反污染示威活动[④]。

① A. R. Jahiel, "The Organization of Environmental Protection in China." *China Quarterly* 156 (1998): 757 – 787; Carlos W. H. Lo and Gerald E. Fryxell, "Governmental and Societal Support for Environmental Enforcement in China: An Empirical Study in Guangzhou." *Journal of Development Studies* 41 (2005): 558 – 588; Ma and Ortolano; B. van Rooij, *Regulating Land and Pollution in China* (2006).

② S. Dasgupta and D. Wheeler, *Citizen Complaints as Environmental Indicators: Evidence from China*, Washington: The World Bank, 1997; B. van Rooij, *Regulating Land and Pollution in China* (2006); Wang Hua, "Pollution Charges, Community Pressure and Abatement Cost: An Analysis of Chinese Industries", World Bank policy research working paper, 2000; Mara Warwick and Leonardo Ortolano, "Benefits and Costs of Shanghai's Environmental Citizen Complaints System." *China Information* XXI (2007): 237 – 269.

③ Peter Ho, "Greening Without Conflict? Environmentalism, NGOs and Civil Society in China." *Development and Change* 32 (2001): 893 – 921; Peter Ho and Richard L. Edmonds eds., *China's Embedded Activism: Opportunities and Constraints of a Social Movement*, London and New York: Routledge, 2008; Yang Guobin, "Environmental NGOs and Institutional Dynamics in China." *China Quarterly* 181 (2005): 46 – 66.

④ W. P. Alford et al., "The Human Dimensions of Pollution Policy Inplementation: Air Quality in Rural China." *Journal for Contemporary China* 11 (2002): 495 – 512; Anna M. Brettell, "The Politics of Public Participation and the Emergence of Environmental Proto-Movements in China." unpublished PhD diss., University of Maryland, 2003; Economy, Elizabeth C., *The River Runs Black: The Environmental Challenge to China's Future*, Ithaca: Cornell University Press, 2004; Jun Jing, "Environmental Protests in China." E. Perry and M. Selden eds., *Chinese Society: Change, Conflict and Resistance*, London: Routledge Curzon, 2004; B. van Rooij, *Regulating Land and Pollution in China* (2006).

　　在中国的调查结果与其他国家有关守法的研究结果一致，都研究了被监管的企业类主体遵守法律规定（监管守法理论）的原因。过去20年，该领域的学者已经将研究焦点从国家层面转移开来，而仅仅关注国家强制守法的效力[1]。监管方面的研究开始关注如何通过非政府手段促使其守法，比如通过舆论压力迫使企业守法[2]。文献中的研究结果一致表明：公民对企业施加的压力对促使企业守法非常有必要[3]。此外，这些文献得出结论：公民实施的压力对执法起到积极作用，从而间接增加了企业守法的压力[4]。

　　因此，公民对加强污染管理和控制严重污染可以发挥关键作用。在当前有关中国环境守法的文献和守法的研究中，还没有回答的关键问题是：公民在什么条件下会采取这样的行动？当他们采取行动时会遇到什么阻碍？

　　在设法回答这些问题时，我们可以从有关纠纷解决和接近司法的法社会学文献中采用的分析方法获得很多信息。这些文献讨论了纠纷如何出现，如何被解决，公民如何为自己的苦情争取到有效救济的整个过程。文献的一个重要方面是关于公民如何对苦情提出申诉和赔偿要求。费尔斯蒂纳等人（Felstiner et al.）指出，整个过程包括从确认、归咎责任到

① Julia Black, "Critical Reflections on Regulation." *LSE, CARR Discussion Paper Series* (2002): 1 – 27; John Braithwaite et al., "Can Regulation and Governance Make a Difference?" *Regulation and Governance* 1 (2007): 1 – 17.

② Neil Gunningham et al., *Shades of Green, Business Regulation and Environment*, Stanford: Stanford University Press, 2003; Bridget M. Hutter, "The Role of Non-State Actors in Regulation." *LSE, CARR Discussion Paper Series* (2006): 1 – 19; Bridget M. Hutter and Clive J. Jones, "From Government to Governance: External Influences on Business Risk Management." *Regulation and Governance* 1 (2007): 27 – 45.

③ Gunningham et al. (2003); Noga Morag Levin, "Between Choice and Sacrifice: Constructions of Community Consent in Reactive Air Pollution Regulation." *Law & Society Review* 28 (1994): 1035 – 1077; World Bank, *Greening Industry, New Roles for Communities, Markets and Governments*, Oxford: Oxford University Press, 2000.

④ Maria Carmen de Mello Lemos, "The Politics of Pollution Control in Brazil: State Actors and Social Movements Cleaning up Cubatao." *World Development* 26 (1998): 75 – 87; Gunningham et al. (2003); Robert A. Kagan, "Regulatory Enforcement." D. H. Rosenbloom and R. D. Schwartz eds., *Handbook of Regulation and Administrative Law*, New York: Marcel Dekker, 1994.

提出要求三个步骤：公民首先确定伤害事件的严重性（确认），然后就此事责咎另一方（归咎责任），最后与该方协商补救措施和赔偿（提出要求）①。文献表明，无论是在美国②还是在中国③的大多数案例中，蒙受损失的公民大多会主动寻求与他们认为对其苦情负主要责任的人谈判。如果谈判失败，小部分人将试图通过第三方参与以获得对其苦情的补偿。

公民在寻求第三方参与时有多种选择，他们可能会同时尝试其中的几种选择。文献一般将第三方参与区分为：正式或非正式、具有约束力或不具约束力、寻求和解或法律裁决④。在美国⑤和中国⑥，公民很少通过法院等正式法律机构，甚至律师等第三方来解决争端，他们宁愿选择非正式的解决办法。一些法社会学文献通过研究公民诉诸司法遇到的障碍来分析公民不愿意选择正式法律手段的原因⑦。研究表明，存在4种障碍。这些障碍与以下方面相关：寻求司法解决的人（缺乏资源、时间、意识、经验和经济独立）、司法机构（费用、效率低下、缺乏公正性）、法律条件（缺乏恰当的权利保护条款）、在法律场合获得成功所必需的中间机构（律师、鉴定人、非正式法律援助提供者）。

本文初步探讨中国公民的反污染行动对控制污染所起的作用，并提出今后的研究建议。该论文采用了几套不同的数据。首先，数据包括从多方获取的中国各地公民反污染行动的189宗案例。这些案例包括法院

---

① W. Felstiner et al. , "The Emergence and Transformation of Disputes: Naming, Blaming, Claiming." *Law & Society Review* 16 (1980 – 1981): 631.

② Richard E. Miller and Austin Sarat, "Grievences, Claims, and Disputes: Assessing the Adversary Culture." *Law & Society Review* 15 (1980 – 1981): 525 – 66.

③ Ethan Michelson, "Climbing the Dispute Pagoda: Grievances and Appeals to the Official Justice System in Rural China." *American Sociological Review* 72 (2006): 459 – 485.

④ 参见 Henry Brown and Arthur Marriott, *ADR Principles and Practice*, London: Sweet & Maxwell, 1999; A. V. Horwtiz, *The Logic of Social Control*, New York: Plenum Press, 1990; Martin Shapiro, *Courts, A Comparative and Political Analysis*, Chicago: The University of Chicago Press, 1981。

⑤ Miller and Sarat (1980 – 1981).

⑥ Michelson, "Climbing the Dispute Pagoda" (2006).

⑦ 总结于 Michael R. Anderson, "Access to Justice and Legal Process: Making Legal Institutions Responsive to Poor People in LDCs." *IDS Working Papers* 178 (2003); B. van Rooij, "Bringing Justice to the Poor, Bottom-Up Approaches to Legal Development Cooperation." （论文在 2007 年 7 月 26 日德国柏林法律与社会会议上提交）。

判决的网络数据库和法庭的诉讼卷宗、中文（包括官方及非官方）网络媒体、诸如北京污染受害者法律援助中心（CLAPV）等非政府组织的报告。本研究深入分析了从数据库中选择的案例，并在整个数据库呈现的总体趋势基础上，对 35 宗案例进行详细考查①。本研究也参考了第二个信息来源，即公民积极行动的政府统计资料，同时也考虑到其可能产生的偏颇。第三个信息来源包括对中国和其他国家牵涉到司法政治和抗争性政治的公民（环境或更广泛的）积极行动的二次研究。由于数据来源广泛及其各自的局限性，本文只能提供对于问题的探索性考察并提出假设，它还需要进一步的研究。

这些数据将使用源于纠纷和接近正义文献的分析框架进行分析，研究公民如何从遭受污染转变为不满、公民为遭受的损害寻求补偿时所采取的行动类型、采取该行动遇到的障碍以及公民努力的结果。在分析公民行动遇到的障碍时，参考了法社会学文献，将障碍分为与寻求司法解决的人（这里指污染受害者）、司法机构、法律条件及中间机构相关的 4 种障碍。对污染企业的反击行为也进行了研究，数据的归纳研究表明，它是公民采取行动时面临的另一个重要阻碍。

# 一　从受污染到不满

不是所有的污染事件都会导致公民采取行动，根据费尔斯蒂纳等人（Felstiner et al.）的研究②，我们必须首先了解哪些污染事件造成公民的不满。以下两个方面非常重要：确认（确认污染的严重性）和提出要求（将损失归咎于负有赔偿责任的实体）。

确认需要了解与污染有关的（可能的）损失，并且"告诉自己遭受了某一特定方面的损害"③。必须指出，问题不在于遭受污染的公民是否了解污染造成的影响，而是他们对自己损失的了解有多么深入。确认是一个认识过程，用景军（Jing Jun）倡导的"认知革命"来解释最为恰

---

① 这些案例按照作者对案例的编号被引用，作者拥有所有案例的资料。
② Felstiner et al. (1980 – 1981).
③ Felstiner et al. (1980 – 1981), p. 635.

当，它体现了顿悟促使公民对健康和污染的经济影响达到一个新的认识水平的一种方式①。这种认知革命的进展可能非常迅速、突然，但也可能旷日持久，有时，公民需要经过几十年对污染的破坏性影响有足够了解之后，才会产生不满。

在一些案例中，公民意识似乎发展迅速，例如：事故突然对当地环境造成直接明显的损害②。在所研究的案例中，这些损害主要表现在经济方面；在许多案例中，污染造成正在养殖的水生生物死亡，例如：鱼、虾或大闸蟹③。新污染源的发展也会导致对这些新的污染活动造成损害的快速认识。例如：在贵州铜仁某村，城市的一个重污染工厂迁至此处，立即引起当地居民的关注。他们知道原来的污染多么严重，因此争论说："在城市如果是污染，在农村也是污染。"④ 最著名的案例是厦门市当地人民反对对二甲苯（xylene）化工厂的建造计划而发起的申诉，伴随着预期工厂污染有害影响的出版物、专家意见等文字信息的神秘传播而迅速展开⑤。

在许多案例中，公民意识和不满的发展速度缓慢得多，而且在很长一段时间，公民不知道或不确定污染的破坏性影响。这种情况特别可能发生在健康受到损害的案例中，污染的副作用在很长时间后才表现出来或难以确定。一个典型的例子是湖南吉首市的一个案例。自 1982 年以来，当地农业办公室在一个集体宿舍区进行汽车修理和喷漆工作，但是直到 1998 年，居民才开始抱怨由此造成的噪音和气味。2001 年，其中一个居民生病，并被诊断患有癌症。后来，一个名叫刘德胜（Liu Desheng）的居民发现，20 个住在宿舍区的居民中，8 人患有癌症，6 人已经死亡。他逐渐意识到室内污染和居民癌症高发率之间可能有关系⑥。另一个例子

---

① Jing（2004），209；来自肯尼亚和美国的类似结论见 Chege Kamau（2005），p. 239；Gould et al.（1996）。

② 参见 W. P. Alford et al.，"The Human Dimensions of Pollution Policy Implementation：Air Quality in Rural China." *Journal for Contemporary China* 11（2002）：495 – 512。

③ 例如：案例 44，45，47，50，51，52，53，56 和 57。

④ 案例 8。

⑤ 案例 169。

⑥ 案例 29。

来自浙江省。在这一案例中，公民逐渐意识到当地一个煤矿的污染对庄稼和健康的影响，尤其是当局没有回应他们的不满之后，他们抵制污染的行动变得更加积极。当地村民很长一段时间都不知道污染造成的影响，直到他们一个在大学读书的孩子告诉他们，不应该喝当地的水或用它灌溉。起初他们不相信他的话，但是几个月之后，他们逐渐发现他是对的。首先，当地所有的水变成黄色，然后，石头也变为黄色，最后，溪流边上所有的草都死了。正如一位村民后来解释说，这种意识使他们逐渐转变为抵制污染的积极分子："我一直是一个守法公民。在遭受污染之前，我甚至没有去过镇政府。但是，我们的问题一直得不到解决，我不得不到处上访。"①

专家们在这些认知过程中发挥重要作用。在厦门案例中，一位化学教授第一个表达了他的顾虑，随后，媒体和"激进分子"把这些顾虑告知大众。在涉及"癌症村"的几起严重的健康案例中，医疗专家有时帮助当地居民了解健康问题和污染之间的联系。一个例子是湖北省爱迪村（Aidi village），5 年多来，一大批村民患上癌症、死亡。市医院的医生告诉他们这和饮用水污染有关，村民们才开始把这些健康问题和污染联系起来②。

对污染造成影响的认识也存在主观因素。洛拉·温赖特（Lora-Wainwright）对癌症村村民疾病和污染经历的研究，为此提供了重要见解（2009 年）。研究表明，在三种类型的观念发挥作用时，公民更容易接受污染的不利影响的知识：第一种观念是基于污染和影响相联系的经验；第二种观念是基于对患者及其家庭的道德价值观；第三种是务实的观念，将污染与不利影响联系起来，例如：将污染和疾病联系起来，能够带来支持、关注和投资。我们从这里认识到的，也在研究案例中得到证实的重要一点是：无论公民对污染影响的信息获取了多少，只要这些信息与自己的经验、道德价值或利益相联系，他们就更有可能发展成为"激进分子"。

对污染信息的主观接受意味着关于污染不利影响的信息不一定转化

---

① 案例34。
② 案例10。

为申诉。被专家视为极其严重、具有潜在不利影响的污染，对于当地居民可能只是一个习以为常的情况，他们会选择忽略其遥远的风险。反之亦然，被专家视为不会造成严重的经济和健康影响的轻度污染形式，一些市民可能认为它们极其令人烦恼。例如：对噪音污染的投诉（2005 年有 255638 起案例）一直远远多于对水体污染的投诉（2005 年有 66660 起案例）①。因此，对污染影响的了解虽然是行动的先决条件，但它本身是不够的，因为公民了解了污染造成的影响但选择忽略它们，也不会进行申诉。对污染影响的主观接受以及它在申诉过程中的作用值得进一步探讨。

一旦污染的严重性及其有害影响已经确认，投诉过程需要找到一个对污染负责的实体。虽然这看起来是个简单的问题，在实践中却并非如此。第一个问题是，确定一个负责实体时，可能会有多个污染源或非点源污染。但在大多数研究案例中，申诉只涉及单点源类型污染毫不奇怪②。第二个问题是，公民很难对所依靠的提供收入的公司造成的污染进行申诉。

## 二　从不满到行动

中国公民通过几种途径采取行动，以获得对污染怨愤的有效赔偿。法律行动和政治行动存在区别。法律行动包括：对公司提起侵权的诉讼，对执法机关履行环境管理或执法职责时玩忽职守进行行政诉讼。政治行动包括：到执法机关投诉或上访，到上级政府上访、媒体介入、示威游行或封锁等集体行动，或者对工业场所采取私力救济行动。公民通常尝试多种途径的行动，从相对无风险的简单行动，如：投诉、上访，到更正规、有风险的行动，如：诉讼和抗议。

正如法社会学文献（参见米勒和瑟拉特，1980～1981 年；麦克尔逊，2006）③所认为的：法律行动在两者中仍然不太常用。关于污染的民事诉

---

① 国家环境保护总局编《中国环境统计年报 2005》，北京，中国环境科学出版社，2006。

② 案例 5，6，12 属例外。

③ 参见 Miller and Sarat（1980 - 1981）；Michelson，"Climbing the Dispute Pagoda"（2006）。

讼案件数量是有限的而且每年的波动较大，2004 年、2005 年分别为 4453 件和 1545 件，2006 年则为 2136 件①。所研究的数据集中包含各种各样的民事侵权案件，从轻微污染事故直接造成物质损失的案件，到更复杂的涉及多个原告和被告、声称严重污染造成复杂的生理和心理健康损害的案件②。自 2000 年以来，还出现了公民控告当地环境保护部门或其他履行行政法的执法机关未能行使其执法职责的案例。在这些案例中，公民要求当局采取行动，有时还要为他们蒙受的损失进行赔偿③。在一个典型的案例中，11 位公民对环境保护部门提起行政诉讼，因为他们认为它在执法方面没有履行其政府职能，并且不正当地批准了一个餐馆的环境控制装置。虽然诉讼悬而未决，但是公民能够迫使环保部门解决该问题。因此，环保部门执行法律，使餐馆停止生产并撤销其经营许可④。在另一起案例中，一名律师因国家环保总局授予严重污染的宜兴市"模范环境城市"的称号而对其提起行政诉讼⑤。

政治行动的数量呈持续上升态势。与 2000 年的 247741 起相比，2006 年中国的环保局收到的公民对污染的投诉和上访上升至 616122 起⑥。其中，大多数案例是关于噪音污染（2005 年 255638 起案例）和空气污染（2005 年 234908 起案例），而对水质污染（2005 年 66660 起案例）和固体废物污染（2005 年 10890 起案例）的投诉则少得多⑦。在许多案例中，当地执法机关没有采取行动的情况下，公民试图通过上访呼吁上级政府采取行动。这里研究的许多案例中，公民首先试图直接向污染企业或地方监管机构呼吁，无法得到回应时便递交请愿书。与侵权诉讼相似，不管案例大小、所涉及的是物质损害还是健康损害、是单一还是有多个上

---

① 见 http：//news. xinhuanet. com/misc/2008 - 03/08/content_ 7746377. htm。

② 例如：案例 7（1000 多位原告参加集体行动）；案例 31（对有关噪声污染引发自杀的精神损害的民事诉讼）和案例 29（与用来汽车修理和喷漆的敬老院中 8 例癌症病例相关的健康损害赔偿的民事诉讼）。

③ 例如：案例 5、14、20。

④ 案例 14。

⑤ 案例 5。

⑥ 国家环境保护总局编《中国环境统计年报 2006》，北京，中国环境科学出版社，2007。

⑦ 国家环境保护总局编《中国环境统计年报 2005》。

访者，不同类型的案例都有过上访诉求。

如果其他办法失败，或者公民试图向企业或主管部门施加额外压力，以满足他们的要求，他们可能会采取集体行动。中国环保总局局长周生贤指出："近年来，因环境问题引发的群体性事件以平均每年29%的速度递增。"仅2005年一年，全国发生环境污染纠纷5.1万起。① 一些公民在采取集体行动时，尽量保持在法律允许的范围内，主张非暴力、非破坏性形式的集体行动，试图使侵犯其受宪法和法律保护的权利的行为受到关注。一个典型的例子就是厦门公民以组织"散步"的形式，提请公众关注该市建对二甲苯化工厂的计划，有意避免所谓的抗议②。其他形式的集体行动则不那么"合法"③，如涉及封锁道路、企业或政府大楼，以私力救济行为和暴力破坏企业设施，与企业人员、所雇打手或国家官员正面交锋④。

但是，并非所有的不满，甚至是相对严重的不满都会导致行动。一个极端的例子就是重庆市一个村子的案例，两年之内，40位村民死于癌症，人们认为癌症与当地造纸工业的污染有关，但是他们从来没有采取直接行动⑤。很难确定这种不抵制污染行动的数量，但是，麦克尔逊（Michelson）对争议处理的研究表明，"勉强忍受"是中国公民对待不公正的一种常见方式。他们这样做可能部分原因是他们认识到采取行动要获得成功所面临的巨大障碍。

## 三　公民特征

应对污染时，中国公民首先受到自身局限性的制约。文献中提到的公民或当地社区所具有的影响其环境行动的一些特点包括收入水平、受

---

① 中国水污染状况调查报告，转引自《观察与思考》，见 http://ngmchina. com. cn/web/? action-viewnews-itemid-315。

② 案例169。

③ O'Brien and Li 2006.

④ 例如：案例1、2、3、6、8。

⑤ 案例42。

教育程度、收入上对污染源的依赖以及组织情况。

人们普遍认为，收入和教育程度较低的公民不太能够采取行动抵制污染。帕噶尔等人（Pargal et al.）对印度尼西亚、美国的非正式法规的经济计量研究发现：富裕的社区在使被监管的企业家遵守法律方面能够更有效地采取行动[1]。在美国一个类似的相关研究发现："在贫穷、教育程度低的地区的工厂比富裕、有良好教育的地区的工厂的水质污染约严重15.4倍。"[2] 在中国，收入水平和行动之间似乎也有一些联系。对污染的省级投诉总数和2001年、2003年、2006年的省级人均国内生产总值之间有明显的相关性。[皮尔森相关系数 0.587，Sig.（2 - tailed）0.000][3]。中国其他形式的抵制污染行动在教育水平和收入之间表现出更为复杂的关系。事实上，所研究的大多数法庭案例都是由中国农民发起的，他们的收入水平和受教育程度普遍较低。所研究的绝大多数抗议案例和上访，也都发生在农村，而不是城市。显著的特例是广泛报道的厦门、北京、成都、上海的城市居民最近开展的抗议新污染项目运动[4]。可以说，穷人和未受过教育的公民也许不太可能采取行动，因为他们可能缺乏采取行动而必需的知识。如何投诉、如何联系信访办公室、如何找到污染证据、如何找律师提出诉讼，以及如何借助新闻媒体等知识的确都很重要。特别是穷人和未受过教育的公民，开始时可能对法律、政治制度或污染的复杂性以及它与健康问题的关系只掌握了有限的信息[5]。不过，福斯特（Fürst）针对内蒙古相关的污染诉讼和上访的研究表明，这些知识不仅是

---

[1] Sheoli Pargal et al. , "Formal and Informal Regulation of Industrial Pollution: Comparative Evidence from Indonesia and the United States." *The World Bank Economic Review* 11 (1997): 433 – 450.

[2] Sheoli Pargal and David Wheeler, "Informal Regulation of Industrial Pollution in Developing Countries: Evidence from Indonesia." *The Journal of Political Economy* 104 (1996): 1325 – 1326.

[3] 《中国环境统计年报 2006》；国家环境保护总局编《中国环境统计年报 2001》；国家环境保护总局编《中国环境统计年报 2003》。

[4] 案例 169、185、190、191。

[5] I. e. Zhiping Li, "Protection of Peasants' Environmental Rights During Social Transition: Rural Regions in Guangdong Province." *Vermont Journal of Environmental Law* 8 (2006 – 2007): 338 – 361.

财富和教育的产物，从简单形式的与公司的谈判或地方投诉，到形式更复杂的上访和诉讼，公民都可以在这些经验和学习过程中获得此类知识。在此过程中，他们还会通过亲身经历、自学、咨询，向遇到的其他公民活动家或愿意帮助他们的法律、环境和卫生专家获取信息等途径进行学习①。

公民对污染工厂的依赖是另一个关系到公民采取行动的障碍。监管方面的文献表明，公民不太可能采取行动对付他们有所依赖的公司②。在这里研究的数据集的绝大多数案例中，很难确定公民中的"激进分子"和涉及的企业之间是什么关系，因为缺失必需的民族志学数据。然而，我们的确看到，在出现抵制污染行动的绝大多数案例中，没有任何迹象表明公民为污染企业工作或与企业有其他密切关系。在许多案例中，参与行动的公民的收入来源与企业无关，例如鱼类养殖、农业或在污染企业驻在地以外的城市就业③。地方社区和污染企业的依赖关系值得进一步研究，特别是关于公民未能采取行动的污染案件，这些案例显然不太可能在这里参考的文献中报道。

如果公民的行动要取得成功，他们还必须有某种程度的组织、协调和社会资源④。在所研究的一些案例中，我们看到了涉及数以万计甚至十万计的公民抗议污染的复杂组织形式。在其中一个案例中，1000多个公民对一个污染企业提起集体起诉⑤。这些案例表明，公民的行动需要领导

---

① Kathinka Fürst, "Access to Justice in Environmental Disputes: Opportunities and Obstacles for Chinese Pollution Victims", unpublished MA thesis, University of Oslo, 2008.

② Phil Brown and Edwin J. Mikkelsen, *No Safe Place, Toxic Waste Leukimia, and Community Action*, Berkeley: University of California Press, 1990, p. 50; Kenneth A Gould et al., *Local Environmental Struggles, Citizen Activism in the Treadmill of Production*, Cambridge: Cambridge University Press, 1996, p. 86; Mainul Huq and David Wheeler, "Pollution Reduction without Formal Regulation: Evidence from Bangladesh." World Bank policy research working paper 1993 (1993): 39; Robert A. Kagan et al., "Explaining Corporate Environmental Performance: How Does Regulation Matter?" *Law & Society Review* 37 (2003): 69; Richard Kazis and Richard L. Grossman, *Fear at Work, Job Blackmail, Labor and the Environment*, New York: The Pilgrim Press, 1982, p. 4.

③ 一个明显的例子是案例43，公民向当地铁矿污染提出抗议，特别是因为他们发现当地铁矿矿藏所创造的财富并不允许他们分享。

④ Gould et al. (1996).

⑤ 案例7。

并且通常是由普通公民自发成长为领导人，或者由遭受污染的公民推举产生领导人。领导人发挥重要作用，他们代表"激进分子"、吸引外界关注、获取支持和信息①。行动团体内部公民行动的协调和一致是复杂的。尤其是当行动成功时，行动团体内部可能会因为如何分配赔偿费而出现紧张局面。一个典型的例子是：总部设在北京的污染受害者法律援助中心协助福建的 1721 位原告赢得一场大型集体诉讼案。这个案例是成功的，因为 5 名代表组成的小组能够协调整个案件，并且代表所有污染受害者提出诉讼。但是，在法院作出有利于原告的判决后，行动团体因在如何处理赔偿金上意见不一而导致分裂，两名代表（包括指定的会计师和当地的一位村财政干部）离开了团队。据代理这个案件的一名律师透露，最后的结果是其中一名代表单独掌控着赔偿金而没有在行动团队内部进行分配，甚至也没有支付律师费用②。福斯特（Fürst）在对内蒙古污染纠纷的研究中，也有类似发现。她得出结论认为："污染受害者之间的分歧（……可以）导致他们把宝贵的时间和精力耗费在内部讨论上，而没有把重点放在与污染者的冲突上。"③

公民需要社会资本和政治资本来有效地抵制污染④。麦克尔逊（Michelson）对公民处理纠纷的战略的定量研究显示了社会资本和政治资本在中国的重要性。例如：麦克尔逊发现，公民如果心怀不满而向上级部门呼吁的可能性会受到社会资源的很大影响。他提到两个具体的社会资源：政治关系和中老年妇女，并解释说，后者能"在一个需要对政治不具威胁性的争论平台的机制环境中被战略地动员以增强对上级部门的诉讼请求"⑤。在另一项研究中，麦克尔逊认为，有良好政治关系的公民更容易采取法律行动，而非政治行动⑥。不幸的是，麦克尔逊的研究还没

---

① 例如：案例 7、20、21。

② 依据 2008 年 4～5 月对处理该案件律师的采访。

③ Fürst (2008), p. 82.

④ Gould et al. (1996).

⑤ Ethan Michelson, "Connected Contention: Social Resources and Petitioning the State in Rural China.", unpublished thesis, 见 http://papers.ssrn.com/sol3/papers.cfm? abstract_id = 922104, 2006.

⑥ Michelson, "Climbing the Dispute Pagoda" (2006).

有包括环境纠纷。有必要对社会资本和政治资本进行进一步的研究，但遗憾的是，这里使用的数据没有提供足够的信息。

## 四　政府机构的角色

对接近正义文献的考察表明，公民为其苦情寻求补偿而接触政府机构时也会遇到障碍，文献提到的包括程序缓慢、费用过高、对机构程序了解的信息不足、公民寻求正义需要行驶的地理距离很长、对机构决定的执行不力、腐败蔓延、权力滥用、机构独立性有限等①。中国参与处理公民抵制污染行动的当地机构包括地方环境保护局、农业局、法院或地方政府，它们也会遭遇类似的问题，其中一些问题在所研究的案例中也清晰地表现出来。尤其值得注意的是，当地政府直接控制当地的环保和法律机构，因为政府支付其工作人员工资，并任命其领导②。这是一个问题，众所周知地方政府与当地企业保持密切联系，部分原因是计划经济体制的历史残留，部分原因则是企业在地方财政收入和就业机会方面的重要性。

政府机构包括当地政府、法院、环保局、农业局、渔业机构、林业机构和公安局，它们在所研究的案例中发挥了关键作用。政府机构在某些案例中起积极作用，它们支持公民采取行动，抵制污染。例如环保局和农业局帮助市民确定和收集与污染有关的损害的证据③。此外，值得注意的是，这里参考的法律数据库的66起关于污染的法庭案件中，公民胜诉43起，这表明法院做出了有利于污染受害者而反对污染者的判决④。

然而，在其他案例中，政府机构却没有提供足够的支持，有的甚至直接反对公民的积极行动。诸如环保局或其他政府部门的信访办公室等

---

① 参见 Anderson（2003）。

② K. Lieberthal，"Introduction：The 'Fragmented Autoritarianism' Model and its Limitations." K. G. Lieberthal and D. M. Lampton eds.，*Bureaucracy*，*Politics*，*and Decision Making in Post-Mao China*，Berkeley：University of California Press，1992；K. Lieberthal，*Governing China*，*from Revolution through Reform*，New York：W. W. Norton & Company，Inc.，1995.

③ 例如：案例 13、14、18、19、22、25 和 29。

④ 案例 44～86。

对公民的污染申诉仍然反应迟钝，没有充分帮助他们确认污染、搜集证据或执行法律。在其中一个案例中，养鱼户因污染损失了鱼，即使在国家媒体和省长介入后，他们也未能使当地环保部门和渔业局采取充分的执法行动。甚至在法庭上赢得了对这些部门的行政诉讼以后，他们也无法执行判决，因为两年已经过去了，执法已不再可能。

有时，法院还会选择拒绝受理某些环境案件①，就像它们拒绝受理其他一些敏感案件或棘手案件②。此外，在一些案例中，即使在上级法院和国内媒体的严密监督之下，法官仍会歪曲法律，作出有利于污染企业的判决③。法院缺乏对于当地政府的独立性④以及政府与企业间的密切关系最有可能对这一问题负主要责任。

在一些案例中，部分地方政府为了地方的利益，不但不提供帮助，反而直接压制公民抵制环境污染的行动。在河北的一个案例中，当地警方利用公民在行动中的过激行为拘留、逮捕公民行动中的积极分子⑤。在最糟糕的案例中，公民与公安局的直接冲突甚至造成了伤亡⑥。

最微妙的压制公民积极行动的形式是当地政府或企业将公民的行动定性为扰乱社会治安，从而孤立公民的行动。在这一过程中，他们宣传公民行动中的过激行为以强调公民行为的非法性，并以各种理由掩盖他们先前对公民所做出的合理投诉和上访不予回应的事实。地方政府为了自己的利益所采取的这些孤立手段能够成功，律师、非政府组织或环保局与行动的积极分子联系就可能会带有一定的风险。一个典型的例子是浙江省当地村民采取行动反对铁矿造成的污染影响他们的灌溉用水。起初他们试图让当地的乡镇和区政府处理此事，但无济于事，他们的诉求

---

① 例如：案例 180。

② Kevin J. O'Brien and Lianjiang Li, "Suing the Local State: Administrative Litigation in Rural China." N. J. Diamant, S. B. Lubman and K. J. O'Brien eds., *Engaging the Law in China, State, Society, and Possibilities for Justice*, Stanford: Stanford University Press, 2005.

③ 例如：案例 29。

④ Benjamin L. Liebman, "China's Courts: Restricted Reform." *China Quarterly* 191（2007）：619 – 638；R. Peerenboom, *China's Long March toward the Rule of Law*, Cambridge: Cambridge University Press, 2002.

⑤ 案例 34。

⑥ 案例 1 和案例 2。

不被理睬。然后，村民们向环保局投诉，甚至到北京的政府机构进行上访。当地环保局因此而孤立他们，说其中一个活跃分子："他已经被逮捕多次，也许他的心理不健全，只想到处找麻烦。"① 在另一案例中，当地积极分子被地方当局描述为"无序"、"疯狂"、"弱智"②。在这种情况下，国内媒体包括新华社，有时都会在报道中直接批评对积极分子的负面定性，报道支持受污染影响的公民权利要求的合法性，并解释说，合理渠道的堵塞才迫使他们采取其他形式的集体行动和私力救济行动③。

　　由于这些案例不是具有代表性的样本，所以关于政府机构的角色还难以得出普遍性的结论，但必须指出的是，其角色并不是单一的支持或反对公民采取行动抵制污染。然而，当政府机构确实没有回应公民的要求时，事件会升级至公民采取自己的方式解决问题。

# 五　法律障碍

　　无论采取政治还是法律行动，公民们通常声称污染是非法的，他们的权利受到侵犯，他们有权依法获得赔偿。因此，法律文本在公民的行动中发挥重要作用。中国的法律包含令人印象深刻而又复杂的国家和地方法规，在这里适用的法规包括：企业污染法规，执法、行政诉讼以及对污染的民事赔偿责任。虽然这个法律体系有所改善，但是研究表明，现行法律仍然包含薄弱、不可行、不明确和不完整的因素，从而限制了公民权利，使污染企业有空可钻，也赋予政府机构自由裁量权④。对于试图采取通过诉讼而获得损害赔偿的法律行为的公民来说，这些问题尤其突出。本研究使用的抽样中，针对该类案例的一项研究公布了公民为胜

---

① 案例 34。

② 案例 183。

③ 案例 8、183 和 182，见 http：//news. xinhuanet. com/environment/2008 - 02/15/content_ 7609366. htm，http：//news. xinhuanet. com/environment/2006 - 01/18/content_ 4065924. htm，http：//news. xinhuanet. com/comments/2006 - 08/23/content_ 4992517. htm。

④ Alford and Liebman（2001）；Asian Development Bank，*Reform of Environmental and Land Legislation in the People's Republic of China*，Manila：ADB，2000；Peerenboom（2002）；B. van Rooij，*Regulating Land and Pollution in China*（2006）.

诉获得应有的赔偿而必须克服的五个法律障碍。

第一个法律障碍是提供损害证据。当损害发生时，公民可能还没有想到采取法律行动，因此没有收集到足够的证据证明其损失。当然，与出现持续污染的案例相比，在诸如泄漏或意外事故等一次性污染侵害的案例中，这一点更加棘手。许多类型的损害的证明都需要有一定的技术专长，受害者自身不具有这种专长，他们必须依赖于律师事务所、非政府组织、当地的环保或其他机构，包括诸如农业局或渔业部门等派出专家。这种专业知识对于与身体健康相关的损害尤其必要，它们往往需要提供统计证据证明该发病率是不正常的①。心理健康的损害也很难证明，因为它们不易确定，而且需要专家意见②。一种新的复杂情况是：尽管法律对究竟什么类型的损失应该获得赔偿的规定越来越明确③，但在实践中，法官们对非物质性的健康和心理侵害做出的决定并不一致。在一些法院，污染受害者能得到对这些侵害的赔偿，而在其他一些法院，他们的赔偿要求遭到拒绝。

第二个法律障碍是原告必须证明污染行为的存在。这在一些研究案例中非常困难。这些案例中的原告遇到与第一个法律障碍相同的问题，因为当他们意识到需要证据，往往也需要专家支持的时候，为时已晚④。另外一个问题是，企业尽可能地隐藏它们的污染行为。在一个研究案例中，企业向水中加入一种物质，从而无法检测出原来的污染产生的 pH 值超过了当地的相关水质标准⑤。在另一起案例中，当地环境保护局证明存在室内污染的一个报告，甚至被认为证据不足，因为法院裁定，报告缺乏对"污染范围"的详细说明⑥。

第三个法律障碍是为因果关系寻找证据。2001 年最高人民法院的一项

---

① 例如：案例 29、4 和 42。
② 案例 37、31。
③ 见 2001 年《最高人民法院关于确定民事侵权精神损害赔偿责任若干问题的解释》，2003 年《最高人民法院关于审理人身损害赔偿案件适用法律若干问题的解释》，其中有对精神、心理损害赔偿的具体规定。
④ 衡量特定种类污染的技术挑战，见案例 18。
⑤ 案例 34。
⑥ 案例 29。

法规规定：转移因果关系的举证责任，原告不再需要证明污染行为与污染损害之间的因果关系。最高人民法院作出这项裁决，是因为他们意识到污染受害者收集此类证据的难度①。尽管如此，在一些研究案例中，当地法院仍然因为原告无法提供证据证明污染行为与所造成损害之间的因果关系而做出不利于他们的判决②。这种案例之所以继续出现，是因为该法规尚未编入中国《民事诉讼法》，而造成模棱两可的情况发生。

这里讨论的第四个障碍是原告应共同承担的责任。在许多研究案例中，原告没有得到全额赔偿，因为法院裁定，原告自身也对损失负有部分责任。在某些涉及庄稼或鱼塘被毁的案例中，原告被认为一开始就使用了较差的生产工艺，使得他们的产品质量低劣。在其他一些涉及污染泄漏的案例中，原告被认为没有采取充足措施以防止泄漏或防止进一步的损害发生。

第五个法律障碍是程序上的，涉及中国对环境赔偿诉讼的当事人适格的限制。以下两个问题事关重大：第一，是否允许中国公民通过共同起诉对污染损害集体提起诉讼；第二，是否允许公益诉讼。这两个问题受到持续的激烈争论，第一个问题现在看来已得到法律批准，而第二个问题仍未获批。

共同起诉在有许多受害者的案例中非常重要，因为它有助于节省诉讼开支，并且对污染企业直接造成压力，企业面临的是一个大的诉讼案，而非许多较小的案子。目前，法律明确规定允许共同起诉。例如《民事诉讼法》第 55 条和新修订的《水污染防治法》第 88 条③。然而，2005年最高人民法院颁发的一条通告可能限制共同起诉。通告宣示，如果法院认为该案作为共同起诉不易处理时，可将共同起诉分开进行处理。此外，该通告将共同起诉的司法权转移至比正常程序低一级的法院。王立德（Alex Wang）指出，这可能会大大加强这些案例中地方保护主义的

---

① 见《最高人民法院关于适用〈中华人民共和国民事诉讼法〉若干问题的意见》第 74/77条。

② 例如：案例 131、29。

③ Alex Wang, "The Role of Law in Environmental Protection in China: Recent Developments." *Vermont Journal of Environmental Law* 8（2006 – 2007）: 192 – 220.

影响①。这一决策是中国设法减少公众压力，控制和防止社会动乱的例子②。福斯特（Fürst）指出，对共同起诉的限制对于律师和当事人都有重要影响，因为单独进行索赔使法律程序更加繁琐且增加了费用③。

公益诉讼的优势在于，允许民间组织在直接受害者不方便、不能或不愿进行起诉的案例中对污染企业提起诉讼。尽管中国环境法学者和从业人员大力支持公益诉讼④，但是到目前为止，这类诉讼在中国还未获准，可能是担心会为政治和公民行动提供一个法律空间。在中国环境律师的倡导下，新修订的《水污染防治法》草案通过了允许这类诉讼的一项规定。但是后来的草案删除了这一条款，因为立法者反对在特殊的环境监管中有这样一条法规。他们决定：公共利益诉讼应在修改《民事诉讼法》时做进一步研究，然后才能列入环境法⑤。

## 六　媒介

对接近正义文献的考察进一步突出了中间人在帮助公民为苦情寻求有效补偿方面的重要性⑥。在所研究的案例中，重要的媒介包括律师、法律援助中心、媒体和民间社会组织。

律师在法律行动中发挥尤其重要的作用。如果公民没有代表，他们绝不可能在法庭上胜诉。律师在帮助搜集证据、提供法律推理、在法庭上代表客户、胜诉后监督判决的执行等方面，都是非常必要的。这里研究的大多数法律案例中，原告都聘请律师为他们辩护，他们通常在尝试

---

① Wang（2006－2007）.

② 参见 Randall Peerenboom and Xin He, *Dispute Resolution in China: Patterns, Causes and Prognosis, Rule of Law in China: Chinese Law and Business*, Oxford: The Foundation for Law, Justice and Society and The Centre for Socio-Legal Studies, University of Oxford, 2008; Fürst（2008）.

③ Fürst（2008）.

④ 综述见 Rachel Stern, "Towards Environmental Public Interest Litigation? Proposals for Legislative Change", paper prepared for Natural Defense Council, Beijing, April 2008.

⑤ 依据 2008 年 5 月在北京对参与《水污染防治法》修订的起草和磋商的学者、官员的采访。

⑥ 参见 Anderson（2003）.

了其他行动之后才这样做，例如向当地环保局投诉之后，有时甚至在组织抗议活动之后。

在这些抽样研究的案例中，许多律师是在中国政法大学污染受害者法律援助中心工作的专家或与之合作的专家。这是提供这种专门的法律援助的少数机构之一。通过热线电话，法律援助中心的志愿者向污染受害者提供初步的法律信息以便后者用来捍卫自己的权利，法律援助中心还选择一小部分案例，帮助受害者提起诉讼。在过去 8 年中，法律援助中心共收到 1 万多起受侵害公民的求助，但是却只能直接参与其中的 104 个案例。

然而，这些抽样研究的案例不具代表性，因为部分案例来自污染受害者法律援助中心的网站。很有可能在一般的案例中，公民无法找到恰当的法律援助，也鲜有诸如污染受害者法律援助中心这样专业的环境法律援助中心。对于一般的法律援助中心，环境案件可能具有高度挑战性，因为它们需要具体的法律和科学知识。对一般律师来说，帮助公民起诉企业或政府的案子可能不具有吸引力，因为它是一个高风险的案子，而佣金又很少。同时受金钱利益的驱使和司法部门严格监督，据说中国律师根据收益率和低敏感度来选择案件①。

很难责咎律师不受理这些案件。它们不仅在法律方面和搜集证据等方面非常复杂，而且在较大的群体性案件中，组织和管理受害者也很复杂。这种案子并不总是有回报的，不仅没有多少钱可赚，有时受害者也不感激他们得到的帮助。一位有影响力的环境诉讼律师在一场大型集体案例胜诉后告诉我："听到判决后，我为胜诉感到非常高兴。但是，我的委托人不满意，因为他们没有得到他们所希望的赔偿。如果我败诉，他们会把责任推到腐败的法庭官员身上，但是现在我们胜诉了，他们就把责任推到我身上。"她也为该当事人在接受国内媒体采访时未提及她为他们所做的一切而表示不满②。

环境律师在某些方面也会受到政府的限制，中华全国律师协会就通

---

① Ethan Michelson，"The Practice of Law as an Obstacle to Justice：Chinese Lawyers at Work." *Law & Society Review* 40 （2006c）：1 - 38.

② 依据 2008 年 5 月的采访。

过了一项带有一定限定性的新规章，规定律师在受理超过 10 个原告的案子之前必须得到协会批准。

媒体也是公民采取行动，抵制污染的一个重要的媒介。媒体帮助公民发现事实，提请公众关注法律行动和政治行动以及公民面临的障碍。在所研究的一些案例中，一些有影响力的媒体派记者到当地对污染、损害、地方机构的作用以及地方法庭诉讼程序进行调查①。在大多数情况下，国家级的媒体报道地方的不公，而极其谨慎不责咎国家政策。但是在某些案例中，媒体报道在国家政治中非常敏感的观点，这一般发生在国家媒体支持集体行动甚至使用暴力的情况下。例如新华社表示坚决支持当地村民抗议将污染工厂从富裕的城市居住区迁至该村："面临工业污染造成的灾难，我们不希望农民选择'集体沉默'，他们有权力表示对自己利益的追求。"②

一个明显的关于媒体力量参与的例子就是昆明市近郊的公民行动案例。在该案例中，试图获得污染损害赔偿的当地居民要求当地的《云南新闻》报道一家名为 NCFC 的当地化肥公司造成的非法泄漏。第二天，这家省级报纸的头版刊登了大幅文章，报道 NCFC 化肥公司导致了一场大的环境灾难，损害了当地的环境和农民利益。但是，该报纸没有核实事情的真相，盲目报道了当地农民告诉他们的情况。事实上，污染并不是 NCFC 化肥公司造成的，当地环保局证实是附近一家几近破产企业的生锈设施导致污染。但是，报纸的报道对 NCFC 化肥公司产生巨大影响。愤怒的昆明市民打电话给工厂的管理人员，要求他们做出解释。他们的一些客户也对此表示关切，NCFC 化肥公司的声誉受损。当地农民包围工厂 3 天，不让任何人进出。警方不得不出面结束抗议，放出工厂人员。工厂管理人员要求报纸澄清事实，受到主编断然拒绝。当被问及为什么不去法院起诉，NCFC 化肥公司的经理说："媒体非常强大。如果我们起诉，在案子结案之前，报纸的报道就把我们压垮了。"③

---

① 例如：案例 8、20、21、34、169。

② 案例 8。

③ B. van Rooij, *Regulating Land and Pollution*（2006）。

　　媒体影响力的另一个例子是厦门二甲苯化工厂的案例，《凤凰周刊》[①]支持当地抗议者的一则新闻报道影响了公众舆论，赢得更多支持，反对在居民区附近建造一家大型高污染的工厂[②]。

　　在其他案例中，媒体支持的影响力较小[③]。在一个案例中，《法制日报》写了一篇题为《农民试图制止污染却成为被告》的评论文章，报道了对农民抗议污染的起诉。文章刊登后，所有主要的国家媒体都来到当地法院报道该案件，包括《人民日报》和中央电视台[④]。但是，他们对审案的影响非常有限。农民最终被判徒刑，甚至还要向工厂支付赔偿金。同样，河南省的一养鱼户尽管吸引了全国热门新闻栏目《今日说法》的报道，这一行动却对污染企业或地方当局没有产生多大影响[⑤]。

　　由于这里的案例部分来自媒体报道，因此，它们也不具有代表性。许多污染受害者很难使媒体报道他们的苦情和寻求公正赔偿的意图。福斯特对内蒙古污染受害者的研究中表明，与新闻媒体的"关系"非常重要。在媒体广泛报道的案例中，受害者得到了与北京的国家级媒体有良好关系的非政府组织积极分子的帮助。在没有"关系"的案例中，不管受害者多么需要，获得媒体关注都是非常困难的。障碍包括亲自联系记者的费用、记者们不愿参与敏感事件、记者的公开贪污腐败[⑥]。

　　民间组织也是公民采取行动抵制污染的重要中间机构。中国的"绿色运动"引起广泛关注，据估计，有 20 多万人参加了民间环保组织[⑦]。对这些组织的研究总结表明，这些组织运作的成功，是因为它们是"嵌入式"的[⑧]，也就是说，它们与正式的国家结构保持密切关系，避免直接对立或提出更多的政治要求。这样，他们就能够发展"与中央（或地方）

---

① 见 http：//news. ifeng. com/phoenixtv/73020766223859712/20070530/908176. shtml。

② 案例 169。

③ 案例 20、21、28、29。

④ 案例 20。

⑤ 案例 21。

⑥ Fürst（2008）；参见 Liebman, B. L., "Watchdog or Demagogue? The Media in the Chinese Legal System." *Columbia Law Review* 105（2005）：1 – 154。

⑦ 见 http：//www. clapv. org/new/show. php? id = 1709&catename = mtbd。

⑧ Peter Ho, "Embedded Activism and Political Change in a Semiauthoritarian Context." *China Information XXI*（2007）：187 – 209。

政党—国家的非正式关系"，这使他们"得到相当大的政治影响力和回旋空间"①。

　　然而，这些研究没有分析嵌入式组织在污染案例中的作用，尤其是在帮助受害公民方面的作用。在这里研究公民行动的案例中，除了污染受害者法律援助中心（CLAPV）的案例，非政府组织都没有进行参与。通过对在一些主要环保非政府组织工作的行动主义分子的采访，我了解到，很少有环保非政府组织针对工业污染，只有少数非政府组织参与反对企业污染或政府疏忽的直接行动，或者帮助公民采取这种行动。除了污染受害者法律援助中心（CLAPV），直接帮助行动主义分子的一个有趣的非政府组织是"守望家园"。这个总部设在北京的组织，旨在通过在水污染严重的地区发现和培养活动分子领导人，唤起公民行动，抵制污染，它显然已经超越了避免对抗的嵌入式方法的范围。

　　因此，中国的大多数污染受害者不太可能得到环保非政府组织的帮助。嵌入式似乎阻碍了许多非政府组织帮助受害者采取行动，因为这往往会使它们对抗强大的地方政府和企业，影响到它们谨慎的政治平衡做法。帮助受害者采取行动的为数不多的成功组织，诸如污染受害者法律援助中心（CLAPV）和"守望家园"，必须非常谨慎。污染受害者法律援助中心（CLAPV）将工作限定在法律咨询的范围内，"守望家园"则避免吸收外资，以保持纯粹的中国形象。这两个组织都尽量避免受理不以环境保护为目的的明显的政治性案件。此外，两个组织都没有成立独立的实体，它们都以大学为依托。尽管它们谨慎有加，有时还是难免会陷入麻烦。

## 七　污染企业的作用

　　污染企业在整个过程中不会保持中立或被动地位，他们在阻挠公民采取抵制污染行动中发挥重要作用。在公民成功发起诉讼的案例中存在

---

① Peter Ho and Richard L. Edmonds eds. , *China's Embedded Activism：Opportunities and Constraints of a Social Movement*, London and New York：Routledge, 2008, p. 11.

许多障碍，被控公司会试图采用各种拖延战术，部分策略是使贫穷的诉讼人支付不起昂贵的案件审理费用。一种办法是呼吁请求明确的损失赔偿决定，以期为公司获得一个更好的讨价还价的地位。企业在法庭外与受侵害的公民谈判时同样使用拖延战术，有时通过调解达成协议后却故意不执行，迫使公民再次采取行动。这些策略与其针对环保局的做法相类似，污染公司一边迫于压力宣称要进行清理，一边却继续污染①。

一些企业还诉诸暴力阻止反污染政治活动。在所研究的几个案例中，有时当地企业以当地警察做后盾，用暴力驱散进行抗议或封锁的公民。在最糟糕的案例中，他们甚至在抗议或封锁已经结束之后，纯粹出于报复而实施暴力。在一个案例中，村民封锁通往矿山的路，抗议当地铁矿造成的严重污染，据称，该铁矿已导致村里两年内有 40 人因癌症而死亡。经营该矿的企业纠集了 100 人到村里。村民遭到毒打以至于因为害怕而不得不在房顶或在附近的山里过夜②。

企业的另一个策略是通过支付数量有限的赔偿来收买农民，以促使他们停止抵制行动。而在许多案例中，货币补偿正是受害公民想得到的，他们接受补偿，但问题是污染活动并未终止。对健康有严重影响的案例尤其如此，补偿可能会对健康的影响起到缓和作用，但不会停止或防止这种影响的进一步恶化。一个很好的例子就是重庆的一个乡镇，两年之内出现了 40 起癌症病例，据称是当地的造纸工业导致的。其中一个工厂的负责人告诉记者："只要我们赔偿（与作物有关的经济损失），就不存在任何问题。"③

# 结　　论

中国公民会采取政治、法律行动抵制污染。他们在意识到污染损害了他们的健康和物质利益的基础上，进行申诉，然后采取政治、法律行动。公民的积极行动应被看做是一个从污染到不满、从不满到采取补救行动的过程。在这个多方进程中，公民了解了污染造成的影响，可能会

---

① 例如：案例 20、34、29。
② 案例 43。
③ 案例 42。

决定采取一种或几种形式的行动。这一决定以及选定的行动受到一系列经济、社会、政治和法律因素的影响。由于这是一项探索性研究，仍然存在许多问题，但这也为进一步研究计划开辟了道路。

不同类型的公民行动对守法和执法产生的影响仍然难以确定。一个重要的问题是：哪些类型的行动能够最有效地控制污染，并且给公民的不满提供适当的救济途径。这里使用的数据为解答这个问题提供了一些指导。公民投诉和行政执法的政府统计数据也清晰地表明：投诉越多，当地机关执法就越严格，因此也就产生了更高的罚款①。然而，我们还不知道提出申诉或威胁要提出申诉是否对污染企业有直接影响。本文研究的案例没有体现出这种影响。现有数据表明：向上级政府的上访收效甚微。据报道，信访机构对上访者的不满没有回应时，上访者往往会继续尝试其他的行动方案。在本文参考的文献中，上访成功的案例可能没有得到广泛报道，因此，还值得进一步研究。公民有时在法庭取得成功，对污染者胜诉，获得损害赔偿。根据中国法律信息网②，构成本文研究案例部分数据的66起污染侵权案件中，43起属胜诉案例。本文研究的行政案例中，有几起公民或者胜诉，或者能够迫使政府采取积极的解决办法③。这个数据虽然不能代表中国的所有案件，而且实际可能还对案件类型有强烈偏向，但是它表明公民有对污染企业胜诉的可能性。在大多数情况下，公民获得一定数额的补偿，这些补偿往往大大低于他们所要求的数额。然而，我们仍然难以确定该案件的结果是否影响了企业的污染行为和地方当局的执法行动。集体行动和抗议活动至少在所研究的数据集当中相当成功。这些数据集包括抗议活动的例子，有些抗议者甚至被殴打、逮捕或起诉，但是抗议活动确实促成更强有力的执法，也能对污染企业造成直接压力，有利于满足抗议者的要求④。

---

① B. van Rooij and Carlos W. H. Lo, "A Fragile Convergence, Understanding Variation in the Enforcement of China's Industrial Pollution Law", unpublished thesis, the author owns the manuscript, 2008.

② www.chinalawinfo.com.cn.

③ 案例5、14、20和21。

④ 案例2、3、6、8、169。

　　妨碍公民采取行动抵制污染的因素有很多，还有很多阻碍因素我们尚不清楚。从经验上讲，我们需要更好地了解公民及他们所属社区的特点，他们组织、协调行动的能力，以及他们的社会、政治资源如何影响他们行动的意愿和能力。也许更重要的是需要进一步研究分析与污染有关的活动对中国的法律、政治发展的意义。

　　公民抵制污染的行动通常受政府机构，尤其是地方政府机构的角色定位的影响。地方政府与地方法院以及与当地工业的密切关系通常使得政府对公民的投诉反应迟缓，也使得组织上访和采取集体行动要冒很大风险。所有这些都意味着，许多对打击非法污染提出合法要求的公民很难找到合法的方式来处理他们的不满。在许多案例中，他们以不得不选择接受或直接对抗而告终，有时，对抗包括暴力而不是"合法抵抗"（O'Brien 和李连江，2006）①。未来研究可以借鉴环保行动主义的案例，为中国不断变化的国家—社会关系和抗争性政治（contentious politics）方面的研究作出贡献，研究公民如何制定策略应对中央集权制的政治约束，这种研究迄今尚未涉及与污染有关的活动（O'Brien 和李连江，2005、2006；Minzner，2006；Lee，2007）。

　　公民抵制污染的积极行动使人们对中国公民社会的研究有了新的认识。它表明，除了民间环保组织的"嵌入式行动主义"，公民也会采取一些积极行动以尝试不同的法律、政治途径为苦情寻求赔偿。公民的积极行动不太考虑政治敏感性，因为绝望的污染受害者千方百计争取对他们事件的关注。当最初的非对抗选择，例如，与公司谈判或向环保局投诉失败之后，公民诉诸具有挑衅性的敏感的行动方式，例如，上访和抗议。这使他们与地方，有时与国家政府的利益相对抗。因此，他们的行动有时被称为动乱，行动的积极分子被逮捕和起诉。在这些案例中，公民往往无法得到民间组织的支持，特别是嵌入式组织的支持，这些组织更加

---

　　① 参见 O'Brien and Li（2005）；Kevin J. O'Brien and Lianjing Li，*Rightful Resistance in Rural China*，Cambridge：Cambridge University Press，2006；Ching Kwan Lee，*Against the Law*，*Labor Protests in China's Rustbelt and Sunbelt*，Berkeley：University of California Press，2007；Carl F. Minzner，"Xinfang, An Alternative to Formal Chinese Legal Institutions."*Stanford Journal of International Law* 42（2006）：103 – 179。

小心，不去触碰包裹着它们与国家关系的那层敏感性。结果，在这些案例中，积极分子被孤立，缺乏国家机构的帮助，往往也缺乏非政府组织的帮助。他们难以将行动限制在合法框架内，特别是在他们被迫反抗暴力的时候，他们也会动用武力。公民和社会组织的孤立行动似乎是中国的一种被忽视的，或许也是一种有新的发展形式的社会行动，需要进一步研究，诸如污染受害者法律援助中心（CLAPV）等嵌入式组织和孤立的行动主义者之间的关系也需要进一步研究。此外，国家新闻媒体对被起诉的孤立环保行动主义者的支持也需要进一步研究，这种支持似乎非常重要，尽管它收效甚微①。在上海和厦门，国家级媒体和社会大众对抵制新污染项目建设的孤立式抗议表达了支持，这一现象说明从上述角度进行研究实有必要。

　　健康问题在许多抵制污染行动的案例中，发挥了重要作用。许多研究案例都涉及严重的健康问题，癌症村庄或乡镇是最糟糕的例子。健康影响是逐渐认识污染影响的长期过程中的一个主要因素，在污染案例中，污染是一个结构性的长期问题，而不是偶然发生的，尤其在抗议活动等集体行动的案例中，它似乎影响了从认识到行动的转变。健康影响也引起了媒体对抵制污染的孤立行动主义者的关注和支持。但是，在这些案例中，健康的重要性不是绝对的，因为许多公民在很大程度上是出于经济原因才成为活跃分子，一旦拿到赔偿金，他们就结束行动，即使眼前的污染问题没有得到解决。这里的问题似乎是贫穷和不平等，也许应再加上对健康影响的充分了解和认识。健康问题也对抵制污染的行动提出挑战，污染和疾病的关系非常复杂，对污染的认识是一个缓慢过程，为证实这种关系搜集证据——即使法律没有要求——非常困难。在这里，专家在污染物对健康影响方面的意见，以及对异常疾病发生的统计证据非常重要。

　　健康问题对怨愤的发展以及不同类型行动的进展和成功的作用是今后研究的一个重要课题。这种研究可以深入探究公民对健康和污染的认识如何发展成为不满和行动。它也可以探索污染对健康影响的认识以及

① 案例169。

健康的重要性如何影响公民行动所针对的环境机构和企业。这种研究通过揭示对健康的关注如何提高环境监管的有效性而为政策的制定提供信息。

　　总而言之，中国在公民抵制污染行动方面似乎面临一条坎坷的道路。虽然嵌入式组织和支持环保的政府官员都能逐渐使中国的政府计划更加关心环保，但是，日常实践中对这一计划的实施仍然面临很大阻力。与此同时，污染也还在继续，而且由于中国经济持续增长，污染很难控制或减少。只要环保部门和地方政府仍然反应迟钝，只要法院仍然难以接近、缺乏效力，污染受害者就有可能继续选择实际行动，而不顾他们所面临的制约因素。

# "癌症村"的人类学研究：村民对责任归属的认识与应对策略<sup>*</sup>

# "癌症村"的人类学研究：村民对责任归属的认识与应对策略[*]

Anna Lora Wainwright[**]

> "这段时间，这里的很多人都得了癌症死了。哪个晓得为啥？原因多。但是，可以肯定的是一得癌症，你只能等死。看不好"（曾叔，53 岁，宝马村，2005 年 6 月）。

早在 10 年前，研究者就指出因患癌症死亡的人数"自 20 世纪 70 年代以来翻了一倍，并且成为导致现在中国农村人口死亡的主要因素"[①]。近期，世界银行一份评估中国污染成本的报告再次确认了癌症已经成为

---

[*] 本项研究由艺术与人文研究会、利弗休姆信托公司、驻伦敦高校中国委员会以及当代中国研究项目（牛津大学）资助。本文初稿于 2008 年 4 月发表在香港举办的以中国环境与健康为主题的社会科学研究委员会的国际研讨会上。本文作者对主办方和与会者提出的宝贵意见表示衷心感谢。在此，特别向 Nancy Chen，John Flower，Adam Frank，Jennifer Holdaway，Elisabeth Hsu，James Keeley，Pam Leonard，Frank Pieke，Bryan Tilt，Benjamin van Rooij，Leon Wainwright，Xiang Biao，以及叶敬忠表达我的谢意。我还要向在中国的朋友以及本项目的调查对象表达我最真挚的感谢，尤其是青同志和曾同志。为了保护调查对象，我对本文的人名和地名（除了阆中）都进行了更改。

[**] 牛津大学地理学院和跨学科研究学院副教授。
通信地址：South Parks Road，Oxford，OX1 3QY，UK；电子邮箱：anna. lora-wainwright@ ouce. ox. ac. uk。

[①] F. Wu, C. Maurer, Y. Wang, S. Xue, D. Davis, "Water Pollution and Human Health in China." *Environmental Health Perspectives* Vol. 107, No. 4 (1999): 252.

导致中国人口死亡的主要因素。该报告还表明在中国与水污染相关的癌症死亡率，比如肝癌和胃癌，远远超过了世界平均水平[①]。有关中国"癌症村"的报道在中西方媒体的出现频率不断提高。所有这些报道都概括了经济增长、污染与癌症之间的紧密关系。"癌症村"是经济发展的产物，化工厂的激增导致一些农村地区的人口死亡率上升，例如位于中国北方天津附近的西堤头村和刘快庄村。在英国《每日电讯报》的稿件中，Richard Spencer[②] 写到"在整个 20 世纪 80 年代，随着经济改革初见成效，地方政府急于兴建新的工厂，但是却缺乏环境治理的经验"[③]。在大多数情况下，政府官员的腐败对环境治理的实施造成了障碍，从而导致悲剧不断延续。比如，近期发表在南方网的一篇考察三个癌症村（分别位于山东、江苏和浙江）的文章，作为关于水污染报道的一部分，描述了村民如何努力寻求获得补偿，却因为证据不足或者是受贿于排污企业的官员的不合作而失败的经历[④]。然而，在癌症病因存在争议的地区人们如何面对和看待癌症呢？他们责怪谁？他们埋怨什么呢？

　　研究癌症并不是我最初的意图。2004 年 5 月我被正式招收为四川大学的访问学者，计划在四川省的某个农村地区开展为期 15 个月的人类学的田野工作。我的中国导师选择了位于四川东北部的阆中地区作为考察

---

① World Bank, *The Cost of Pollution in China*, 2007, http：//siteresources. worldbank. org/INTEAPREGTOPENVIRONMENT/Resources/China_ Cost_ of_ Pollution. pdf（访问时间：08/08/2007）.

② Richard Spencer, "Villages Doomed by China's Cancer Rivers. " Telegraph. co. uk 31/05/2006, http：//www. telegraph. co. uk/news/main. jhtml? xml ＝/news/2006/05/31/wchina31. xml&sSheet ＝/news/2006/05/31/ixnews. html（访问时间：10/12/2007）.

③ 同样著名的"癌症村"位于广东省的大宝山矿附近，自从山矿开采以来，大量重金属污染了横石河和地下水。关于上坝村，参见杨传敏、方谦华《翁源"死亡村庄"的拯救与希望》，《南方都市报》，18/11/2005, www. southcn. com/news/dishi/shaoguan/ ttxw/200511180238. htm（访问时间：10/03/2006）。关于良桥村，参见 CNN, "Red River Brings Cancer, Chinese Villagers Say. " 25/10/2007, http：//edition. cnn. com/2007/WORLD/asiapcf/10/23/ pip. china. pollution/（访问时间：11/03/2007）。

④ 《三个癌症村的死亡日记》，《南方都市报》，05/11/2007, http：//www. nddaily. com/A/html/2007–11/05/content_ 299441. htm（访问时间：18/11/2007）；参见《南方都市报》"中国水危机"系列报道，02/11/2007, http：//www. nddaily. com/sszt/watercrisis/（访问时间：21/11/2007）。

点，帮助我联系，使我能够根据自己的要求获得允许住在一个村里进行考察。之后，从 2004 年 6 月开始我便住在一个农户家里，登记成为距离阆中市六公里的宝马村（假名）的居民，直到 2005 年 9 月我才离开。我计划开展一项人类学的研究，考察农民如何理解健康与疾病，他们面对家庭成员患病时怎样做出治疗的决定，以及当地村民具备哪些应对常见疾病的家常知识和习惯做法。然而，随着研究的展开，有关癌症的问题逐渐占据了我大量时间，越来越引起了我的注意。医生和当地居民都强调癌症是阆中地区的主要"杀手"。一位曾经是宝马村赤脚医生的村医生能够列举出在过去 20 年中死于癌症的 30 多个村民。我的统计结果表明：2003～2007 年，一个人口为 500 人的宝马村，死于癌症的村民有 11 人；在同一时期，在其相邻的仅 80 人的村落（"队"或者"组"），我称之为梅山，死于癌症的有 9 人。

　　本文的主旨不是论述癌症村的存在，也不是为了证实我调查的地区是癌症村存在的实例。自 20 世纪 80 年代以来，阆中地区就被确定为癌症高发地区。但是，当时（现在仍然是这样）该地区工业化程度很低，根据工业污染模式，当地最不可能成为"癌症村"。所以，收集当地有关癌症的数据资料相当困难。尽管宝马村的村医生、市医院的医生以及公共卫生局工作人员都知道 20 世纪 80 年代有关阆中地区癌症问题的调查，但是他们声称没有该调查的记录。他们还进一步解释，即使他们找到了相关资料，这些资料也可能被归为"内部资料"，故而不能向我提供。他们所能告诉我的是该调查一度把该地区癌症高发率归咎于人们食用腌制的肉类和蔬菜，但是后来又否认了这个推断①。当我要求查看癌症病人的住院病历的时候，我得到了类似的答复。我被告知这些资料不够全面，向我提供这些信息会很麻烦。无论怎样，考虑到大多数癌症患者都不会选

---

① 2007 年 4 月我采访的一位公共卫生局官员提到该市北部的一次调查。开始我以为他指牛津大学临床教学实验服务小组（CTSU）正在苍溪县进行的调查，参见 Jushi Chen, Liu Boqi, Pan Wenharn, Colin Campbell, and Richard Peto, *Diet, Lifestyle and Mortality in China*, Oxford：Oxford University Press, 1990。但是，他后来提到的两个地方都不在 CTSU 的考察范围使我相信这些调查项目一定是不同的。CTSU 的另外两个考察地点位于四川省温江县和渠县。

择入院治疗，不愿接受手术治疗，病历提供的信息肯定远远无法反映癌症病例的真实情况①。

　　我试图了解宝马村以往的癌症病例还面临了另一个难题，那就是当地用来描述癌症的千变万化的说法令我不知所措。胃癌和食道癌，作为阆中地区最为普遍的两种癌症，过去一直分别被理解为"回食病"和"哽食病"，直到最近才澄清了误解（在某些情况下仍然存在）。虽然大多数村民把这些疾病等同于癌症，但有些村民却把它们和癌症区分开来，说"以前我们有很多人得回食病和哽食病，现在那些病少了，但是我们有很多人得了癌症"。医学术语和民间说法的混淆使我们很难确定癌症病例的数量。我们能够推断的是如果存在描述这些癌症的地方说法，它们可能已经流传了一段时间。

　　本文阐释了阆中地区村民如何看待癌症的发展，如何试图探寻癌症泛滥的原因以及某些特定人群患上癌症的原因②。我通过亲身体验和观察——涉及参与日常活动、从事家务和农活、求助于当地医疗保健的从业者，获得了有关疾病发展和治疗的第一手资料。我跟踪调查了两个癌症病例（其中一例在我居住的农户家），从病情暴发一开始我就展开了调查。2004～2005 年，我每天与当地人（包括市级的医生和官员）进行随意的谈话。在 2005 年 7 月我还组织了对 30 个家庭就癌症病因和当地癌症病例问题的面谈。大多数的资料都是我在 2004 到 2005 年住在宝马村期间以及 2006 年和 2007 年为期各一个月的后续访问中收集的。另外，我还跟随一些妇女到她们娘家所在村落收集了一些资料。梅山就是其中之一。

---

①　关于中国医疗保障的不平等问题，参见 Fang, Jing and Bloom, Gerald, "China's Rural Health System and Environment-Related Health Risks." *Journal of Contemporary China* Vol. 19 No. 63, 2010（未发表）and Lora Wainwright, Anna Forthcoming, "'If You Can Walk and Eat, You Don't Go to Hospital'—the Quest for Healthcare in Rural Sichuan." Jane Duckett and Beatriz Carrillo eds., *Social Problems and the Local Welfare Mix in China: Public Policies and Private Initiatives*。

②　针对这些问题我正在撰写一本专著，题目为 *Fighting for Breath: Cancer and Social Change in a Sichuan Village*. 我的博士论文也涉及了其中一些问题，参见 Anna Lora Wainwright, "Perceptions of Health, Illness and Healing in a Sichuan Village, China." D. Phil. diss, Oxford University, 2006。关于四川农民如何看待癌症诱因的综述，参见 Lora Wainwright, "Social and Cultural Understandings of Oesophagus and Stomach Cancer in Rural Sichuan." *Asian and African Studies*, XII（2007）。

鉴于当地人对癌症的病因没有达成共识，本文着力于概括他们如何估计可能的病因，并在更为广阔的框架下阐释与环境相关的因素。

# 一 "癌症村"与人们的认识

相对于大量关于癌症村的新闻报道，相关主题的学术文章就显得较为罕见[1]。刘梦琴和傅晨对癌症村作了一个全面的论述，他们认为癌症村的存在是"发展与贫困的悖论"[2]。这两位学者认为造成癌症村的根本原因是不断扩大的城乡差距和不断加深的农村贫困，这种状况必然使我们把污染企业迁移到贫困地区。第二个原因，也是常见的观点，他们把问题归咎于过分强调经济发展而忽略了对环境保护的重视。第三个原因是地方保护主义。（1）他们建议，首要措施是解决农村贫困问题，尽量达到城市与农村的发展平衡。（2）他们强调必须加强执法并建立一个确保环境保护法实施的监控系统。（3）他们主张建立一个独立的评估体系用于解决认定癌症与污染关系的证据问题，以便明确责任。（4）他们强调了应对贫困需要建立基本的福利保险，这通常与健康和环境因素密切相关[3]。（5）他们强调有必要通过在环保问题上加强社区管理和参与，为村民提供相关培训以及支持非政府组织的工作来激励公众参与。

刘梦琴和傅晨，正如许多媒体报道一样，认为当地重视癌症村问题的人和非政府组织面临的最大障碍是证明污染和健康问题的关系[4]。就癌症而言，收集大量的确凿证据并毫无争议地使它与污染联系起来是特别

---

[1] 然而，正如杨国斌所述，与一些政治上无关紧要的事件报道相比，关于癌症村和农村污染的报道总的来说数量有限。参见 Yang Guobin, "Brokering Environment and Health in China: Issue Entrepreneurs of the Public Sphere." *Journal of Contemporary China* Vol. 19 No. 63, 2010（未发表）。

[2] 刘梦琴、傅晨：《2007 发展与贫困的悖论——对"癌症村"的思考》，《建设社会主义新农村语境下的环境、健康与贫困研讨会》（2007 年 6 月）会议论文，未公开发表。

[3] 参见 Fang and Bloom "China's Rural Health System"。

[4] 《三个癌症村的死亡日记》，2007 年 11 月 5 日《南方都市报》。另见 Jennifer Holdaway (2010) "Environment and Health in China: An Introduction to an Emerging Research Field" *Journal of Contemporary China* Vol. 19 No. 63, 2010（未发表）。

困难的事。污染产生的影响可能无法轻易显现，它们可能会在相对长的时间里悄然发展。人们经常接触不同的化学危害物（从消费品、烟草、家庭供暖以及烹饪中），我们很难清晰地确定"吸收剂量"和"反应"之间的因果关系。然而，一个社区只有在意识到污染与疾病的关系后才可能就环境健康问题动员大家行动起来改变现状。William Alford 等人进行了一项名为"污染治理政策实施的人的因素"的跨学科研究。该研究主要考察安徽省农村地区的空气质量，评论了"政策措施如何被传达给老百姓，如何被他们理解以及如何付诸行动的过程"。他们的结论是"中央政府的主旨还没有被老百姓领会"①。他们认为提倡环保意识的活动收效甚微②，而人们环保意识的形成往往来源于个人经历、经济状况、教育和媒体。他们的研究表明慢性的疾病症状并不一定能引起人们对燃气造成的室内空气污染的危害加强重视。他们指出成功执法需要人们具备环保意识，需要提供依法行事的激励机制，需要确保国家的政策法规在地方能够切实可行，这些都是他们的研究值得赞赏的地方③。但是，仅仅以"意识薄弱"作为阻碍环保工作的缘由使我们无法对一些问题深入考察。村民目前的环保知识如何，他们已经察觉到危害他们健康的环境威胁，这样的环保意识是如何形成的，这些问题该研究都没有提及。与之不同的是，本文把环保知识置于涉及健康的更大范围内，考察这些因素可能会怎样削弱当地人对污染影响健康的重视程度。

　　景军关于环境抗争原因的著作④以更敏锐的人类学的视角透视了村民

---

①　William P. Alford, P. Weller, Leslyn Hall, Karen R. Polenske, Yuanyuan Shen, David Z. Zweig, "The Human Dimensions of Pollution Policy Implementation: Air Quality in Rural China." *Journal of Contemporary China* Vol. 11, No. 32 (2002): 495.

②　William P. Alford, P. Weller, Leslyn Hall, Karen R. Polenske, Yuanyuan Shen, David Z. Zweig, "The Human Dimensions of Pollution Policy Implementation: Air Quality in Rural China." *Journal of Contemporary China* Vol. 11, No. 32 (2002): 495.

③　另见 B. van Rooij, *Regulating Land and Pollution in China, Lawmaking, Compliance, and Enforcement: Theory and Cases*, Leiden: Leiden University Press, 2006; and B. van Rooij, "The People vs. Pollution: Understanding Citizen Action against Pollution in China" *Journal of Contemporary China* Vol. 19 No. 63, 2010 (未发表)。

④　Jun Jing, "Environmental Protests in Rural China." E. Perry and M. Selden eds., *Chinese Society: Change, Conflict and Resistance*, London: Routledge, 2003.

逐渐意识到污染危害性的过程。景军概述了从 20 世纪 70 年代中期到 90
年代早期有官方记载的 278 起环境纠纷。他着重论述了他实地考察期间
发生的两起抗议事件，这使他能更好地了解事态的发展。在甘肃省大川
村的事件中，当地村民抗议一个化肥厂污染了他们的水源。景军认为他
们对水污染的认识建立在很多因素的基础上（比如对家畜和农作物的威
胁），但是，最终激发他们的是不断增多的婴儿先天畸形，因为这损害了
当地社会主要的价值观之一：繁衍健康后代的能力。他得出的结论是：
只有当"一个社会价值体系和社会象征"引起人们共鸣的时候，对污染
和疾病的因果关系的认识才能形成，采取行动的决策才能做出①。同样，
我关注的是人们如何认识他们的疾病以及从多大程度上他们把疾病与环
境因素联系起来。

　　当一个家庭面临一种致命疾病的不幸时，家庭成员之间对于"为什
么会是他或者她？"的问题常常意见各异，而且还会针对治疗问题七嘴八
舌提出各种甚至是相互冲突的方案。村民普遍认为导致癌症的因素有：
压抑的愤怒或者长期的辛劳、抽烟、饮酒、吃腌制蔬菜以及摄入农药。
以西医学为基础解释癌症应该从测试村民是否知道抽烟和饮酒是导致癌
症的潜在因素着手。与之相反，本文首先考虑当地人自身对癌症高发现
象的看法。一些人认为，癌症的发病主要是患者自身的责任——要么因
为他们性情古怪，要么因为他们有酗酒、大量抽烟的嗜好。另一些人则
认为，癌症产生的因素不是患者自身能控制的——迅猛的社会变迁导致
家庭成员之间关系紧张，消费主义的泛滥需要大量使用农药。坚持任意
一种癌症病因观点都体现了对社会政治过去和现在的某种参与，为谁应
该对癌症负责以及谁应该担负治疗责任等问题提供了形形色色的答案。
与癌症抗争必然需要付出艰辛的努力，这不仅仅是为了保持健康，而且
是为了维护一个人在家庭和社区的地位，为了获得人身保护权利和一个
更加整洁的环境。

　　本文将重点讨论村民怎样感受到农药造成的环境污染，他们所感受

---

① Jun Jing, "Environmental Protests in Rural China." E. Perry and M. Selden eds., *Chinese Society: Change, Conflict and Resistance*, London: Routledge, 2003, p. 212.

污染的程度和特征，他们如何看待污染对健康的影响，他们对污染的认识如何形成，以及以何种方式采取行动。环境污染致癌说与其他癌症病因共存。与 Alford 等（2002）不同的是，我的研究发现长期的慢性疾病症状能够提高人们的环保意识，但是癌症是否被归咎于环境污染（或者其他因素）取决于谁将对该后果负责——患者、患者家属或者其他未能阻止污染的人，取决于是否将促成一些补救措施。环保意识如何逐渐提高以及它如何为进一步搜集证据奠定基础，这些问题是与阻挠报道癌症高发率的政治和经济障碍分不开的。然而，我关注的不是一些客观条件的限制（比如：缺乏挖井的资金，缺乏入院治疗的费用等），而是因当事人的观念造成的障碍。例如，村民从多大程度上认为他们自己应该对污染负责，或者从多大程度上应该获得经济赔偿，有权享有更加卫生的水资源，这些问题对他们采取的行动方式产生着重大的作用。因此，我认为，当地政府官员强调缺乏必要的满足地方需求的资源，目的是为了逃避责任。

最终，一旦符合以下情形之一，当地人就倾向于把癌症归咎于污染。这些情形包括：（1）得病原因与他们曾经认定的污染引致癌症的经历一致；（2）可以解释为什么某个特定人群生病；（3）能够加深患者及其家人认为自己行事正常的看法；（4）被认为会产生实际效果——有助于引起当地政府的重视，吸引当地政府投资。尤其最后一点是我们关注的焦点，这涉及对污染的认识和治理，就污染问题当地人如何看待地方官员的能力，以及这些官员如何回应老百姓的要求。各方当事人就污染损害健康由谁承担责任和应该采取何种措施的不同意见使我们洞悉人类生存的社会、政治和道德世界。

人类学的研究经常被人们排斥，被看做是无根据的传闻、司空见惯的事情、不具代表性的地方个案而已。然而，人类学研究特别定位在考察一个特定社区如何认识和处理与环境相关的威胁健康的问题，强调理解和解决这些问题涉及的文化和地方因素的重要性。理解各阶层人民如何看待这些问题对于确保政策的有效实施、提供更好的社会福利以及实现可持续性发展都至关紧要。如果我们不掌握驱使人们采取行动的思想观念（比如，农民认为哪些东西对他们的健康有害），我们可能会产生误解，认为他们无知，责备他们应该为自己的受害负责，或者提供在当地不切实际的建议，以致不可能被采纳①。

## 二　民间的癌症病因说

人们认为导致癌症发展有多种因素。为了弄清楚人们将农药与癌症联系起来的来龙去脉，我将考察情绪、抽烟、饮酒和吃腌制蔬菜是怎样被认为是致癌的，为什么被认为是致癌的。我认为，这些病因说之所以被接受是因为它们没有违背人们正常的行为道德规范。这些病因不是被看做为恒定的参照物，在病情发展的不同时期，人们会采用不同的解释，然后又否定，死亡之后又再次采用。这表明癌症病因学不是一种客观的、不变的知识，而是一个灵活的过程，它包含了复原患者的人生经历以形成一个可以接受的病因说。

消极情绪，尤其是生气、怄气以及焦虑，是人们最常提到的致癌因素，也是其他一些疾病（如头疼、消化不良和胸痛）的病因②。村民常常认为癌症患者通常是那些易怒、易焦躁的人，或者是那些经历了特别难以承受的矛盾和困难的人，他们突然陷入焦虑从而导致疾病③。村民认为患有气火病（字面意思是"因为有火的气而导致的病"）的人更容易患

①　关于公众观点如何决定政策的文献（反之亦然），参见 Alan Irwin, *Citizen Science：A Study of People, Expertise and Sustainable Development*, London Routledge, 1995; Alan Irwin and Brian Wynne eds., *Misunderstanding Science? The Public Reconstruction of Science and Technology*, Cambridge：Cambridge University Press, 2004; and Paul Slovic, "Public Perception of Risk." *Journal of Environmental Health* Vol. 59, No. 9 (1997)：22 – 29。关于中国这些问题的分析，参见 Yok-Shiu Lee, "Public Environmental Consciousness in China." Kristin Day eds., *China's Environment and the Challenge of Sustainable Development*, New York：M. E. Sharpe, 2005; Bryan Tilt, "Perceptions of Risk from Industrial Pollution in China：A Comparison of Occupational Groups." *Human Organization* Vol. 65, No. 2 (2006)：915 – 932; Tilt, "The Political Ecology of Pollution Enforcement in China：A Case from Sichuan's Rural Industrial Sector." *The China Quarterly* Vol. 192 (2007)：915 – 932。

②　有关情绪是癌症诱因的全面论述，参见 Lora Wainwright, *Fighting for Breath：Cancer and Social Change in a Sichuan Village*, full-length manuscript, n. d. 。

③　Cannas Kwok 和 Gerard Sullivan 的研究强调了类似的观点，即癌症是由消极情绪引起的，癌症的恶化是由对疾病的思虑促成的。参见 Cannas Kwok and Gerard Sullivan, "Influence of Traditional Chinese Beliefs on Cancer Screening Behaviour among Chinese-Australian Women." *Journal of Advanced Nursing* Vol. 54, No. 6 (2006)：691 – 699。

癌症，气火病是一种与易怒倾向相关的胸腔或者胃部的不适状态①。这样的病因说被中医理论进一步证实，中医认为情绪失调对身体的影响导致了疾病的发生。根据中医学说，很多疾病都可以追溯到气失调或者气不顺②。用气这个术语来描述愤怒（生气，字面意思是"产生气"）与压抑的愤怒（怄气或者受阻塞的气）证明了气与怒以及身体不适之间的密切关系。然而，这种认为生气和焦虑会促使癌症发展的观点并非中国或中国人民独有。在 Ruth Salzberger 对英国癌症病人的研究中，负罪感、生气以及敌对心态与遗传和外在因素一起对癌症的产生起着重要的作用③。Deborah Gordon 在意大利对癌症的研究表明把某种不适说成癌症，或者甚至这样想，都会使病情恶化④。

---

① 虽然这个术语在中国其他地区没有被广泛使用，但是把"气"和疾病联系起来很普遍。比如，张延华在 *Transforming Emotions with Chinese Medicine*，（New York：State University of New York Press，2007）一书中提到一位把自己身体状况描述为"火气大"的病人，字面上的意思是"大气火"，这使她容易生气，所以生病。

② 虽然把村民对情绪在癌症诱因中作用的理解与中医癌症相关理论等同是错误的，但是很明显它们如此相似。关于在中国情绪与疾病的关系的论述，参见 Davis，"The Cosmobiological Balance of the Emotional and Spiritual Worlds：Phenomenological Structuralism in Traditional Chinese Medical Thought." *Culture*，*Medicine and Psychiatry* Vol. 20，No. 1（1996）：83 - 123；A. Kleinman，*Patients and Healers in the Context of Culture*，London：University of California Press，1980；Kleinman，*Social Origins of Illness and Distress*：*Depression*，*Neurasthenia and Pain in Modern China*，New Haven：Yale University Press，1986；T. Ots，"The Angry Liver，The Anxious Heart and the Melancholy Spleen：The Phenomenology of Perceptions in Chinese Culture." *Culture*，*Medicine and Psychiatry* Vol. 14，No. 1（1990）：21 - 58；N. Sivin，"Emotional Counter-Therapy." *Medicine*，*Philosophy and Religion in Ancient China*（1995）：1 - 19；F. Wu，"Gambling for Qi：Suicide and Family Politics in a Rural North China County." *The China Journal* Vol. 54（2005）：7 - 27。近来论述中国与情绪相关的疾病的完整专著，参见 Zhang，*Transforming Emotions with Chinese Medicine*。For a definition of *qi* see E. Hsu，*The Transmission of Chinese Medicine*，Cambridge：Cambridge University Press，1999，pp. 67 - 87；M. Porkert，*The Theoretical Foundations of Chinese Medicine*：*System of Correspondence*，Cambridge Mass：MIT Press，1974，p. 167；V. Scheid，*Chinese Medicine in Contemporary China*：*Plurality and Synthesis*，London：Duke University，2002，pp. 48 - 49；N. Sivin，*Traditional Medicine in Contemporary China*，Centre for Chinese Studies Michigan University，1987，p. 47；P. Unschuld，*Medicine in China*：*a History of Ideas*，London：University of California Press，1985，p. 72。

③ Ruth Salzberger，"Cancer：Assumptions and Reality Concerning Delay，Ignorance and Fear"，J. Loudon ed.，*Social Anthropology and Medicine*，London：Academic Press，1976，pp. 154 - 155。

④ Deborah Gordon，"Embodying Illness，Embodying Cancer." *Culture*，*Medicine and Psychiatry* Vol. 14，No. 2（1990）：289。

　　56 岁的刘阿姨在 2007 年 11 月死于胃癌。目睹参加葬礼的人们走在去她位于宝马村的家的路上，我提及那年 4 月我拜访她时，她看上去身体状况良好。她的邻居却说："是，但是她是个常常怄气的人。你不知道她的日子很苦。夏天她发现自己得了癌症。她死得很快。她一听到'癌症'这个词就吓死了。如果你被吓倒，你就会死得很快。"回想在我们所有的会面中，刘阿姨总是强调她的生活充满了苦难。1975 年，她嫁给了一位乡村教师，结果她不得不一个人承担所有的农活。由于妇科疾病（现在可以治愈），刘阿姨没能生育子女，只好收养了一个女儿。她解释说，这使她的公公很失望、很生气。因此，她觉得这些消极情绪以及他易怒、易怄气的倾向导致他患上食道癌，最终于 20 世纪 90 年代初去世。她说道，"当然他容易发火和怄气，像那样的人往往得癌症"（2005 年 6 月 30 日）。在 20 世纪 80 年代中期，刘阿姨的丈夫患上心脏病和肺病，使他丧失了劳动能力，他必须每年住院治疗。1997 年，她丈夫死于心肺疾病，年仅 48 岁。丈夫和公公的病拖累了这个家，不仅使她一贫如洗而且影响了她的健康。她被迫一个人承担农活，2000 年后，她还要照看外孙女（因为其父母都在重庆打工和生活），兄弟离婚后，她还要照顾侄子。

　　刘阿姨认为公公患癌症是由于他易怒，是由她不能生育引起的。所以，邻居明确地把刘阿姨患癌症以及病情的急剧恶化归结于她的焦虑倾向和她经历的苦难①。在这样的背景下，隐瞒病情是人们惯常采用的避免患者更加痛苦、防止病情加剧恶化的策略。西医认为，焦虑和压力可能导致癌症加速恶化，加上随之隐瞒病情的措施，这些都说明这种病因说并非如它刚出现时那样陌生。隐瞒病情的做法近来才在英国和美国逐渐减少②。

---

① 心情影响癌症的观点在一项对工作和生活在伦敦的中国人的调查中也得到了证实。I. Papadopoulos, F. Guo, S. Lees, and M. Ridge, "An Exploration of the Meanings and Experiences of Cancer of Chinese People Living and Working in London." *European Journal of Cancer Care* Vol. 16 (2007): 424 - 432. 据发现，受调查者不愿意谈论癌症（同上，p. 428），他们相信快乐的心情、积极的情绪会延长寿命（同上，p. 429）。因此，很多人认为癌症患者家属不应该告诉患者实情，因为这会加速病情恶化（同上，p. 428）。

② 参见 Mary-Jo del Vecchio Good, Byron J. Good, Cynthia Schaffer, Stuart E. Lind, "American Oncology and the Discourse on Hope." *Culture, Medicine and Psychiatry* Vol. 14, No. 1 (1990): 59 - 79; Deborah Gordon, "Embodying Illness".

Mary-Jo Del Vecchio Good 等研究表明，在有效的治癌疗法不断推广的美国，向患者透露病情近来已经成为医生努力使患者积极参与治疗的方法。在阆中地区，情况却恰恰相反。当我房东大姐的父亲被诊断为癌症时，他的家人按照惯常的做法决定向他隐瞒病情①。2004 年 10 月 19 日，我们去大姐的娘家村庆祝她父亲的生日，她提醒我说：

"不要告诉他，他不知道他得了癌症。我们叫医生用英语写的那个词。所以，如果我爸爸叫你翻译，你只说他病了，因为他经常生气，就是怄气。如果他能放松、不发脾气，病就会好。那都是医生说的。"

对于她爸爸的康复大姐说得如此确信，以致我都开始怀疑他是否真的被诊断为癌症患者。隐瞒病情本身表明患者家属积极参与治疗，是为了保证他们的健康。正如 Gordon 在意大利的研究②，隐瞒病情使患者置身于社会，使他们看到希望。隐瞒病情以及把病因归结为生气，正如我干爹（也就是大姐的父亲）的亲属所做的那样，能够使癌症作为与情绪相关的疾病的一种而被人们理解，同时使人们暂时保持希望，相信如果患者能够控制情绪病情就不会进一步恶化。鉴于大多数村民都没有机会获得治疗，如果为了让他们及时作出治疗决策而如实告诉他们病情也是没有必要的，在欧美国家为了治疗及时则有必要告知病情。

在某些情况下，把癌症的发生归咎于个人的性格或者生活苦难的病因说被用来作为诉苦的方式，因此成了社会上不断重现的有力工具。当地像刘阿姨那样不能生育的妇女，或者离婚的年轻夫妇经常认为或者被认为他们的行为对其父母造成了无法弥补的伤害。如果他们的父母或者配偶的父母得了癌症，这些行为就被看作癌症的诱因。但是，究竟谁或者是什么应该承担责任，如今还没有出现一个简单、统一的看法。对家庭成员行为的生气和焦虑可以归结到个人性格，这就使那些导致其生气的人可以逃避责任，否则他们将遭到谴责。刘阿姨通过说她公公容易焦虑和爱发脾气，成功否认了他的癌症是由于她不能生育引起的，从而逃避了对其生病负全部的责任。这表明人们思想上存在一定程度的含糊不

---

① 我称呼我的房东为"大姐"，称呼她父亲为"干爹"。

② Deborah Gordon，"Embodying Illness"。

清：究竟生气和焦虑是由于患者自身的性情引起的，还是由于人际关系作用由他人引起的，所以他人应该受到谴责，这谁也说不清楚。正是这种无法确定责任人的灵活性使生气和焦虑之类的消极情绪成功成为癌症病因说的主角。

关于抽烟和饮酒是癌症病因的说法也是含糊不清地流传于民间，尽管是另一种不同类别的含糊不清。由牛津大学临床教学实验服务小组（CTSU）发起的关于"中国的饮食，生活方式与死亡率"的研究[①]强调了抽烟、饮酒、日常饮食和污染是可能的癌症诱因。尽管知道这些流行病学的原则，大多数村民往往不愿意接受抽烟和饮酒可能是癌症诱因的说法，他们认为它们与癌症的关系含糊不清。当地村民承认酗酒（有人的标准是每天一斤；也有人认为每天半斤）与过度吸烟（每天两盒烟）对身体有害。然而，他们还声称能够抽烟、喝酒是健康人特有的。比如，70岁高龄的廖大爷，每天抽两盒烟，平均每天喝半斤白酒。问他抽烟喝酒是否对他的健康有损害时，他回答说"我不觉得对我身体有害。从十几岁起我就抽烟喝酒。如果突然戒了，我会生病的，因为我已经习惯了"（2004年11月10日）。为了反驳抽烟和饮酒是癌症病因的说法，当地人便提及他作为例证[②]。

自相矛盾的是，尽管村民承认酗酒和过度抽烟会引发疾病，但是具备那样的能力却被视作强壮、健康的象征。这是基于如下推理，如果一个人以不健康的方式生活却还能保持健康，这意味着他的身体"凶"。考

---

[①] J. Chen et al, *Diet, Lifestyle and Mortality in China*, Oxford University Press, 1990; See also J. Chen, Liu Boqi, Pan Wenharn, Colin Campbell, Richard Peto, *Geographic Study of Mortality, Biochemistry, Diet and Lifestyle in Rural China*, 26/01/2006, http：//www.ctsu. ox. ac. uk/ ~ china/monograph/（访问时间：23/06/2006）.

[②] Pat Caplan, *Feasts, Fasts and Famines：Food for Thought*, Providence：Berg, 1992, pp. 27; Caplan, "Approaches to the Study of Food, Health and Identity." *Food, Health and Identity*, London：Routledge, 1997. 关于一项类似的研究，调查建立在一个位于费城的癌症高发的工人阶级社区，参见 Martha Balshem, "Cancer, Control and Causality：Talking about Cancer in a Working-Class Community." *American Ethnologist* Vol. 18, No. 1（1991）：152 – 172; Balshem, *Cancer in the Community*, Washington：Smithsonian Institution, 1993。Balshem 表明当地人拒绝接受癌症教育项目传播的生物医学思想，他们以"叛逆的前辈"为例，说他们"每天抽两盒烟，只吃猪油和面包，从没看过医生，却活到了93岁"（p. 162）。

虑到这些行为都和强壮的男性有关（相反，女性的这些行为却是不受欢迎的），它们是界定男人阳刚性的一部分，因此它们成为衡量标准男性的常见参数。饮酒与抽烟还是社交主要的润滑剂①，所以尽管他们有害健康，还是不能放弃。当某些行为被人们实施而且被看成是司空见惯的，就像抽烟和饮酒一样，这将削弱它们与疾病的潜在联系。最后，把癌症归咎于抽烟和饮酒会造成责备患者本人的令人不快的结果。因此，我发现只有当家庭成员中没有人患癌症时当地人才会把癌症归咎于抽烟和喝酒。虽然干爹的亲属最初把癌症归咎于他生气，但是当他们意识到他无法康复时便立刻停止了各种病因的猜测。然而，他去世后，他的女儿大姐提醒邻居廖大爷："您要当心。我爸爸喝很多酒、抽很多烟，后来得癌症死了"（2005年7月）。生病期间，把癌症的病因与患癌症的家人的某个具体生活事件联系起来是不道德的；正如Balshem解释的那样，这会暗示患者生病是自食其果②。与此相反，患者去世后查寻病因是可以接受的、受欢迎的。这些病因说可能基于流行病学知识，比如抽烟或者喝酒的病因说，也可能从道德上可接受的角度解释，把癌症归咎于痛苦的人生经历和生气的倾向。

类似的含糊不定也普遍存在于吃腌制、发霉的蔬菜是癌症病因的说法中。与抽烟、喝酒一样，尽管流行病学文献强调缺乏均衡的饮食结构以及食用腌制、发霉的蔬菜是可能的癌症病因③，但村民不接受这种观点。原则上，当地人一般认同吃发霉食物会损害身体："发霉了，要不得"（常见说法）。然而在实际生活中，他们不愿意浪费，往往会吃掉发霉的食物。他们解释说："没什么大不了的，还是可以吃的"（常见说

---

① A. Kipnis, *Producing Guanxi: Sentiment, Self and Subculture in a North China Village*, Durham: Duke University Press, 1997; M. Yang, *Gift, Favours, and Banquets: the Art of Social Relationships in China*, New York: Cornell UP, 1994. 对男人阳刚性的认识与香烟在人际关系中的促进作用如何在人们知道吸烟危害性的情况下阻碍了戒烟的成功，关于这个问题的精辟阐述，参见 Matthew Kohrman, "Smoking among Doctors: Governmentality, Embodiment, and the Diversion of Blame in Contemporary China." *Medical Anthropology* Vol. 27, No. 1 (2008): 9-42; Kohrman, "Depoliticizing Tobacco's Exceptionality: Male Sociality, Death, and Memory-Making among Chinese Cigarette Smokers." *The China Journal* Vol. 58 (2007): 85-109。

② Balshem, *Cancer in the Community*.

③ Chen et al, *Diet, Lifestyle*; Chen et al, *Geographic Study*.

法）。一些人还引用俗话"不干不净不生病"，认为吃不干净的食物可能
是一种有益健康的行为（常见说法）。比如，大姐以避免浪费为由为自己
吃发霉的食物进行辩解，为支持其说法，她还指出吃了之后她没有感觉
到身体的任何不良反应。把食用腌制、发霉的蔬菜简单地看做是贫穷迫
使的行为掩盖了当地人对这个问题的理解方式。关于什么是适当的饮食
结构以及什么导致癌症从很大程度上取决于使用何种评估标准以及处在
怎样的道德经济环境下①。对待腌制食物的态度与癌症是归咎于以前的物
资贫乏（腌制食物）还是目前的发展（农药）的观点密切相关。对腌制
食物致癌作用持怀疑的态度是一种维护多年的本地习俗、反对大量使用
农药的手段。遵循这些原则，许多村民解释说"我吃腌菜泡菜是因为它
们农药少"。

　　为了详细了解这些态度，让我先谈谈当地农药使用情况。阆中地
区使用最广泛的化肥是碳酸氢铵（$NH_4HCO_3$）、尿素〔$(HN_2)_2CO$〕之
类的氮化合物以及 $N+P_2O_5+K_2O$ 之类的磷钾化合物。它们通常是以
粉状投放，混杂炼菜油剩下的浓缩油菜籽粉，泼撒时不配备任何防护
装置。常用的杀虫剂包括有机磷酸酯和有机氯的化合物，以及各种灭
草剂、杀真菌剂和用于治疗特定蔬菜和疾病的化学物质。这些物质通
常与水混合，装在配有约一米长硬式细软管的小塑料罐里，农民背着
塑料罐，不戴任何防毒面具或者防护手套进行喷洒。人们对于何时农
药开始普遍使用的问题意见不一，但是大多数人赞同 20 世纪 80 年代
早期到中期的说法。所以，可能农药对健康的影响只有到现在才完全
显现出来②。

---

① Anna Lora Wainwright, "Do You Eat Meat Every Day? Food, Distinction and Social Change in
Contemporary Rural China." BICC working paper, 2007, http：//www. bicc. ac. uk/Portals/ 12/
ALW%20WP%20NO. 6. pdf; Lora Wainwright, "Of Farming Chemicals and Cancer Deaths：The
Politics of Health in Contemporary Rural China." *Social Anthropology* Vol. 17, Issue 1 (2009)：
56 - 73.

② 对农药的严重依赖以及它们对健康的影响是研究人员、非政府组织和消费者协会争论的
热门话题，参见 Y. Yang, "Pesticides and Environmental Health Trends in China—A China
Environmental Health Project Factsheet." *China Environment Forum* (2007), http：//
www. wilsoncenter. org/topics/docs/pesticides_ feb28. pdf（访问时间：15/6/2007）；另
见 Elisabeth Economy, *The River Runs Black：The Environmental Challenge to*（转下页注）

村民毫不怀疑农药的威力，但是他们对使用农药有种矛盾的心理。市场经济改革后人民生活条件的改善使农药有了用武之地，照此它们成了发展进步的有力象征。农药是告别穷苦过去的过渡期的重要组成部分，过去村民的饮食"还没有现在的猪吃得好"，"那时什么都种不出来"。农民注意到了农药引进之后农业生产的显著提高。他们把20世纪60年代和70年代的玉米粒和近年来的比较，赞美农药为他们提供了更优质的农产品。农药对农业的益处显而易见：农药杀死害虫、使土地肥沃；通过减少农民沿着狭窄的山路肩挑到山腰的园地的粪肥量，农药减轻了农民的劳动负担；农药改善了食物的外观使之更加畅销。农药的使用源于需求，是为了生产出美观的食物以适应市场压力。

另一方面，当地人鄙视农业对农药的依赖，他们抱怨这些物质有害健康，尤其是会致癌。当问及农药是否有害健康时，我从未碰见过一个农民给我否定答复的。的确，男性在家时，投放农药是他们的职责，因为一般认为他们比女性强壮些，所以更能抵御毒性。但是男性很少有机会完成这项任务，因为他们都在外地打工，以便贴补家用、支付不断上涨的生活费，特别是子女中学教育费和家人的医疗费用。虽然女性也加入了外来工的队伍，但是男性返乡的年龄一般比女性要大些。妇女通常在子女成长的关键时期回家照顾孩子（比如初、高中的入学考试阶段），

---

（接上页注②）*China's Future*, Cornell：Cornell University Press, 2004, p. 85；R. Sanders, "A Market Road to Sustainable Agriculture? Ecological Agriculture, Green Food and Organic Agriculture in China." Peter Ho and Eduard Vermeer eds., *China's Limits to Growth：Greening State and Society*, Oxford：Blackwell, 2006；V. Smil, *China's Past, China's Future：Energy, Food, Environment*, London：Routledge Curzon, 2004, p. 2。根据有机物消费者协会，"中国市场高达40%的杀虫剂都是以假商标卖出的，在云南省，2002年一项为全球绿色基金进行的调查显示：至少一半的杀虫剂批发商都没有合法注册或者没有取得销售执照。"参见 Organic Consumers Association, *High Pesticide Residues Threaten China's Food Exports*, 17/1/2003, http：//www. organicconsumers. org/Toxic/012003_ food _ safety. cfm（访问时间：03/6/2008）。因为担心农药是假货，不可靠，所以农民为了获得好收成常常过量使用，例如，参见 Yang 所著的 "Pesticides and Environmental Health Trends in China" 一文。一些是由于过量使用，一些是由于没有使用防护设备，杀虫剂中毒率高得让人担忧。"中国政府估计每年有53300到123000人因为杀虫剂生病，300～500农民死于与杀虫剂接触。当地调查结果显示出更高的杀虫剂中毒率"（有机物消费者协会，2003）。

以及后来在家照看第三代①。结果，妇女负责主要的农活，包括投放农药。2004～2005年间，36岁的房东大姐承担了大部分的农活，而她丈夫每天去阆中市干木工活。但是，只要可以他会在天黑前回家到自家田地喷洒杀虫剂。大姐解释说杀虫剂"对身体有害"，她从那难闻的气味和杀死害虫的威力就能判断其毒性，因为丈夫身体比她好，所以他应该来放药。因为男性更强壮所以应该投放农药的共识暗示了农药被认为是十分有害的。

　　然而，不同的农药被认为具有不同程度的毒性。"农药"字面意思是农用化学物质，但是更确切是指杀虫剂，但是肥料却指"农用化学肥料"。当村民抱怨农药的有害作用时，他们使用"农药"一词，很少提到"肥料"。如果反问他们是否"肥料"也是有害的，他们的回答模棱两可。王叔在麦田施肥时表示，"嗯，老实说，肥料可能有害，毕竟是一种化学物质。但是它比粪肥方便多了，而且没有杀虫剂那么毒"（2007年11月）。正在附近田里劳动的60岁的许阿姨声称肥料无害，"它们是庄稼的营养品"。所以，她解释说，就像她正在做的那样，不戴手套施肥也没事。她丈夫站在一旁看她干活，于是我问为什么他不帮忙。她回答："因为他一直生病，你看他都秃头了，他身体不好"。显然，虽然他们开始没有这样说，他们都认为化学肥料具有潜在危害，体质弱的人应该避免接触。与吃腌制蔬菜一样，投放农药人选的策略性选择是当地人意识到农药的危害性而积极应对的实例。农民努力减少用于自家消耗的庄稼的农药用量更加证明了他们意识到农药带来的健康威胁，所以打算把威胁降到最低程度②。

　　人们察觉到的农药危害主要与癌症有关。2005年一位40多岁的男性死于癌症的时候，他的邻居马上得出结论，显然他的病是农药使用过度造成的。一位年轻妇女，丈夫离村外出打工，说她经常感到喉咙疼，她

---

① 关于农村到城市的迁移及其对中国农村的影响，参见 R. Murphy, *How Migrant Labour is Changing Rural China*, Cambridge：Cambridge University Press, 2002。

② 另外的文章中我指出农民在用于自家食用的庄稼上限制农药用量的作法解释了当地把癌症归咎于食物中农药含量高而不是水质问题的倾向，因为它给予农民更多得到关注的机会。参见 Lora Wainwright, "Of Farming Chemicals"。

把这归咎于农药的使用。她解释说患食道癌的人通常都会经受这种痛。她推断当身体的某个部位不断受到伤害就容易致癌。农药对食道和胃的伤害尤其严重，所以这是当地最常见的两种癌症。有人企图用杀虫剂自杀进一步证实了村民对其毒性的认识。在过去五年中，宝马村有三个使用杀虫剂自杀的案例。最近的案例发生在 2006 年，是一位被诊断患了胃癌的 70 岁老妇人。目睹她的亲家和一些邻居在病魔中痛苦地渐渐离去，她决定结束自己的生命。

考虑到多种癌症病因说的存在，宝马村没有一位村民试图动员社区的力量解决问题。不同的是，邻村的梅山队却有一个叫宝华的村民坚持认为水污染是致癌的因素，希望借此得到更好的水井。如我所述，他的行为是受到媒体关于癌症村报道的启发，但是他却没有提及工业污染。下面我将分析他行动的结果以及导致该结果的原因。

## 三　梅山事件：水污染的政治化与非本地化

媒体报道和学术论述最多的污染事件往往与工业污染有关。正如我们所看到的，媒体报道（以及刘梦琴和傅晨的调查报告）中大多数事件都集中在近来经历了迅猛发展（尤其是工业发展）的具体地区。因此，癌症被认为是发展的产物，尤其是污染水源、污染当地农作物的工厂导致癌症的高发[①]。中外记者在报道有关中国环境恶化时通常强调中国对经济发展的重视损害了环境，相信近期中央政府解决环境问题的政策是积极有利的，谴责地方腐败和地方保护主义导致了政策实施的失败。一些学者也是如此论述。比如，一位研究中国环境的著名学者 E. Economy，在她最近发表的一篇文章中阐述道："即使北京踌躇满志地着力保护环境，形势仍在继续恶化，地方官员往往忽视中央政策，更愿意集中精力继续发展经济。"[②]

---

[①]　类似情况的癌症村还有：天津附近的癌症村、位于浙江省和广东省以及江苏省和河南省发达地区的村落。

[②]　Economy, "The Great Leap Backward?" *Foreign Affairs*, 9/2007, http://www.foreignaffairs.org/20070901faessay86503/elizabeth-c-economy/the-great-leap-backward.html（访问时间：01/10/2007）.

　　然而，"据世界银行驻北京环境社会部负责人 Andres Liebenthal 说，工业污染仅占中国水污染的 1/3。第二个 1/3 是城市污水，第三个是受杀虫剂和肥料污染的田地溢流的污水。"① 世界银行关于中国污染成本的报告说道："主要污染源正在改变，从常与工业废水排放相关的重金属和有毒有机化学物变成了来自不明污染源的污染物。从农业生产溢流的污水，包括杀虫剂和肥料，是不明污染源的罪魁祸首。"② 就工业污染而言，其责任很容易归结于污染厂家与串通一气的当地官员和市民的联系。但是，如果无法确定污染源，谁应该为避免损害健康负责？这个问题的答案对于维护政府的权威极为重要，只有参考各种癌症病因说，考察它们存在的社会、文化和政治经济背景，才能真正理解事情的原委。

　　发生在人口约 80 人的梅山队的事件，可以表明污水被牵涉进致癌物的一些原因以及事态发展的结局。宝华 40 出头，住在离阆中市 15 公里的梅山，两地间的路况很差。第一次见他是在 2005 年 1 月，当时我随他的两位妹妹（嫁到宝马村的）回娘家探亲。宝华误以为我是记者，就告诉我梅山很多村民——他估计 2004~2005 年间至少有 4 人——都死于癌症，他推测一定和当地的水源有关，特别是一口供梅山人饮用的水井。意识到我并非记者后，他请求我帮他找一位记者来调查此事，引起公众的注意，希望借此能够获得干净的水源③。随着媒体对癌症村的报道越来越普遍，2006 年春一位记者找到我，她正在为英国电视台第 4 频道准备一份关于中国水污染的报道。我建议她采访梅山村民和乡镇干部，问问他们对水污染原因的看法以及可以采取哪些补救措施。

　　不出所料，这位记者在地方官员那里碰壁。卫生局既不愿向她提供任何相关材料也不同意进行水质检测。一位村干部告诉她："我们这里没有任何大病，没有 SARS，没有 AIDS。"④ 2007 年 3 月当我再次访问梅山

① Pallavi Aiyar, "Beijing Dips its Toes in Troubled Waters." *Asia Times*, 08/08/2007, http://www.atimes.com/atimes/China/IH08Ad03.html（访问时间：20/08/2007）.
② World Bank. *The Cost of Pollution in China*, p. 34.
③ 关于利用媒体抵制污染与污染对健康的影响，参见 Guobin Yang "Brokering Environment and Health in China"。
④ 参见 Channel 4, *China's Poisoned Waters*, http://www.channel4.com/more4/news/news-opinion-feature.jsp?id=299（访问时间：08/08/2006）.

时，宝华说那位记者的采访对他们没有任何帮助，因为她越过了阆中市领导而直接找了省级领导，这使地方、市镇官员成了公众焦点。所以，他觉得，记者没有能够获得地方政府的支持，而这种支持是进行详细调查所必需的。他的说法，毫无疑问，反映了记者走后当地官员是如何向村民解释的，目的在于阻止村民将来再次寻求媒体帮助。这样的结果是：宝华要么吓得不敢求助于省级领导，要么真的相信越过市级政府就一事无成。村民对求助于法律的可能性也持类似的观点。我访问过的人中，无论是官员还是农民，没有一个人认为村民起草的请愿书会产生任何结果。普遍的感觉是向地方官员（我指市级和市级以下）递交请愿书不会起作用，而向高一级官员递交则会太冒险。然而，尽管（或者说也许因为）记者没有找出当地癌症高发率的原因，宝华仍然坚信那口离稻田很近（所以有农药）、经常干枯的浅水井（不到 5 米深）就是导致当地癌症高发率的原因。

虽然与记者接触的经历使宝华相信他应该向低一级政府寻求帮助，但是他还是觉得乡镇干部帮不上忙。当我和宝华及其姐姐探讨可能寻求的途径时，他们都强调"地方官管不了那么多"。他姐姐解释道："小官办不了，大官办事容易，小官没那个能力，如果有，他们会管的"（2007年 3 月 24 日）。这个动词"管"具有明显的双重含义：它既包含照管又有管辖的意思。所以，地方官员不管这些事情的说法可以指不愿意管，也可以是没有能力管。村民认定问题的根源是腐败、玩忽职守还是能力问题也决定了他们认为谁应该承担这些责任，以及向市级和市级以上政府求助是否是明智的态度。在这个问题上，宝华觉得能力和专业知识不足（而不是腐败或者玩忽职守）妨碍了乡镇干部对此事的干预。所以，他认为乡镇干部更愿意村民直接找市级领导而不是让乡镇干部自己来面对这个问题。宝华解释说，水污染问题对乡镇干部来说太复杂了，所以向市级领导寻求帮助合理合法。村民认为市级领导的级别够高、足以具备充足的财力，同时又不够高、不足以威胁乡镇干部或者使他们成为替罪羊。

2007 年 3 月，当我与市级医院的一位工作人员一起回到梅山时，宝华告诉我们自 2004 年以来，14 位死亡的村民中有 9 位死于癌症，特别是食道癌、胃癌和肝癌。他们都是成年人，年纪最大的 70 岁，最小的 40

岁，都在梅山住了一辈子①。此次梅山之行后，我联系了阆中市的疾病控制中心和卫生部门，他们同意进行水质检测。疾病控制中心的两位工作人员和我一起到梅山收集水样，当时就说"这口水井不好，太浅了，而且正好在猪圈、下水沟和稻田旁边。按规定，水井必须建在离厕所至少50 米的地方"（2007 年 4 月 5 日）。水井和梅山所在村落的邻近地区没有工厂，所以疾控中心的工作人员估计水井的污染可能是来自稻田的氮和肥料的有机污染物。正如典型的中国农村，猪圈和厕所都在同一个房间，这样排泄物就在房间下面自然聚集，以便随时作为肥料使用。然而，随着化学肥料使用的增加，粪肥使用量就相应减少，结果，相比灌溉到大面积的土地中，滞留的粪肥就更有可能污染水源。疾控中心的工作人员解释说这种状况在阆中地区的农村十分普遍，因为这些农村的饮用水几乎都是专门从浅水井抽取的，而这些水井离村民的家和厕所几乎都仅为几米之遥②。

　　梅山的水质检测结果没有显示存在高含量的镉或者砷（又名致癌物质），也没有显示受到氨或者硝酸盐（检测结果为每升 4.12 毫克，这个值比疾控中心和卫生部门规定的最大可接受值每升 20 毫克小得多）的明显污染，没有如我和疾控中心工作人员根据水井的深度与离农药和下水沟的距离预料的那样③。硝酸盐的低含量没有证实这些污染物污染水源的

---

① 针对男性为他们的家庭牺牲而辛苦劳作的事实，当地人如何以此来解释男性癌症发病率偏高的原因，参见 Lora Wainwright，"Of Farming Chemicals"。

② 农户的生活供水有时是从 10 米到 20 米深的井里用水泵抽水。大多数情况下，水是用塑料桶从水井里提上来，然后用扁担挑回家。不管是水泵抽还是人工挑回家，水都是装入一个容量约为 100 升的容器内。在新房子里，容器是水泥制的嵌有瓷砖的立方体水缸，而在旧房子里仅仅是一个大的土罐。需要用水时，用塑料勺舀出来，用于饮用、烹饪或者倒入金属或塑料碗里洗东西（洗衣服除外，衣服是在灌溉池塘里洗）。地表水在灌溉池塘里汇集，这些池塘大多数是在 20 世纪 60、70 年代挖掘的，用于灌溉稻田、为蔬菜和山腰的农作物浇水。

③ 这个结果与 2004 年意大利非政府组织 ASIA-ONLUS 对阆中水污染调查的结果不一致。ASIA-ONLUS 发现在一些村，由于水井靠近施用了氮化肥的稻田，水循环中亚硝酸盐的含量超过了世界卫生组织和中国饮用水标准规定的可接受值的 10 倍（个人交流，ASIA-ONLUS 工作人员）。当亚硝酸盐进入体内血液循环时，它和血红蛋白反应，生成一种叫高铁血红蛋白的化合物。这种化合物会减少血液输送氧气的容量。因为氧气含量低，所以婴儿就会表现出一种疾病的症状，这种病叫做高铁血红蛋白症，也叫做"青紫婴儿病"。

假设，即使证实了，到目前为止也没有证据证明癌症与水中的硝酸盐和亚硝酸盐有关[①]。水质检测的确发现了铁和锰物质（可能与杀虫剂的使用有关）超标，两种物质分别为每升 2.43 毫克和 0.47 毫克，根据中国饮用水标准分别比可接受值高出 8 倍和 5 倍，但是，这两种物质都尚未归在致癌物质的范畴内[②]。

　　虽然水质检测结果证明了水"饮用不安全"，这是疾病控制中心的说法，但是这并不能自然而然地确保村民能够得到一个符合卫生标准的水井。挖井是由水务局负责的，根据 2007 年预算，现有资金仅够每年每个乡镇建造一口水井。每个中等大小的乡镇一般至少有 300 口井，其中很多都没有达到疾病控制中心规定的离厕所 50 米的要求。水务局已经花掉了 2007 年的资金，它更关注的是那些水源更加稀缺的偏远山区。我在疾控中心的熟人建议我利用和本市前副市长的关系敦促水务局合作，但是他在该局的熟人从此就调走了。对此，我被告知这是政府与腐败抗争的举措之一，即经常调动官员到不同的岗位，这样他们就很难依靠关系网办事。

　　虽然水质检测结果没能证明有高含量的致癌物质存在，它确实证实了村民需要更干净的水源。宝华为了引起公众关注，从整个社区的层面而非个体的角度用水污染问题来解释癌症病因。通过与地方官员、记者接触的经历，宝华把市级领导确定为能够采取补救措施的具备必要专业知识和财力的政府官员。但是，他们没有采取任何措施。他们没有为老百姓提供一个符合卫生标准的水井，这些市级领导怎能还算作称职呢？

---

[①] 尽管亚硝酸盐还没有被证实能够致癌，但是中国最新研究表明亚硝酸盐能够助长癌细胞，它的减少能够抑制癌症的发展。参见 Kenneth Hsu, Ye Wenhua, Kong Yunhua, Li Dong, Hu Feng, *Use of Hydrotransistor and De-nitrification Pond to Produce Purified Water*, 2007, http：//home. btconnect. com/KennethHsu/webdocs/Nitrite% 20PNAS-19Feb2007. pdf（访问时间：03/06/2008）。

[②] 关于锰的毒性与它对健康的影响，参见 Agency for Toxic Substances and Disease Registry 2001, *TOxFAQs for Manganese*, 2001, http：//www. atsdr. cdc. gov/tfacts151. htmlJHJbookmark02.（访问时间：03/06/2008），该文陈述："有关锰与人类癌症记载的资料尚未找到"。食物中锰含量高会导致雄鼠长胰腺肿瘤的几率有所提高，也会使雌雄鼠长甲状腺肿瘤的几率有所提高。关于铁含量过高与癌症的论述，参见 R. Stevens, Graubard, Marc S. Micozzi, Kazuo Neriishi, Baruch S. Blumberg, "Moderate Elevation of Body Iron Level and Increased Risk of Cancer Occurrence and Death. " *International Journal of Cancer* Vol. 56, No. 3 (1994)：364 - 369。

疾控中心的官员很快地同意了宝华的观点——水质"不好"（他们不具备断言这水能致癌的专业知识）。认可水受到污染正符合疾控中心官员的意图：它能立刻把问题归结为一个简单的答案（水井太浅），找到一个简单的解决方案（挖深一些），还能找到相应的方案存在的障碍（资金不足）。承认水污染存在的作用在于使问题变得非本地化，使它成为涉及全国的问题之一，从政治结构上来说，是一个不仅地方而且中央政府应该负责的问题①。

　　一开始，梅山事件看起来完全遵从了政府鼓励公众参与的号召②。但是，环境保护局希望公众参与的部分是揭发腐败，梅山事件暴露的却是地方政府能力不足。市级官员采用的策略成功地破坏了中央政府关于揭发地方环保措施执行不力的号召，将可能针对地方官员的"正当的反抗"转移到更深层次的能力问题③。这样，地方官员以牺牲上一级政府的声誉为代价保住了自己的地位。由于不能获得市级领导的补救措施，宝华也不能说服当地人污水是致癌物质，也就更不能以此为由动员大家共同解决问题。

　　村民当然可以自己筹资挖井。然而，那样的举措总是遭遇村民间的利益冲突。比如，外出打工的人群在村里待的时间很少，是否应该要求

---

① 关于广州环境治理的执行缺口与它对公众健康的影响，参见 Yok-shiu F. Lee, Carlos Wing-hung Lo, and Anna Ka-yin Lee, "Strategy Misguided: The Weak Links between Urban Emission Control Measures, Vehicular Emissions, and Public Health in Guangzhou." *Journal of Contemporary China* Vol. 19, No. 63, 2010（未发表）. 关于中国政府在环境风险控制中的作用，参见 Zhang, Lei and Zhong, Lijin "Integrating and Prioritizing Environmental risks in China's Risk Management Discourse" *Journal of Contemporary China* Vol. 19, No. 63, 2010（未发表）。

② 环境保护局（MEP）号召公众参与环境保护以克服从上至下管理机制的局限性，以提高政策执行的效率以及检举地方政府不作为的行为。在《中外对话》（致力于环境保护的网站，特别是中国的环保）发表的一篇文章中，国家环保总局副局长潘岳说："首先，我们必须明确地知道公众参与是法律赋予每个公民的权利和义务（……）让公众参与环境保护应该是衡量我们政绩的一个方面"。参见 Pan, "The Environment Needs Public Participation." *China Dialogue*, 05/12/2006, http://www.chinadialogue.net/article/show/single/en/604-The-environment-needs-public-participation. （访问时间：06/12/2006）。

③ 在 Kevin O'Brien 与 Lianjiang Li 所著的 *Rightful Resistance in Rural China*（Cambridge University Press, 2006）一书中，作者把"正当的反抗"定义为：人民享有对中央政府管理的参与权，有权对政策执行不力发表不满的言论，所以他们有权进行抗议。这种策略假定有一个为民着想的中央政府制定了可以实施的政策，然而地方官员却无视人民的利益完全从个人私利出发办事。随后，它还假设（或者希望利用）群众中产生一种革命的正义和热诚。这种策略最终确保了中央政策本身不受质疑，从而加强了中央政府的合法地位。

他们出资呢？他们可能会争辩说他们不可能从新水井中受益，而且他们宁愿省下钱来在镇上买房。这样的争论在出资兴建村公路时就提出过，所以筹资挖井也可能会遇到类似情况。作为建设"社会主义新农村"任务的一部分，自 2007 年开始，原本已经不住在公路旁的当地居民被号召到公路附近兴建新房，以便使交通运输更加便利。目前的重新安置也造成了确定水源地的困难。尽管挖井为村民提供了一个获得干净水的重要机会，但是农户们很可能不愿意出资挖井，因为建造新房已经使他们承受了沉重的经济负担。

除了现实的考虑，水污染是否真是癌症高发率的主要原因这个问题还存在争议，这也妨碍了宝华说服其他村民必须建造一口更深的水井。的确，水质检测结果没能证明水污染是当地癌症发病率升高的罪魁祸首。最关键的是，水污染和其他癌症病因并存，而这些病因显得更有说服力。正如一些当地村民所说，全村人喝同样的水，所以水污染无法解释为什么有人生病而另一些人却不生病。对于一个面临即将去世的亲属的家庭，能够说明唯独他或者她生病的原因——比如把癌症归咎于情绪、抽烟或者喝酒——更具有解释力[①]。

# 结　　论

本文考察了中国西南地区农民有关癌症的不同经历和认识。我指出生气和焦虑之类的消极情绪之所以成为常见的癌症病因说是因为它们使谁应该对癌症发病负责的问题变得含糊不定，各种对患者的描述都存在，要么是生活艰辛的受害者要么是本人天生有这些消极情绪倾向。当地村民觉得他们身边有很多例子——刘阿姨和她的公公就是两个实例——来证明癌症主要侵害那些经常生气和紧张的人。照此，人们的认识只有通过个人经历证实才能加强，相反，如果没有那样的经历就会减弱。比如，尽管大家都知道流行病学的证据表明抽烟、喝酒、吃发霉的腌制蔬菜可能导

---

① 针对同一个事例，这个观点在 Lora Wainwright 所著的"Of Farming Chemicals"一文中有进一步的论述。

致癌症，但是当地人不接受这些病因说，因为在他们个人经历中没有找到多少证据来支持这些说法。抽烟、喝酒常常在亲属死后被其家人用来解释他们的病因，因为把癌症与患者人生经历的某些特定因素联系起来可以使其家人明白病情发生的原委。与之相反，吃腌制、发霉的蔬菜是癌症病因的说法却不能被人们接受，因为这与当地人的风俗习惯和人生经历相矛盾，而且这还与农药有害健康的认识相冲突。基于这个道理，农民往往以减少身体损害为由，为他们吃腌制蔬菜辩护（因为腌制蔬菜上农药少）。

这些发现突出了一个事实：对农药危害健康的认识是普遍的，农药被认为是导致癌症的因素之一。但是，这些认识是否能促使当地人重视水污染问题还取决于把癌症归咎于水污染能否产生好的结果。宝华的事例说明他对解决水污染问题面临的政治结构挑战的理解影响了他选择解决问题的途径。他最初求助于媒体，但是了解到越过市级领导寻求帮助无济于事。然后他以低层领导缺乏处理此事的能力为由，主张求助市级领导。然而，能力不足的理由被市级领导用几乎相同的方式回绝了他的请求，这使地方政府保住原有地位、逃避了责任。所以，是否因个人经历被加强或者减弱，是否可能为患者本人、家属以及所在社区争取公共服务机构的帮助，随着这些因素的变化癌症与其潜在诱因关系的说法总是不断地被修正。能争取公共服务机构帮助的重要性在梅山事件中得到体现。宝华把问题集中在水污染上是因为它有可能引起政府官员的干预，反之，未能让政府干预实现的事实使水污染病因说的可信度减弱。

梅山队和宝马村也许不是传统意义上受工业污染的"癌症村"。但是，它们都是比平均癌症发病率高的地区。这表明有必要从"癌症村"以外更广阔的范围关注癌症，把病因尚不明确的地区囊括进来。理解范围更广的癌症病因说与有关癌症高发率真实元凶的争议可以解释这些地区的居民没能够动员起来，没能够获得公众关注的原因，也可以阐明为什么传统意义上的"癌症村"村民可能没法轻易地确认污染是癌症的罪魁祸首。文章开头曾叔提出什么是癌症诱因的问题，本文没有针对这个问题为阆中地区癌症高发率的原因提供答案。然而，理解当地村民认定的癌症潜在诱因为我们掌握癌症患者的经历以及患者与家人应对病魔和困难的策略奠定了坚实的基础。

# 中国工业污染的风险感知：
# 职业组间比较

Bryan Tilt[*]

## 前　言

在过去 20 余年间，中国的经济发展速度是史无前例的，其年均国民生产总值（GDP）持续保持近 10% 的增长速度。因而，人们认为，在未来 20 年内，中国会超越美国，成为全世界最大的经济体[①]。作为推动该经济增长趋势的主要驱动力之一，覆盖中国农村近 2000 万座小型工厂的乡镇企业雇用了超过 1.3 亿的农民工，其经济产值约占中国 GDP 的 1/3[②]。但经济快速发展的同时也带来了明显的弊端。中国空气和水污染的 60% 来自于乡镇企业的排放，已危及人群健康，并严重危害了农业——生态系统[③]。因此，在面临严重污染问题的农村，乡镇企业是危害环境和人群

\*　俄勒冈州立大学人类学系副教授。

通信地址：Oregon State University, Department of Anthropology, 238 Waldo Hall, Corvallis, OR 97331 USA；电子邮箱：Bryan. Tilt@ oregonstate. edu。

①　Mittleman, James, and Kamal Pasha, *Out from Underdevelopment Revisited*：*Changing Global Structures and the Remaking of the Third World*. London：MacMillan Press, 1997.

②　国家统计局人口和社会科技统计司，劳动和社会保障部规划财务司编《中国劳动统计年鉴》，中国统计出版社，2001，第 395 页。

③　World Bank, *China's Environment in the New Century*：*Clear Water, Blue Skies*. Washington, D. C.：World Bank, 1997.

健康的主要来源之一。

　　由于地理分布分散，对乡镇企业进行监测和管理是非常困难的。因而，作为农村工业化常见的副产物，空气污染（包括颗粒物、二氧化硫和挥发性有机物）和水污染（包括工业废水和重金属排放）影响了中国8亿农村人口中部分人群的健康。近期的研究已开始关注中国城市如何认识包括工业污染在内的环境风险①。然而，尽管已知全国70%的人口居住在目前工业化最迅速的农村这一事实，迄今为止，尚没有关于中国农村人群如何认识工业污染所带来的风险的系统研究。

　　本文是在民族志数据、半结构访谈和2003年长达6个月的现场调查基础上撰写的，总目标是研究中国一个乡镇的社区成员如何认识当地乡镇企业排放的废气和水污染。社区中不同的团体经常用不同的方式认知工业带来的好处和风险，因而，当这些团体试图协调工业化所带来的环境、社会和经济因素间的复杂关系时，就会产生矛盾和冲突。本研究的环境风险认知部分主要采用了"心理测量学方法"来对风险认识的能力进行研究②。但是，人类学家和其他支持用社会文化方法研究环境风险的学者越来越多地从更大的社会、文化和政治层面来分析人们对风险的认知力③。本文通过研究中国四川一个乡镇对工业污染的社区认识，促进了对环境风险的社会文化认识。

　　本文有两个具体目标。第一个目标是运用民族志方法和半结构访谈，识别该社区最为显著的由污染所带来的特定生态和健康风险。第二个目标是了解社区内不同职业团体对这些危险严重性的认识是否不同和有何不同。具体做法就是让受访者按五点计分量表评估每项风险的严重程度，

---

① Lai, Julian Chuk-Ling, and Julia Tao, "Perception of Environmental Hazards in Hong Kong Chinese". *Risk Analysis* 2003, 23（4）：669 – 684；Zhang, J., "Environmental Hazards in the Chinese Public's Eyes". *Risk Analysis* 1994（14）：163 – 167.

② Fischhoft, Batvch, et al., "How Safe is Safe Enough? A Psychometric Study of Attitudes Toward Technological Risks and Benefits". *Policy Sciences* 1978, 9：127 – 152；Slovic, Paul, "Perception of Risk". *Science* 1987, 236：280 – 285.

③ Oliver-Smith, Anthony, "Anthropological Research on Hazards and Disasters". *Annual Review of Anthropology* 1996, 25：303 – 328；Wolfe, Amy K., "Environmental Risk and Anthropology". *Practicing Anthropology* 1988, 10（1）.

然后用比例优势模型比较各组间的风险等级。中国农村最近的经济变革是由国家政策变化推动的，它极大地改变了农村社区的职业结构，因此本研究中职业是一个关键变量。乡镇企业曾一度是雇用本地工人并为社区发展贡献税收的小型集体所有制工厂。中国"改革开放"的政策驱动了经济自由化，从20世纪90年代开始，大多数乡镇企业已开始转变为雇用外来劳动力并寻求投资者利益最大化的私有制工厂①。因此，工业化仅给特定的产业工人团体带来了越来越多的经济收益，而农民和第三产业（商业和服务行业）的工人则很少或没有得到产业化带来的经济收益。同时，产业化的代价包括健康、生计和环境的威胁，则由整个社区来负担。

人们如何认识环境风险是一个理论重要性和实践重要性并存的议题。就其理论前景来讲，环境风险认知涉及人类学家和其他社会学家所感兴趣的社会和经济公平性问题。就其应用和实践前景来讲，了解人们如何认知环境风险将极大地决定将来在风险管理方面所做的努力，包括本文介绍的环境减排技术和日益加强的污染物排放的政府调控的成败。识别工业造成的环境风险和检验社区内对危险度认知的差异是建立促进环境可持续性和社会公平性的危险度管理策略的非常重要的第一步。

本文首先简要概述了环境风险认知研究，并描述了本文对环境风险的社会文化了解方面的贡献；接着，介绍了现场研究地点，着重介绍乡镇企业的污染问题和所研究社区的不同职业人群如何被工业化的成本效益所影响；然后，介绍了本研究采样、数据收集和分析的具体方法。研究结果包括受试者对污染所致的生态和健康风险的认知，以及不同职业群体的受试者对每一种危险程度分级的比较。最后，文章对危险度认知研究和环境风险的管理和消除提出了理论和实用的建议。

## 一　环境风险认知研究

风险分析是一个关系到认知和消除环境及其他因素对人体健康和福

---

① Oi, Jean C., *Rural China Takes off Institutional Foundations of Economic Reform*. Berkeley: University of California Press, 1999.

祉威胁的科学领域。在 20 世纪 70 年代以前，关于如何让人们认识到风险，知之甚少；按照数学概率来讲，普遍认为，个体认知反映了保险精算数据，人们也像保险精算师估计的那样认识到风险。然而，自 70 年代始，在风险认知方面的研究进展发现，人们通常认识风险的方式与专家的估计及风险概率的保险精算数据有极大的不同[①]。问题是如何计算观察到的差异。由心理学家首先采用的"心理测量学方法"在风险认知研究中出现并成为主导模式[②]。该方法显示，人们对于各种风险的认知可以用风险本身的特征来解释[③]，风险认知反映了一种潜在的、普遍的认知结构。

随着用于了解人们对周围危险的认知方面反应的危害分类的发展，心理测量学方法应运而生。运用这种方法，研究者发现，人们认知一组 30 种危险的许多差异可以用两个因素来解释，分别是"令人恐惧的危险"和"未知危险"[④]。这一发现已成为心理测量学模式的特征，并得到了研究对象遍及全世界的众多研究的验证[⑤]。心理测量学研究的一个重要组成部分就是从空气污染[⑥]到自然资源使用改变[⑦]，再到核

[①]　Fischhoft, Batvch, et al. , "How Safe is Safe Enough? A Psychometric Study of Attitudes Toward Technological Risks and Benefits". *Policy Sciences* 1978, 9：127 – 152.

[②]　Fischhoft, Batvch, et al. , "How Safe is Safe Enough? A Psychometric Study of Attitudes Toward Technological Risks and Benefits". *Policy Sciences* 1978, 9：127 – 152; Slovic, Paul, "Perception of Risk". *Science* 1987, 236：280 – 285; Slovic, Paul, Baruch Fischhoff, and Sarah Lichtenstein, "Behavioral Decision Theory Perspectives on Risk and Safety". *Acta Psychologica* (1984) 56：183 – 203.

[③]　Slovic, Paul, "Perception of Risk". *Science* 1987, 236：280 – 285.

[④]　Slovic, Paul, Baruch Fischoff, and Sarah Lichtenstein "Characterizing Perceived Risk". R. W. Kates, C. Hohenemser, and J. X. Kasperson eds. , *Perilous Progress*：*Managing the Hazards of Technology*. Boulder, CO：Westview Press, 1985.

[⑤]　Flynn, James, Paul Slovic, and C. K. Mertz, "Gender, Race, and Perception of Environmental Health Risks". *Risk Analysis* 1994, 14 (6)：1101 — 1108; Keown, C. F. , "Risk Perceptions of Hong Kongese vs. Americans". *Risk Analysis* 1989, 9 (3)：401 – 405; Kleinhesselink, R. R. , and E. A. Rosa, "Cognitive Representations of Risk Perceptions: A Comparison of Japan and the United States". *Journal of Cross-Cultural Psychology* 1991, 22：11 – 28.

[⑥]　Brody, Samuel D. , B. Mitchell Peck, and Wesley E. Highfield, "Examining Localized Patterns of Air Quality Perception in Texas：A Spatial and Statistical Analysis". *Risk Analysis* 2004, 24 (6)：1561 – 1574.

[⑦]　Burger, Joanna, et al. , "Attitudes and Perceptions about Ecological Resources, Hazards, and Future Land Use of People Living Near the Idaho National Engineering and Environmental Laboratory". *Environmental Monitoring and Assessment* 2000, 60：145 – 161.

能源①的环境风险研究。

　　在过去 10 余年中，对风险认知与更广阔的社会过程存在内在关联的认可，引导出这样一种观点，即纯粹的心理学分析仅能解释环境风险认知的部分成因。人类学家在这一转型中起着非常重要的作用。风险认知的人类学研究试图更广泛地集中于社会、政治、经济和文化关系中的风险②。对于人类学家来讲，"实际"风险本身就是风险认知等式的一部分，正如 Anthony Oliver-Smith 所指出的，是"以治理和根植于人类社区的物质和社会环境各种关系中的文化规范和价值为基础"③。

　　利用其自身的研究背景，人类学家们研究了一系列广泛的环境风险，包括地表水污染④、放射性污染⑤、全球气候变化⑥、鱼类毒物⑦和水环境中的产毒微生物⑧。尽管研究方法十分多样，但大多数环境风险的人类学研究工作还是基于 Mary Douglas 及其合作者的开拓性著作《风险和文化》一书中提出的文化理论方法⑨。简而言之，人类学研究视风险认知为一种

①　Slovic, Paul, et al, "Nuclear Power and the Public: A Comparative Study of Risk Perception in France and the United States". O. Renn and R. Rohrmann eds., *Cross-cultural Risk Perception: A Survey of Empirical Studies*. Dordrecht, The Netherlands: Kluwer Academic, 2000, pp. 55 – 102.

②　Wolfe, Amy K., "Environmental Risk and Anthropology". *Practicing Anthropology* 1988, 10 (1).

③　Oliver-Smith, Anthony, "Anthropological Research on Hazards and Disasters". *Annual Review of Anthropology* 1996, 25: 303 – 328.

④　Fitchen, J, "Anthropology and Environmental Problems in the US: The Case of Groundwater Contamination". *Practicing Anthropology 1988*, 10 (5): 18 – 20.

⑤　Paine, Robert, "Chernobyl Reaches Norway: The Accident, Science, and the Threat to Cultural Knowledge". *Public Understandings of Science* 1992, 1: 261 – 80; Petterson, J., "The Reality of Perception: Demonstrable Effects of Perceived Risk in Goiania, Brazil". *Practicing Anthropology* 1988 (10): 8 – 12.

⑥　Gerlach, L. P., and S. Rayner, "Culture and the Common Management of Global Risks". *Practicing Anthropology* 1988, 10: 15 – 18.

⑦　Beehler, G. P., B. M. McGuiness, and J. E. Vena, "Polluted Fish, Sources of Knowledge, and the Perception of Risk: Contextualizing African American Anglers' Sport Fishing Practices". *Human Organization* 2001, 60 (3): 288 – 297.

⑧　Griffith, David C., "Exaggerating Environmental Health Risk: The Case of the Toxic Dinoflagellate Pfiesteria". *Human Organization* 1999, 58 (2): 119 – 127; Paolisso, Michael, and R. Shawn Maloney, "Recognizing Farmer Environmentalism: Nutrient Runoff and Toxic Dinoflagellate Blooms in the Chesapeake Bay Region". *Human Organization* 2000, 59 (2): 209 – 221

⑨　Douglas, Mary, and Aaron Wildavsky, *Risk and Culture: An Essay on the Selection of Technical and Environmental Dangers*. Berkeley: University of California Press, 1982.

受组成社会生活的价值、风俗和关系所影响的社会文化现象。将社会文化方法引入风险认知研究，使我们把分析重点从"风险认知如何反映认知的相似点和差异"转移到"影响人们如何考虑风险的更宽广的社会、文化和经济因素是什么"这一问题中。

本文运用了心理测量学几十年的研究成果，源于其能够定量地测量人们对于工业污染来源的风险认知。此外，本研究还在受试者方面使用了应用人类学的两个重要理论。首先，数据来源的原始问题是一个社会问题：社区内职业团体之间对工业污染认识有何不同？其次，方法学方面，本研究用了民族志的实地方法和半结构访谈的方法，要求社区成员自己去识别污染带来的主要风险。随后，为了测量风险认知的差异，要求受试者对每种风险进行分级。试图测量风险认知的心理测量学的主要争议之一，是研究者自身通常定义一系列的风险，然后要求受试对象对这些风险的认知程度进行分级。这种方法的有效性是局限的，因为受试者不能在调查中说出问题的实质①。特别在跨文化情境中，或当一个社区对环境风险的本质知之甚少的时候，民族志是识别主要风险的有效方法，也是阐释风险分级结果的工具。

## 二　现场研究地点：工业、污染和富有挑战性的产业结构

自 20 世纪 80 年代中国经济改革的第一步——农村改革实施以来，中央经济规划者们需要想办法吸收农村剩余劳动力，并为乡镇政府提供可供其正常运作的税收。于是就有了鼓励工业制造向乡村扩张的国家政策；在该政策的激励下，由地方政府掌控和运作的乡镇企业如雨后春笋般冒出来。目前中国已有接近 2000 万小型乡镇企业，雇佣约 1.3 亿工人②。负责制定国家排放标准和强制性规定的中国国家环保部，认定自 20 世纪 90

---

①　Pidgeon, N. F., et al., "Risk Perception". Royal Society Study Group ed., *Risk Analysis, Perception and Management*. London: Royal Society 1992, pp. 89 – 134.

②　国家统计局人口和社会科技统计司，劳动和社会保障部规划财务司编《中国劳动统计年鉴》，中国统计出版社，2001，第 395 页。

年代中期开始，乡镇企业就已成为中国空气和水污染的主要责任者。大量因素造成了乡镇企业对环境的污染。由于乡镇企业位于农村，通常没有采用任何环境减排技术。煤炭是中国最丰富的能源，也是工业锅炉的主要燃料，而且大部分煤都是未经洗涤就直接燃烧的。此外，地方政府和企业界间高度的相互依赖性也通常影响到污染问题，企业通过给政府执法官员经济上的好处以另辟蹊径地避开污染治理问题①。1997 年，国家环保总局（现今的国家环保部的前身）与农业部和其他几个部委共同颁布了《关于加强乡镇企业环境保护工作的规定》。这些规定成功地促使一些严重污染的企业关闭，但乡镇企业污染仍旧是中国环境和人群健康的最严重威胁之一②。

　　本次研究选址的福田镇（见图 1），是中国西南山区四川省攀枝花市的一个有 3500 人的小镇，是汉族和彝族混合居住区。正如中国西南地区的大多数乡镇一样，福田在多数发展指标上都落后于国家平均水平，如收入低、教育成就小、贫困发生率高。20 世纪 80 年代以前，福田的经济收入主要来源于农业，辅以少量的农产品出售收益。80 年代期间，在镇政府的集中所有制下，乡镇企业开始运作，主要为中国第三大国有钢铁冶炼工厂——攀枝花钢铁集团提供工业原料。福田的乡镇企业包括一个锌冶炼厂（将锌从消费品和用于建筑材料生产的合金中提炼出来），一个炼焦厂（生产高温工业加工过程中使用的焦炭——一种坚硬多孔的碳材料），和一个洗煤厂（在原煤用作工业燃料前，用水煤浆降低原煤里的硫含量）。所有上述工厂均使用煤作为燃料，并缺乏环境减排技术。工业化严重影响了福田的环境。当地的厂区每天都能见到股股黑烟冒出，没有经过处理的洗煤厂的污水被直接排放到附近水域，造成支流里黑水泛滥并最终流入长江。最近一次的镇空气污染调查发现，当地居民暴露于工厂排放的颗粒物水平远远高于中国国家环保总局和世界卫生组织规定的大气质量标准③。

---

① 任红艳、李琪：《乡镇企业环境污染的经济分析》，《中国乡镇企业》2002 年第 1 期，第 34 页。

② Ma, Xiaoying, and Leonard Ortolano, *Environmental Regulation in China*: *Institutions*, *Enforcement*, *and Compliance*. Lanham: Rowman and Littlefield, 2000, p. 30.

③ Bryan Tilt, "Risk, Pollution and Sustainability in Rural Sichuan, China", Doctoral Dissertation, University of Washington, 2004.

图1　研究地点：四川省攀枝花市

　　本研究的一个重要发现就是，掌控乡村工业的国家政策的变化极大地影响了福田近年来的产业结构。人如其名，乡镇企业诞生之初就是为了吸收农村剩余劳动力和通过当地税收促进村镇发展而应运而生的集体所有制工厂①。在整个 20 世纪 90 年代，福田的工业税收主要用于村镇的发展，包括建立新的小学、建设公路和建造新的政府办公楼。尽管只有少数家庭是直接依靠工厂收入维持生计，但是对于整个乡镇来讲，工业化的效益是逐渐增长的。

　　20 世纪 90 年代末期，当地工厂开始私有化转制以增加效益。在允许私有化的国家政策的支持下，农村企业产权结构的这种转型，成为近期中国经济最快速最显著的发展之一②。国家允许乡镇政府将集体所有制工

---

① Naughton, Barry, "Implications of the State Monopoly over Industry and its Relaxation". *Modern China* 1992, 18 (1)：14 – 41；Whiting, Susan, *Power and Wealth in Rural China*：*The Political Economy of Institutional Change*. New York：Cambridge University Press, 2000.

② Pei, Xiaolin, "Rural Industry：Institutional Aspects of China's Economic Transformation". F. Christiansen and J. Zhang eds., *Village Inc.*：*Rural Chinese Society in the 1990s*. Surrey, UK：Curzon, 1998, pp. 83 – 102.

业资产出售给私人投资者，后者随后便控制了当地工业发展并从中盈利①。福田的锌冶炼厂、炼焦厂和洗煤厂都已经被镇外的投资者收购，其中大部分投资者在其他省份或邻近省份已有丰富的小型工厂运作经验。本研究最重要的发现就是，私人投资者解雇了福田工厂的本地员工，雇用了他们辖属的其他工厂中有丰富经验的技术工人。结果造成了就业机会外流，增加了当地工业私有化的复杂程度。

农村企业的这些政策和经济变化的结果，导致了所研究乡镇目前存在三种主要职业团体：就业于福田三家工厂并按月领取工资的产业工人，在当地零售商店售货或提供基础医疗或农产品加工服务的商业和服务业劳动者，和从事农业（种植稻谷、土豆、豆类和瓜果）维持生计并在周围市场出售农产品的农民。福田产业结构的近期变化给我们提供了一个理想的地点，以研究那些处于农村工业成本和收益不同位置的人群是如何认识工业污染的。乡镇居民如何界定当地最严重的工业污染？不同职业人群在环境风险认知方面的差异是否显著？又是什么造成了这种显著性差异的存在？

## 三　方法和采样程序

### 1. 一期研究：鉴别当地最显著的工业污染风险

本研究的数据收集方法为对研究乡镇受试者进行为期六个月的半结构访谈和使用一个标准化的测量工具。本研究一期工作包括要求受试者鉴别和描述明显的工业污染风险。2003 年春季，在福田的三个主要职业人群（包括工人、商业服务业者和农民）中，经过分层随机抽样选取了36 名受试者。这些受试者的男女比例和汉/彝族比例与所研究人群的比例大致相当。在半结构访谈中，受试者被问及当地工业的成本效益。另外，他们还被要求根据列表，讨论他们所认为的工业污染导致的特殊环境和健康风险。访谈语言为普通话，持续时间多为一个半到两个多小时。标准访谈时间为一个小时。半结构访谈是明了受试者陈述含义的一种有效

---

① Oi, Jean C., *Rural China Takes off Institutional Foundations of Economic Reform*. Berkeley: University of California Press, 1999.

方法，特别是当访谈者对身边话题并不太熟悉的时候①。

　　研究者以文本形式详尽地记录下每次访谈内容以便于分析，必要时由中方研究者辅助完成该项工作。运用 N6 定性分析软件（QSR International），首先把访问记录转换成开放式的编码，这是一个逐行地资料整理的过程。通过开放式编码把问卷中反馈的信息进行归类，合并相似类别建立更大规模的概念集，或称之为"风险主题"。每个主题代表当地工业污染所致的一个特定风险。

**2. 二期研究：风险分级**

　　第二期研究是为了检验所研究乡镇不同职业群体间对于工业污染所致风险的认知是否不同和有何不同。本部分研究基于半结构访谈得到的风险主题，使用一个标准化的测量工具。2003 年春季和早夏，运用随机分层抽样的方法，一个新的、人数更多的受试群被选中进入该部分研究。同第一部分一样，我们还是根据所研究乡镇的主要职业群体来进行抽样，包括工人、商业服务业者和农民。本次抽样选中的受试者人数为 146 人。24 个受试者没有参加或只参加了部分测试，最终共 122 人完成测试，应答率为 83.6%。运用这种抽样方法，福田镇的约 700 户人家中，我们的抽样率为 17%。受试者的人口学特征见表 1。

**表 1　调查中受访者的人口学特征**

| 变　量 | 类　别 | 样本数量（个） | 比例（%） |
| --- | --- | --- | --- |
| 职　业 | 工厂工人 | 33 | 27.0 |
|  | 商业/服务业者 | 42 | 34.4 |
|  | 农民 | 47 | 38.5 |
| 性　别 | 男 | 77 | 63.1 |
|  | 女 | 45 | 36.9 |
| 民　族 | 汉 | 67 | 54.9 |
|  | 彝/其他* | 55 | 45.1 |
| 总　计 |  | 122 | 100.0 |

*当地最主要的少数民族是彝族。其他少数民族受访者包括傣、纳西、傈僳等。

---

① Agar, Michael H, *The Professional Stranger: An Informal Introduction to Ethnography*. San Diego: Academic Press, 1996; Bernard, H. Russell, *Research Methods in Anthropology: Qualitative and Quantitative Approaches*. London: AltaMira Press, 1995.

　　我们设计了一个标准化的调查工具，它包括几个部分：人口统计学和社会经济学信息、对当地生活水平的看法以及对来源于当地工厂的工业污染的认识。在对污染的认识这一部分，有 7 个风险主题，它们是在这个项目的第一阶段半结构化访谈中产生的，我们把这些主题作为风险分级的基础。我们要求受访者对每一个风险主题用一个 5 分量表对其严重性进行评价：很少或没有风险、轻度风险、中度风险、较高风险、高度风险。5 分或 7 分量表是测量对风险认识的最常用手段[①]。它能够产生有序数据，使研究者得以比较个体和团体之间的等级差异[②]。

　　在四川大学同事的帮助下，该调查被翻译成中文，并通过 12 个来自于不同职业、民族和性别组的受访者进行了预试。调查的实施是在四川大学的 4 个本科生研究助手和一个经济学博士研究生的帮助下完成的。调查产生的风险分级通过比例优势模型进行了分析，这种统计方法便于对不同职业组间的风险分级进行比较，在后面有更详细的介绍（SAS Institute，2000）。最终，整个现场研究阶段都用到受试者的观测数据，以记录关于工业和污染对社区居民日常生活影响的民族志数据。

**3. 风险主题：工业污染对当地造成的主要风险**

　　对半结构化访谈的分析揭示出以下 7 个风险主题，这些产生于工业污染的风险是本研究受访者所认为的最显著的风险：直接的健康影响、对植物或农作物的损害、对能见度或风景的损害、对动物健康的威胁、经济损失、对食物链的影响，以及对寿命的威胁。总体说来，这 7 个主题代表了当地受访者所关心的各种问题，它们产生于每天应对污染问题的直接经验。这 7 个风险主题，以及它们在半结构化访谈中出现的频率和简况，参见表 2。

---

① Slovic, Paul, "Rating the Risks". *Environment* 1990, 21 (3)：14 - 20, 36 - 39.

② Bernard, H. Russell, *Research Methods in Anthropology*：*Qualitative and Quantitative Approaches*. London：AltaMira Press, 1995, pp. 254 - 255；Ross, Norbert, *Culture and Cognition*：*Implications for Theory and Method*. Thousand Oaks：Sage Publications SAS Institute, Inc, 2004, pp. 105 - 107；and "SAS Online Doc, Version 8. Cary", NC：SAS Institute, Inc 2000.

表 2    工业污染带给当地的主要风险

| 风险主题 | 人数(人) | 比例(%) | 描　述 |
|---|---|---|---|
| 主题1:直接的健康影响 | 34 | 94.4 | 污染对个人、家庭和社区的健康产生不利影响 |
| 主题2:对植物或农作物的损害 | 23 | 63.9 | 污染损害农作物和其他植被 |
| 主题3:对能见度或风景的损害 | 23 | 63.9 | 空气污染影响能见度,并且破坏当地的美景 |
| 主题4:对动物健康的威胁 | 14 | 38.9 | 污染牲畜饮水 |
| 主题5:经济损失 | 8 | 22.2 | 空气和水污染损害作物,降低了产量,造成乡镇经济损失 |
| 主题6:对食物链的影响 | 5 | 13.9 | 食用被污染了的动植物对人体健康形成威胁 |
| 主题7:对寿命的威胁 | 3 | 12.0 | 暴露于污染中会减少人的寿命 |

　　几乎每个受访者都提到了工业污染对健康的直接影响是最主要的问题。他们的意见包括工业污染对个人、家庭和社区健康的不良影响。然而，对究竟会产生什么样的健康风险却很少有共识。一些受访者认为污染的水是需要关心的主要暴露途径，然而其他人更担心空气污染导致的呼吸系统疾病。一位农民激动地表示，对空气污染的慢性暴露加剧了健康问题。"这里的每个人都有（暴露于污染的）经历。它让你经常生病，并且很难康复。"一位年轻男子在炼焦厂工作，在那里，他每天都要暴露于高浓度的二氧化硫和颗粒物，他意识到这可能会有潜在的健康风险，但是对风险特性和严重性却不能确定。"它对人体健康有害。人们说它有害，但是我不知道它究竟怎样有害。"

　　对植物或农作物的损害是另一个普遍谈到的主题。在谈到污染时，农民们对这一主题谈论得最多，这丝毫不让人感到意外。他们的意见反映了对颗粒物在农作物上的干沉降以及当地河流或水渠中受污染的灌溉水的关注。工厂的工人和商业或服务产业工作者也谈到了这一主题，因为遍布镇区的树木和灌木丛常常都被灰色的煤灰覆盖，这很难不引起人们的注意。一位农民说道："我们的庄稼直接受到洗煤厂排放的污水的损害。我们有4亩土地就在这家工厂的下游，没有处理过的水直接冲刷过我们的土地。"在当地一家商店工作的一位商业工作者谈到了镇上的桑蚕养殖业受到了广泛的损害，从几年前起就已经一蹶不振。"人们本来有许多桑蚕，但现在大部分都没了。空气污染杀死了它们。"

对于能见度或风景损害的关注在受访者中也很普遍。能见度既是作为空气质量的一个指标，也是作为影响小镇风景优美程度的一个指标。几乎每一个谈到这一主题的人都提到小镇的工厂上空每天都升起滚滚浓烟。许多受访者都说自从近几年镇上的工厂开工和周围的土地开发以来，空气质量一直在下降。一位农民说道："在污染的环境中，你甚至看不到山谷的另一边。"一位锌冶炼厂的工人承认整个小镇都能看见工厂冒出的烟，但是他对这会影响周围地区景色表示怀疑，他说："我知道你们能看到我们工厂冒出的烟，有些人认为这会破坏这里的景色，但我不认为有这么糟。"

许多受访者还提到对动物健康的损害也是一个主要问题。受访者对这一主题的叙述分为两类。首先，那些至少部分生计依赖农业的人认为农畜对农业系统十分重要。黄牛和水牛作为驮拉动物提供劳动力，并且能供给农田肥料。饲养的羊、猪和其他动物，能在市场上出售，提供了现金收入。这些动物的健康受到损害后，会对当地的经济产生直接的负面影响。其次，研究中的许多受访者，包括工厂的工人，认为动物健康是生态系统稳定性的一个指标，也是一个预测污染对人类健康影响的指标。鉴于这一点，那些暴露于空气或水污染而致病的动物，可以看做是污染已经超过安全警戒线的一个信号。一位农民说道："这些污染，特别是水污染，能让牲畜生病。"

受访者谈到经济损失这一主题时，提及整个生态系统的完整性，这是当地经济的主要支柱，它常常受到工业污染的损害。农作物产量会同时受到空气和水污染的直接影响。当农作物产量减少时，农民的个人经济收入会遭受损失，同时，镇上的税收也会受到影响，因为税收的一部分是基于农作物产量。一位农民说："即使污染对人们健康的危害还不是很大，但对农作物的危害可能十分严重。如果我们的庄稼受到损害，我们就会感觉到经济上的影响。"

本研究中谈到对食物链影响这一主题的受访者，表示出对当地食物来源中有毒物质聚集的关注。这并不让人感到吃惊，因为大部分的食物是在小镇内生产和消费的。锌冶炼厂引起了许多受访者的特别关注，因为在冶炼过程中会产生诸如汞和砷等有毒副产物，这些物质会渗透到土壤和地下水源中。虽然社区居民无法获得关于这些毒物在食物中的危险的科学信息，但是许多受访者说他们通过新闻媒体了解到例如汞这类毒物的危险。一个受访者说："毒物会进入到植物和牛、猪、鸭子等动物体内，人们又吃它们，这样很不健康。"然而，社区的大多数居民没有提到任何一例因为吃了受污染的食物而生病的具体例子，因为由于这些毒物的本身特性，其影响要经过一段时间的累积才能显现出来。

谈及对寿命的影响这一主题的受访者，他们认为空气和水污染会产生累积的健康效应，最终会限制社区居民的寿命。寿命（长寿）在中国农村地区还保持着重要的文化价值，在那里，老年人，尤其是几代同堂的老年人，十分受人尊敬。关于工业污染限制了哪个社区成员的长寿，受访者没有提到具体的例子；不过，正如一位商店店主说的那样："反正人们似乎不像以前那样长寿了。"

**4. 风险分级：职业组间的差异**

这一研究的目的之一，是检验不同的职业组在评价他们感受到的与工业污染有关的各个风险主题方面是否存在差异。我们使用了 SAS 中的 GENMOD 过程，该过程可以通过最大似然估计方法计算比例优势模型（SAS Institute，2000）。比例优势模型是一种检验两个变量间的关联性的方法，其中应变量是有序测量指标。基本的统计过程常常用于检验应变量在不同组别间是否存在差异①。无效假设是不同组别的有序应变量指标的分布是相同的。例如一个 1~5 等级的李氏量表变量，这意味着一个组别中各个等级的比例与另一个组别中各个等级的比例相等。在该研究中，受访者被要求对一系列的陈述表明他们的同意程度，每一个陈述都代表了一个健康主题，这些健康主题来自于半结构化的访谈。例如，"污染影响人们的健康"。如果在工厂工人中"非常同意"污染影响人们健康的工

---

人比例与商业或服务业工作者中对这一陈述表示非常同意的比例相等，就应当认为在这两组人中该应答的分布是相同的，就不能拒绝无效假设。如果观察到该应答的分布在任何两组人中的差异大于随机误差可能造成的影响，就要拒绝无效假设。随后，用卡方统计量进行两两间的比较，看在给定的统计显著性水平（p 值）上，究竟哪两组间的应答存在差异。

图 2 显示了每一个职业组的受访者如何对各个风险主题的严重程度进行分级。它用每一个职业组对各项应答类别（"高风险"、"较高风险"等）的应答百分比来表示。在这张图中，白色区域反映了各职业组中评价一个风险主题为"高风险"（"非常同意"）的受访者的比例，浅灰色区域表示评价该风险主题为"较高风险"的受访者的比例，以此类推。

结果表明，这项研究中的大部分受访者，无论哪种职业，都认为工业污染对他们自身和社区带来某种程度的风险。对这 7 个风险主题的大部分，每个职业组中超过 50% 的受访者对它们的分级为"较高风险"或"高风险"。从这一结果本身来说，它的重要性在于它对风险研究中的一些传统观点提出了质疑，即通常认为经济需要使得环境风险大部分是"看不见的"[①]。许多学者和政策分析人士认为，环保意识倾向于与物质上

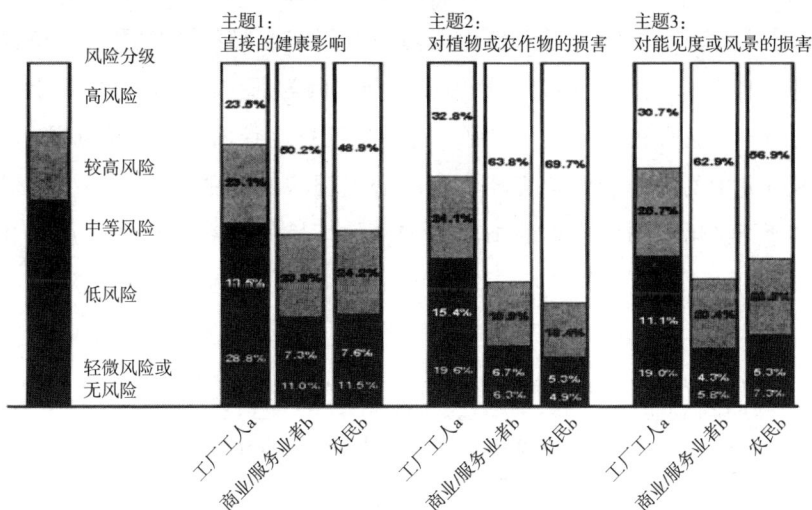

---

①　Beck, Ulrich, *Risk Society: Towards a New Modernity*. London: Sage Publications, 1992, pp. 41 – 42.

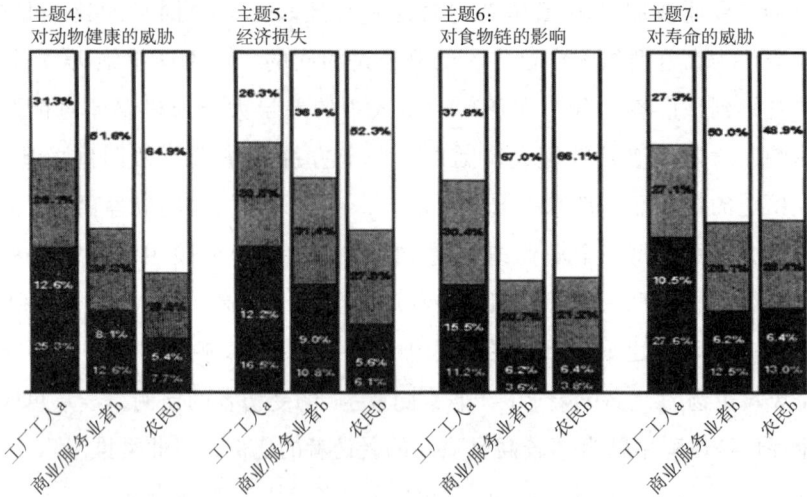

**图 2　职业组间的风险分级**

说明：对每一个风险主题，不同的字母（a 或 b）表示不同职业组的风险分级分布在 P < 0.05 显著水平上的差异，是通过在比例优势分析中利用卡方检验对比测算出来的。例如对主题1：直接的健康影响，工厂工人（a）对风险的评级与商业/服务业者（b）和农民（b）都不同，P < 0.05，商业/服务业者和农民对风险分级分布表现出不满意。

的丰富联系在一起，在一些贫穷的国家或社区，和比他们富裕的国家相比，个人对环境风险的意识更为淡薄，他们宁愿牺牲环境质量而换得经济上的增长①。这种逻辑常常被用在中国，因为那里的农村人口看上去更为贫困、受教育程度更低，或更关心的是维持生计而不是环境问题②。但是本研究中的受访者，尽管经济状况低于国家和省的平均水平，但对作为当地经济增长的发动机的工厂所带来的环境风险有很敏锐的意识和关注。

---

① Dunlap, Riley E., and Angela G. Mertig, "Global Environmental Concern: An Anomaly for Postmaterialism". *Social Science Quarterly* 1997, 78 (1): 23 – 29; Inglehart, Ronald, "Public Support for Environmental Protection: Objective Problems and Subjective Values in 43 Societies". *Political Science and Politics* 1995, 28 (1): 57 – 72.

② Edmonds Richard Louis, "Studies on China's Environment". *The China Quarterly* 1998, 156: 725 – 732; Wheeler, David, Hua Wang, and Susmita Uasgupta, "Can China Grow and Safeguard its Environment: The Case of Industrial Pollution". N. C. Hope, D. T. Yang, and M. Y. Li eds., *How Far Across the River? Chinese Policy Reform at the Millennium*. Stanford, CA: Stanford University Press, 2003.

本研究中最有意思的发现见图 2 所示，它比较了各个职业组间的风险分级。通过半结构化访谈和对受访者的观察产生的结论，为我们提供了一个解释这些差异的概念框架。农民和商业/服务业工作者提供的分级看起来是相同的。这两组中大部分的受访者对大多数风险主题的应答是"很同意"或"同意"。这两个职业组间的比较，在图中都用"b"标注，表明农民和商业/服务业工人的分级分布没有统计学差异。有两个风险主题（主题 2：对植物或农作物的损害和主题 6：对食物链的影响），超过 60% 的农民和商业/服务业工作者的分级为"高风险"。这两个职业组的应答分布与工厂工人对这两个主题的应答分布有明显差异（p < 0.01）。另外，超过 50% 的农民和商业/服务业工作者对两个主题（主题 3：对能见度或风景的损害和主题 4：对动物健康的威胁）的应答是"很同意"，其应答分布与工厂工人有显著差别（p < 0.05）。

通过检验这些应答，很明显地看出，农民和商业/服务业工作者对工业污染对耕地生态系统、食品安全以及通过能见度所反映的总体环境质量的影响所持的看法是相同的。大部分农民和商业/服务业工作者是小镇的长期居民，有更广泛的亲属网络，他们在社区中已经生活了很多代。这种与小区根深蒂固的关系似乎使农民和商业/服务业工作者具有一种历史优势，基于这一点使得他们可以看到小镇的环境质量是如何随着时间恶化的。

农民，由于他们长期与自然环境打交道并依赖于自然环境，可能是最有资格评判工业污染是如何影响植物和动物的。福田的农业仅比维持生计的水平高一点点，绝大多数的农业家庭自给自足，在当地小镇的市场上出售或交易很少的剩余农产品。许多农民清楚地认识到他们在当地经济中的边缘地位。正如一位受访者指出："农业能让你头上有房顶、肚里有食物，但不能让你富裕。"在这种边缘化的社会经济地位中，农民面对着非常现实的问题，他们的生计可能会被来自于工厂的未经处理的空气和水污染所损害。因此，由于生计受到威胁，使得许多农民更清楚地感受到来自于污染的风险。

一位农民指出："水污染是最大的问题。这一污染来自于洗煤厂，有时它一下子把整条河弄黑几天或几个星期。我们用这条河的水灌溉和喂牲畜，因此这是一个大问题。当污染很严重时，我们没有水可以用。"

对这一风险的高度认识同时存在于农民和商业/服务业工作者中，这种认识似乎还与小镇上职业结构的改变联系在一起，因为这种改变加深了由于工业经济带来的效益而导致的他们在经济上的排他性。在当地乡镇企业集体所有制期间，许多家庭至少有一位家庭成员在当地工厂工作，挣得固定的工资。此后，由于国家政策的改变促成的当地工厂私有化，使得更多的生产方式私有化①，工厂管理者能够从外部社会雇佣自己的劳动力，以前能从工厂工资中得到一部分收入的家庭失去了重要的收入来源。许多农民和商业/服务业工作者使用通俗的、略带贬义的词语"外地人"称呼那些移入的劳动者。正如一位农民指出的："它（工厂私有化）导致很多外地人进入社区，他们投资和在工厂工作，但是我们没有从工厂发展中获得任何好处。"主要的收益是从工厂工资中增加的收入。在本研究中使用的来自于调查的社会经济学数据表明，工厂工人挣得的月收入几乎是商业/服务业工作者的两倍，是农业家庭月收入的 5 倍还要多。另一位 50 多岁、一直生活在福田的男性农民，对那些来自于贵州的邻近省份、分布到福田各处工厂并从生产中获利的工人公开表示不屑："他们从外面来到我们镇，破坏了我们的环境，挣完钱后再回到他们自己的地方。"

图 2 中显示了一个与之相关的，可是更让人吃惊的发现，即工厂工人的风险分级总是比其他职业组要低一些。比例优势分析表明，在所有 7 个风险主题上，工厂工人的应答分布都与其他职业组不同，这些差别的 P 值都具有统计学的显著性（$p < 0.05$）。特别的地方在于，每一风险主题的应答中，均有相当大比例的工厂工人选择了"极为不赞同"或"不赞同"。同样地，在风险主题中选择"很赞同"的工人比例要小于其他职业人群，正如图 2 中所显示的，全部 7 个风险主题中，工人那一栏的白色区域总是相对较短。

然而，最值得注意的是，工厂工人对主题 1，直接健康影响的分级最低；28.8% 的工人坚决不同意工业污染只给人们的健康带来"很少或没

① Oi, Jean C., *Rural China Takes off Institutional Foundations of Economic Reform*. Berkeley: University of California Press, 1999.

有风险"，与之相比，商业/服务业工作者和农民中的比例分别是 11% 和 11.5%。少于 1/4 的工厂工人非常同意污染对人们的健康有"高风险"，与之相比，商业/服务业工作者和农民中的比例大约为一半。在这一主题上，工厂工人的风险分级分布与商业/服务业工作者和农民的分级分布有显著差异（p<0.01）。与此相似的是，三类职业人群对主题 7 的应答分布差异也比较显著（p<0.05）；27.6% 的工人极为不赞同污染能够影响人的寿命，而商业/服务业工作者和农民中的比例则分别是 12.5% 和 13.0%。

考虑到工厂工人每天都工作在高污染的条件下，这一发现更值得注意。工厂排出的气体中颗粒物的浓度通常都超过中国国家环保总局和世界卫生组织制定的空气质量标准①，工厂工人一般每周工作六至七天，很少或基本没有防护措施以避免吸入有害的排放物。锌冶炼厂和炼焦厂的烟雾常常非常有害，以至于研究者很难进行现场访谈，而且都咳嗽和觉得窒息。在半结构化访谈中，许多工厂工人都把他们的身体比作健康风险的"气压计"，但是他们的言谈却反映出他们对自己面临的风险不够重视。一个多年前就移居到福田的男子，在当地的工厂找到了工作机会，他说："这些工厂的污染对人们的健康没有影响。"为了强调这一点，他补充说："我已经做这种工作很多年了，没有一点健康问题"。

如何解释为什么工厂工人在这样的条件下还总是给风险的分级最低？关于环境风险的人类学研究认为，否认风险可能会形成一种适应性的效用，这样就可以使个体从事一些活动以从中获得经济回报②。在这种情形中，可以把对污染风险的轻视称之为"策略性风险抑制"。它使得工厂工人通过牺牲自己的健康和社区生态坏境的整体性来追求工业产品的产量和利润。相对较高的月收入对工厂工人产生了激励作用，从而产生了"策略性风险抑制"。作为移入的劳动力，这些工人无法获得当地的农田，而许多中国农民把农田看做是在失去有工资的工作时的一个经济安全网。简而言之，策略性风险抑制使得工人们尽管冒着污染环境和危害人们健

① Bryan Tilt, "Risk, Pollution and Sustainability in Rural Sichuan, China", Doctoral Dissertation, University of Washington, 2004.

② Rappaport, Roy, "Toward Postmodern Risk Analysis". *Risk Analysis* 1988, 8 (2).

康的风险，也要坚持在有利可图的生产线上。工厂工人对污染的认识似乎牵涉到成本—效益的计算，在这种计算中，他们的经济生活被看做是最需要关心的问题，而生态和健康风险则排在第二位。Ulrich Beck 有一本很有影响的书《风险社会》，他认为，包括工业化在内的技术风险的社会学意义已经发现"受到风险的困扰不一定导致对风险的觉醒……危险常常被解释得没有"①。

# 结　论

采用社会文化学的方法进行环境风险认识的研究，让我们能够根据政治、经济和文化背景定位环境风险。这种方法中一个关键的内容就是使用了让受访者自己去鉴定主要风险的研究方法。福田的受访者对广泛的生态学和健康风险都表示了关注，这些风险产生于小镇的工厂污染。他们对污染影响的一些细致理解有时让人感到吃惊。那些不超过初中文化水平的受访者在评价当地污染问题时，常常采用例如"二氧化硫"和"可吸入颗粒物"这样的科学术语。许多受访者在讨论排放物水平如何随着时间改变、污染如何影响他们家庭的生计和健康、政治和经济过程如何促成了福田职业结构和当地工厂私有化转变时，探讨得很深入。

所有职业组的受访者的风险分级，反映了对乡镇企业所造成的风险的广泛关注。这一发现与普遍接受的观点"贫穷的个人和社会不可能奢想环保问题"相反②。然而，对工业污染风险的严重程度的认识却很不一致。农民以及商业和服务业工作者，关注工业污染对耕地生态系统的影响。尤其是农民，更容易受到由于工业化进程导致的生态系统受损的影响，这种损害会直接威胁他们的经济生活。与此同时，他们对风险的高

---

① Beck, Ulrich, *Risk Society: Towards a New Modernity*. London: Sage Publications, 1992, p. 75.

② Dunlap, Riley E., and Angela G. Mertig, "Global Environmental Concern: An Anomaly for Postmaterialism". *Social Science Quarterly* 1997, 78 (1): 23 – 29; Inglehart, Ronald, "Public Support for Environmental Protection: Objective Problems and Subjective Values in 43 Societies". *Political Science and Politics* 1995, 28 (1): 57 – 72.

度认识，还与他们对政策改变的普遍不满有关，这种改变把他们排挤出了工业的经济利益，尤其是有工资的工作之外。工厂工人的风险分级在这项研究中是一个有趣的结果。工厂工人表现出"策略性风险抑制"，并且倾向于否认工业污染会给社会带来严重的健康和生态学风险。鉴于工厂工人由于职业属性的原因每天暴露于高浓度的污染这一情况，他们的风险分级强调了这样一个事实，即对环境风险的暴露不一定能转化为对风险的高度认识。

本研究中职业组间在风险分级上的显著差异，提醒我们对环境风险的认识存在社会多元性。福田的居民不是在一个社会真空中对污染进行评判。相反，他们对污染问题理解的定位与他们的经济和社会生活的背景以及国家和地区管理工业化的政策背景相适应。简而言之，不能把"谁由于工业污染受到了损失"这一问题与"谁从工业化中获益"这个问题相分离。当中国带着世界 1/5 的人口走过经济改革的第三个 10 年时，它面临着大量的环境问题——工业污染、森林退化、农业流失和土壤沙化——表明需要在自然和社会体系间进行认真的考量。在中国农村，未加审核的工业发展已经产生了严重的污染问题，遭受到的环境风险尤为严重。如果任其发展，这些问题会成为生态和公众健康的试验品，虽然其结果未知，但肯定不是我们所希望的。

本研究中所展示的对工业污染的多种观察，也强调了仍在争论的一个问题，即在制定风险管理措施的时候，公众的认识和参与应扮演怎样的角色。争论的一方认为，环境风险评估应该交给专家来做，专家们独特的知识和客观的判断使得他们能在鉴别、刻画和解释风险时比一般公众做得更好。争论的另一方是一些社会学家和公众活动者，他们号召广泛的群众加入到风险管理中。他们还认为，那些因风险导致的结果而遭受潜在损害的受影响最深的人，应该在确定他们和他们的社会所能承受的风险水平时最有发言权（对这一争论的最新评述参见 Slovic 1997[①]）。最近关于有毒鞭毛虫在美国大西洋中部沿海水域暴发的人类学研究反映

---

① Slovic, Paul, "Public Perception of Risk". *Journal of Environmental Health*, 1997, 59 (9): 22–29.

出，对这一问题的性质和程度，科学家和各种利益相关群体之间存在显著的分歧①。该文章展示的结果同样支持，在环境问题上公共观点存在着差异性。

　　理解利益相关群体间认识风险的模式非常重要，因为公众对风险的认识通常会影响负责环境问题的法律机构在行动上的优先性和花费②。不管一个人站在关于公众参与风险管理这一争论的哪一边，研究环境风险都不再可能与参与、信任和法规的透明性相分离。在诸如中国这样的地方，给我们提出了一个特殊的问题，在那里政府对个人的权益和观点的考虑还比较少，那里的人民呼吁关注环境问题的法律途径还比较少。如果人类学家和社会学家说"当地老百姓感觉到污染有什么关系？他们又没有投入"，这样很危险。然而，这种情况正在改变。随着工业化和环境恶化继续高速发展，农民们开始反抗工业污染，这种情况正不断在全国涌现，表现出一种增长的对政治和社会稳定性的威胁③。有证据表明，随着中国农民把对环境质量的不满转化到对政策的不满，环境问题在中国不断地引起讨论以推进"政治可能性的底线"④。

　　更为重要的是，学者和政策制定者们总体上同意在中国的环境保护项目中关键的缺陷是缺乏强化现有的法律和规章⑤。公众对工业污染带来的环境和健康风险的认识不断加深，为进一步加强环保法规的实施提供了动力。关于这一点，有一个例子，在本研究于2003年完成现场工作时，福田的一批农民成功地从镇上得到了货币补偿，因为污染的灌溉水

① Griffith, David C., "Exaggerating Environmental Health Risk: The Case of the Toxic Dinoflagellate Pfiesteria". *Human Organization* 1999, 58 (2): 119 – 127; Paolisso, Michael, and Erve Chambers, "Culture, Politics and Toxic Dinoflagellate Blooms: The Anthropology of Pfiesteria". *Human Organization* 2001, 60 (1): 1 – 12.

② Slovic, Paul, "Public Perception of Risk". *Journal of Environmental Health* 1997, 59 (9): 22 – 29.

③ Jing, Jun, "Environmental Protests in Rural China". E. J. P. A. M. Selden ed., *Chinese Society: Change, Conflict and Resistance*. London: Routledge 2000, pp. 143 – 160.

④ Weller, Robert P., *Alternate Civilities: Democracy and Culture in China and Taiwan*. Boulder: Westview Press, 1999, p. 127.

⑤ Ma, Xiaoying, and Leonard Ortolano, *Environmental Regulation in China: Institutions, Enforcement, and Compliance*. Lanham: Rowman and Littlefield, 2000, pp. 117 – 121.

使他们的庄稼受到了损失。对于如何平衡工业发展和环境保护，在镇政府和地区环保局之间仍然存在着争论。考虑在镇上采取的污染控制策略包括政府给洗煤厂提供补贴，作为更极端的措施，永久性地关闭那些不遵守排放标准的工厂。了解社会成员如何看待与工业污染有关的风险，可以帮助我们发现可行的风险管理策略，以及预测这些策略会对社会成员产生怎样的影响。本研究的这些结果提示，关于环境污染的看法是与对许多社会成员更广泛的社会和经济关注联系在一起的；考虑到社会和经济公平性而制定的污染减轻策略，可能会更有效。

**图书在版编目（CIP）数据**

环境与健康：跨学科视角／（美）贺珍怡（Holdaway，J.）
等主编.—北京：社会科学文献出版社，2010.5（2019.10 重印）
ISBN 978 - 7 - 5097 - 1348 - 8

Ⅰ.①环…　Ⅱ.①贺…　Ⅲ.①环境影响 - 健康 - 文集
Ⅳ.①X503.1 - 53

中国版本图书馆 CIP 数据核字（2010）第 034340 号

**环境与健康：跨学科视角**

主　　编／Jennifer Holdaway　王五一　叶敬忠　张世秋

出 版 人／谢寿光
项目统筹／宋月华
责任编辑／王琛玚　范　迎

出　　版／社会科学文献出版社·人文分社（010）59367215
　　　　　　地址：北京市北三环中路甲 29 号院华龙大厦　邮编：100029
　　　　　　网址：www. ssap. com. cn
发　　行／市场营销中心（010）59367081　59367083
印　　装／三河市尚艺印装有限公司

规　　格／开　本：787mm×1092mm　1/16
　　　　　　印　张：18.25　字　数：278 千字
版　　次／2010 年 5 月第 1 版　2019 年 10 月第 2 次印刷
书　　号／ISBN 978 - 7 - 5097 - 1348 - 8
定　　价／59.00 元

本书如有印装质量问题，请与读者服务中心（010 - 59367028）联系